土石坝渗流和湿化变形特性及计算方法

殷 殷 钱晓翔 张丙印 著

中国建筑工业出版社

图书在版编目（CIP）数据

土石坝渗流和湿化变形特性及计算方法/殷殷，钱
晓翔，张丙印著．—北京：中国建筑工业出版社，
2023.5
ISBN 978-7-112-28560-0

Ⅰ.①土… Ⅱ.①殷…②钱…③张… Ⅲ.①土石坝
—饱和渗流—研究 Ⅳ.①TV641

中国国家版本馆 CIP 数据核字（2023）第 054346 号

全书共分 7 章，主要内容包括：绪论；饱和渗流的基本理论和计算方法；非饱和
渗流的基本理论和计算方法；堆石料降雨非饱和入渗特性研究；堆石料饱和湿化变形
特性及本构模型研究；堆石料降雨非饱和湿化变形特性研究；堆石体饱和-非饱和湿化
变形数值计算方法。将所建立的堆石料饱和非饱和湿化计算模型与堆石体降雨入渗非
饱和渗流计算模型及程序联合，发展了土石坝饱和及非饱和湿化变形计算方法，对糯
扎渡高心墙堆石坝工程进行了蓄水期饱和湿化变形与运行期降雨非饱和湿化变形计算
分析，研究了湿化变形对坝体应力和变形的影响。

本书可供从事岩土工程相关专业的研究、设计和管理人员以及土木、水利工程等
相关专业的本科生、研究生参考使用。

责任编辑：辛海丽
责任校对：孙　莹

土石坝渗流和湿化变形特性及计算方法
殷　殷　钱晓翔　张丙印　著

*

中国建筑工业出版社出版、发行（北京海淀三里河路 9 号）
各地新华书店、建筑书店经销
北京龙达新润科技有限公司制版
北京建筑工业印刷厂印刷

*

开本：787 毫米×1092 毫米　1/16　印张：14¾　字数：363 千字
2023 年 5 月第一版　　2023 年 5 月第一次印刷
定价：**60.00** 元
ISBN 978-7-112-28560-0
（40818）

前言

我国西南地区水能资源丰富，受交通及地质等条件的制约，高堆石坝的优势极其明显。但是，由于气候条件和复杂地理环境的相互作用，西南地区降水变化复杂，极端降水日益突出，常常暴发洪水、滑坡和泥石流等自然灾害。随着我国一批 300m 级超高堆石坝在西南地区建成并投入使用，高堆石坝的运行安全问题引起了广泛重视。

变形控制无疑是高土石坝工程中的关键技术课题。除了坝体施工期的变形，由坝体土石料流变和湿化等导致的坝体后期变形也是高土石坝变形的重要组成部分。水库蓄水导致的上下游水位抬升、降水导致的雨水渗入坝体等，都可使坝体堆石料湿化，从而导致堆石坝发生湿化变形。湿化变形对土石坝应力变形的性态具有重要的影响。目前，对降雨条件下堆石料非饱和湿化变形特性的研究尚不多见，对堆石料饱和及非饱和湿化变形机理及计算模型的研究工作尚欠深入。本书在前人研究成果的基础上，进行了堆石料降雨非饱和入渗特性、堆石料降雨入渗非饱和渗流计算模型及程序、堆石料饱和湿化变形特性及本构模型、堆石料降雨非饱和湿化变形特性以及堆石体饱和非饱和湿化变形数值计算方法等研究，发展了高堆石坝饱和-非饱和湿化变形计算方法。

本书研究成果得到国家重点研发计划项目（2021YFC3090101）、国家自然科学基金项目（51979143）、水沙科学与水利水电工程国家重点实验室自主课题（2023-KY-01）的共同资助。全书共分 7 章。第 1 章：绪论；第 2 章：饱和渗流的基本理论和计算方法，从饱和土的渗透特性出发，介绍了饱和渗流的基本理论，饱和渗流数值计算的有限元方法等；第 3 章：非饱和渗流的基本理论和计算方法，从非饱和土的基质吸力、土水特征曲线以及非饱和渗透特性出发，介绍了非饱和渗流的基本理论，非饱和渗流数值计算的有限元方法等；第 4 章：堆石料降雨非饱和入渗特性研究，研制了堆石料大型降雨入渗试验装置，进行了不同雨强下的降雨入渗试验和排水试验，探讨了堆石体的非饱和入渗规律、持水特性和非饱和渗透特性；第 5 章：堆石料饱和湿化变形特性及本构模型研究，进行了堆石料饱和湿化变形试验，探讨了堆石体的湿化变形特性和发生机理，提出了堆石料湿化变形的广义荷载作用模型，并建议了一种两阶段堆石料湿化变形本构模型；第 6 章：堆石料降雨非饱和湿化变形特性研究，进行了侧限压缩条件下的非饱和湿化试验，研制了微孔板均匀布水控制器，开发了一套在三轴试验中模拟降雨非饱和入渗的试验装置，进行不同应力状态和不同降雨强度的堆石料非饱和入渗三轴湿化试验，研究了堆石料的非饱和湿化变形特性；第 7 章：堆石体饱和-非饱和湿化变形数值计算方法，将所建立的堆石料饱和-非饱和湿化计算模型与堆石体降雨入渗非饱和渗流计算模型及程序联合，发展了土石坝饱和及非饱和湿化变形计算方法，对糯扎渡高心墙堆石坝工程进行了蓄水期饱和湿化变形与运行期降雨非饱和湿化变形计算分析，研究了湿化变形对坝体应力和变形的影响。

在本书的撰写过程中，陈祖煜院士和张宗亮院士给予了悉心指导，清华大学岩土工程研究所的于玉贞教授、张建红教授、介玉新教授和孙逊高级实验师等在多方面给予了大力支持和帮助，中国电建集团昆明勘测设计研究院有限公司等单位在资料收集方面给予了鼎力的帮助和支持，在此深表感谢！

由于土石坝降雨入渗及湿化变形涉及面广，试验设备复杂，鉴于水平有限，书中的一些观点、方法可能存在不足之处；同时，在引用文献时，也可能存在挂一漏万的情况，欢迎广大读者与同行专家批评指正，以便在今后的研究工作中不断完善。

目 录

第1章 绪论 ······································· 1

参考文献 ·· 4

第2章 饱和渗流的基本理论和计算方法 ··················· 6

2.1 达西定律 ·· 6
2.2 渗透系数的主要影响因素 ····························· 9
2.3 饱和渗流的基本方程 ································· 14
   2.3.1 广义达西定律 ································ 14
   2.3.2 基本微分方程 ································ 15
   2.3.3 边界条件 ··································· 16
   2.3.4 求解方法 ··································· 17
2.4 饱和稳定渗流数值计算有限元方法 ······················ 17
   2.4.1 饱和稳定渗流问题的泛函 ······················ 17
   2.4.2 有限元方程的推导 ·························· 18
   2.4.3 水头和流速边界条件处理 ······················ 22
   2.4.4 自由水面边界条件处理 ························ 23
   2.4.5 渗出面边界条件处理 ·························· 26
2.5 饱和非稳定渗流数值计算有限元方法 ····················· 28
   2.5.1 基本微分方程 ································ 28
   2.5.2 有限元方程的推导 ·························· 30
   2.5.3 初始和边界条件的处理 ························ 32
2.6 计算实例：糯扎渡高心墙堆石坝坝体坝基三维渗流计算 ············· 34
参考文献 ·· 38

第3章 非饱和渗流的基本理论和计算方法 ················· 40

3.1 界面张力和基质吸力 ································· 40

3.2 非饱和土土水特征曲线 ·············· 45
 3.2.1 基质吸力与饱和度之间的关系 ·············· 45
 3.2.2 土水特征曲线及其特点 ·············· 47
 3.2.3 常用土水特征曲线经验公式 ·············· 50
 3.2.4 土体典型剖面的吸力分布 ·············· 53
3.3 非饱和土的渗透性 ·············· 54
 3.3.1 非饱和土达西定律 ·············· 54
 3.3.2 非饱和土的渗透性 ·············· 56
3.4 非饱和土渗流的基本方程 ·············· 59
 3.4.1 基本方程 ·············· 59
 3.4.2 初始与边界条件 ·············· 61
3.5 非饱和土渗流的有限元方程 ·············· 63
 3.5.1 有限元方程 ·············· 63
 3.5.2 计算实例：均质土坝非饱和渗流计算 ·············· 65
参考文献 ·············· 67

第4章 堆石料降雨非饱和入渗特性研究 69

4.1 人工模拟降雨技术调研 ·············· 69
4.2 堆石料大型降雨入渗试验装置研制 ·············· 70
 4.2.1 大型堆石料试样圆筒 ·············· 71
 4.2.2 人工模拟降雨设备 ·············· 72
 4.2.3 土体水分速测仪 ·············· 75
 4.2.4 数据采集系统 ·············· 76
4.3 试验用料与试验方案 ·············· 77
4.4 SMCS 水分速测仪标定试验 ·············· 79
4.5 试验结果 ·············· 81
 4.5.1 降雨入渗试验结果 ·············· 81
 4.5.2 排水试验结果 ·············· 86
4.6 堆石体非饱和入渗特性分析 ·············· 87
 4.6.1 入渗锋面运动速度 ·············· 88
 4.6.2 堆石体孔隙充水过程 ·············· 89
 4.6.3 堆石体入渗稳定含水量 ·············· 92
4.7 堆石体持水特性分析 ·············· 94
4.8 堆石体降雨入渗过程的典型阶段和状态 ·············· 96
4.9 堆石体非饱和渗流过程数值模拟 ·············· 100
 4.9.1 堆石料非饱和渗透系数 ·············· 100
 4.9.2 堆石料一维入渗过程的模拟计算 ·············· 101
参考文献 ·············· 104

第 5 章　堆石料饱和湿化变形特性及本构模型研究　　　107

5.1　研究成果综述 ··· 107
　5.1.1　堆石料饱和湿化试验研究 ································· 107
　5.1.2　堆石料湿化变形的影响因素 ···························· 108
　5.1.3　堆石料饱和湿化本构模型 ································· 109
5.2　饱和湿化三轴试验方法和试验方案 ······················· 111
　5.2.1　试验用料和制样方法 ··· 111
　5.2.2　试验仪器和方案 ·· 112
　5.2.3　试验方法概述 ·· 114
　5.2.4　堆石料试样体积变形的量测 ···························· 116
5.3　试验结果 ·· 117
　5.3.1　第一批试验结果 ·· 117
　5.3.2　第二批试验结果 ·· 123
5.4　堆石料湿化变形的广义荷载模型及两个发展阶段 ··· 126
　5.4.1　饱和湿化三轴试验不同的变形阶段及特性 ······ 126
　5.4.2　湿化变形的广义荷载作用模型 ························ 128
　5.4.3　湿化变形的两个发生阶段 ································· 129
5.5　瞬时湿化应变的特性与本构模型 ···························· 132
　5.5.1　瞬时湿化应变的特性 ·· 132
　5.5.2　瞬时湿化剪应变（或轴向应变）计算公式 ······ 136
　5.5.3　基于变形方向平行特性的瞬时湿化体应变计算方法 ··· 141
　5.5.4　瞬时湿化体应变计算方法 1：邓肯-张 EB 模型 ··· 143
　5.5.5　瞬时湿化体应变计算方法 2：一般弹塑性模型 ··· 146
　5.5.6　瞬时湿化体应变计算方法 3：沈珠江双屈服面模型 ··· 146
　5.5.7　瞬时湿化体应变计算方法 4：剪胀方程 ········· 152
5.6　湿态流变变形 ·· 155
　5.6.1　湿态流变的时间过程 ·· 155
　5.6.2　湿态流变最终流变量 ·· 157
5.7　堆石料饱和湿化试验过程分析 ······························· 158
　5.7.1　堆石料试样的饱和湿化过程 ···························· 158
　5.7.2　饱和湿化变形的全过程模拟 ···························· 162
参考文献 ·· 164

第 6 章　堆石料降雨非饱和湿化变形特性研究　　　167

6.1　研究成果综述 ·· 167
6.2　侧限压缩条件下的非饱和湿化试验 ························· 169
　6.2.1　试验仪器 ·· 169

6.2.2 试验用料 ……………………………………………………… 171

6.2.3 试验方法和试验方案 ……………………………………… 172

6.2.4 非饱和入渗过程分析 ……………………………………… 173

6.2.5 非饱和湿化变形及特性分析 ……………………………… 174

6.3 三轴条件下的非饱和湿化试验 …………………………………… 177

6.3.1 三轴试验中模拟降雨装置的研制 ………………………… 177

6.3.2 试验仪器与试验用料 ……………………………………… 179

6.3.3 试验方法与试验方案 ……………………………………… 179

6.4 非饱和三轴湿化试验结果 ………………………………………… 182

6.4.1 堆石料试样非饱和入渗过程分析 ………………………… 182

6.4.2 降雨入渗非饱和湿化试验结果 …………………………… 184

6.5 降雨条件下堆石料的非饱和湿化变形特性 ……………………… 186

6.5.1 降雨入渗非饱和湿化试验中各阶段的变形特性分析 …… 186

6.5.2 非饱和湿化变形的两个发展阶段 ………………………… 189

6.5.3 不同湿化含水量的影响分析 ……………………………… 190

6.5.4 降雨非饱和湿化-再通水饱和试验 ……………………… 195

6.6 堆石料非饱和湿化本构模型及其验证 …………………………… 199

参考文献 …………………………………………………………………… 203

第7章 堆石体饱和-非饱和湿化变形数值计算方法   205

7.1 研究成果综述 ……………………………………………………… 205

7.2 堆石坝湿化变形计算方法及有限元程序 ………………………… 207

7.2.1 堆石料饱和-非饱和统一的湿化模型 …………………… 207

7.2.2 堆石坝湿化变形计算方法及有限元程序 ………………… 208

7.3 黄河公伯峡面板堆石坝三维湿化变形分析 ……………………… 209

7.3.1 工程概况 …………………………………………………… 209

7.3.2 计算方法与计算参数 ……………………………………… 210

7.3.3 浸润线及计算概况 ………………………………………… 211

7.3.4 计算结果及分析 …………………………………………… 212

7.3.5 湿化参数和尾水位的影响 ………………………………… 213

7.4 糯扎渡高心墙堆石坝湿化变形计算分析 ………………………… 214

7.4.1 工程概况 …………………………………………………… 214

7.4.2 计算模型及计算条件 ……………………………………… 215

7.4.3 蓄水期饱和湿化变形计算结果及分析 …………………… 217

7.4.4 后期降雨非饱和入渗计算结果及分析 …………………… 218

7.4.5 降雨入渗非饱和湿化变形计算结果及分析 ……………… 223

参考文献 …………………………………………………………………… 224

第1章
绪　论

土石坝是历史最为悠久的一种坝型，具有就近取材、造价较低、能适应不同地形和地质条件等优点。心墙堆石坝是主要的高坝坝型之一。国外高心墙堆石坝建设起步早，据不完全统计，国外已建有 10 余座高度超过 200m 的心墙堆石坝工程，其中高度最大的是建在塔吉克斯坦共和国境内的努列克坝（坝高 300m）。这些坝大多在 20 世纪 70～90 年代建成。表 1-1 列举了国外已建高 200m 以上心墙堆石坝工程。

国外已建高 200m 以上心墙堆石坝统计

表 1-1

序号	坝名	国家	坝高(m)	坝长(m)	工程量 (万 m³)	库容 (亿 m³)	装机容量 (MW)	建成年份
1	努列克(Nurek)	塔吉克斯坦	300	704	5800	105	2700	1980
2	博鲁萨(Boruca)	哥斯达黎加	267	700	4300	67	—	1990
3	奇科森(Ckicoasen)	墨西哥	261	485	1537	16.1	2400	1980
4	特里(Tehri)	印度	260	575	2703	35.5	2000	2005
5	瓜维奥(Guavio)	哥伦比亚	247	390	1776	10.2	1600	1989
6	买加(Mica)	加拿大	242	792	3211	247	2610	1973
7	帕提阿(Patia)	哥伦比亚	240	550	2360	110	—	不详
8	契伏(Chivor)	哥伦比亚	237	280	1030	8.2	100	1975
9	奥洛维尔(Oroville)	美国	230	2019	6116	43.6	644	1968
10	科汤威尼(Kotongweni)	南非	213.3	900	—	—	—	1977
11	凯班(Keban)	土耳其	207	602	1530	306	1240	1974
12	卡伦(Karan)	伊朗	200	380	157	3.05	1000	1975

我国 2000 年以前已建的心墙堆石坝多为 100m 级高坝，最高的是小浪底坝，坝高 160m，尚无 200m 级高坝建成。进入 21 世纪，随着瀑布沟（坝高 186m，深厚覆盖层上）、糯扎渡（坝高 261.5m）等高坝的完建，长河坝工程（坝高 240m，深厚覆盖层上）的建设，以及双江口心墙堆石坝（坝高 314m）、两河口心墙堆石坝（坝高 295m）、如美心墙堆石坝（坝高 315m，预可研阶段推荐坝型）的研究和设计，我国心墙堆石坝已由 200m 级逐渐向 300m 级高坝发展。表 1-2 列举了我国已建、在建和拟建的心墙堆石坝（100m 以上）。

我国部分已建、在建和拟建心墙堆石坝统计　　　　　表 1-2

序号	坝名	河流	坝高(m)	坝顶长(m)	总体积(万 m³)	库容(亿 m³)	装机容量(MW)
1	糯扎渡	澜沧江	261.5	608.2	3495	237	5850
2	长河坝	大渡河	240	498	3251	10.75	2600
3	瀑布沟	大渡河	186	573	2400	53.9	3300
4	小浪底	黄河	160	1667	5574	126.5	1800
5	毛尔盖	黑水河	147	458	1120	5.35	420
6	狮子坪	杂谷脑河	136	309.4	581	1.327	195
7	石门	台湾大汉溪	133	360	689	3.09	90
8	曾文	台湾淡水河	133	400	930	6.08	50
9	红旗岗	浙江龙饶溪	128	360	2.8	—	—
10	双江口	大渡河	314	642	3991	27.32	2000
11	两河口	雅砻江	295	616	4075	101.54	3000
12	如美	澜沧江	315	666.2	4800	39.70	2100

　　堆石料由人工爆破开采而成，属于一种典型的大颗粒堆积体材料，质地坚硬，被广泛用来填筑心墙堆石坝与面板堆石坝的坝壳。工程经验表明，高土石坝后期变形显著，处理不当会对大坝产生不利的影响，甚至会危害坝体的安全。与流变变形相比，湿化变形发生速度更快，使得坝体的应力变形分布在短时间内进行调整，因而危害性更明显，国内外有很多由于湿化变形而产生坝体破坏的工程案例（Wilson，1986）。

　　密云水库走马庄Ⅱ号副坝（郦能惠，1965）、墨西哥高约 148m 的英菲尔尼罗坝（Justo 等，1983）以及韩国 Penisula 坝（Hong 等，1994）在汛期或者水库初次蓄水时，上游堆石体都发生了明显的湿化变形，并导致土石坝发生了不同规模的裂缝，如心墙顶部和下游坝坡受此影响发生裂缝，最大裂缝宽度达 60cm。

　　表 1-3 列出了国内外出现蓄水变形的 8 座典型心墙堆石坝工程的工程信息和蓄水变形特性。由此表可知，由于堆石坝初次蓄水或库水位升降，坝壳堆石料变形的发展速度显著大于心墙料，造成坝顶上下游侧变形不协调，导致在心墙与上、下游过渡层交界面上极易产生裂缝，甚至形成渗漏通道，威胁大坝安全。据统计，1955 年至今，几乎每个年代均有因堆石料湿化出现裂缝的心墙堆石坝；同时，这些坝在发达国家和发展中国家均有分布。

国内外典型堆石坝蓄水及水位变化变形统计　　　　　表 1-3

序号	工程	蓄水变形
1	Cherry Valley(美国，土心墙石坝，高 101m，1955 年建成)	1957 年蓄水后，坝顶心墙与上、下游过渡层接触部位出现纵向裂缝，上游侧裂缝明显多于下游侧。第二次蓄水时再次发现坝顶发生纵向裂缝
2	Cougar(美国，斜心墙堆石坝，高 158m，1964 年建成)	1964 年 6 月第一次蓄水后坝顶产生纵、横裂缝，横缝发生在距左坝端 12m 处，贯穿坝顶。纵缝遍布坝顶。当水位下降时，纵缝变得更宽，并产生新纵缝。1965 年 1 月，主要裂缝宽 15cm，坝的上游坝肩下沉 30cm，使坝顶呈台阶状
3	Gepatsch(奥地利，窄心墙堆石坝，高 153m，1965 年建成)	初次蓄水完成后，坝顶上游侧的测点向上游位移，下游侧的测点向下游位移，两个堆石区的变位方向相反，因而在坝顶产生了沿坝轴线方向的纵向裂缝

序号	工程	蓄水变形
4	La-Grande2(加拿大,心墙堆石坝,高 160m,1978 年建成)	首次蓄水时,心墙与坝壳的交界面出现纵向裂缝
5	Emborcacao(巴西,斜心墙堆石坝,高 158m,1982 年建成)	1981 年 11 月蓄水时,在坝顶心墙沿下游侧出现一条纵向裂缝,1982 年 1 月达到长度 400m,宽度 0.10m;同时在心墙上游侧过渡料中出现纵向裂缝,裂缝长度达到 700m,最大宽度 0.25m。检查后发现裂缝深度约达到 4m,裂缝底端接近水库最高水位
6	Masjed-E-Soleyman(伊朗,土心墙堆石坝,高 176m,2000 年建成)	在坝顶出现纵向裂缝,且在心墙上游与反滤层及反滤层与坝壳堆石之间出现分离,说明上游坝壳的沉降大于心墙的沉降
7	瀑布沟(中国,土心墙堆石坝,高 186m,2009 年建成)	蓄水后,坝轴线 0+164m～385m 段发现有 4 处不连续发育的裂缝,裂缝区域长约 221m,裂缝表面宽度在 5～15mm 之间
8	毛尔盖(中国,心墙堆石坝,高 147m,2012 年建成)	2012 年 6 月底～7 月初,随水库水位升高,陆续出现坝顶纵、横向多条裂缝,防浪墙结构出现缝错开、坝下游渗水等现象

降雨也是引起坝体后期变形的重要外因之一。监测表明,与水库蓄水作用相比,降雨对坝体的后期变形影响时间更长。如河南白沙水库原均质坝(刘祖德,1983)、Beliche 心墙堆石坝(Maranha,1986;Naylor,1997;Alonso,2005)、英菲尔尼罗坝(Marsal 等,1972)、Martín Gonzalo 坝(Justo 等,2000)、英国德贝郡的一座页岩土石坝和土耳其 Ataturk 心墙堆石坝(Soriano 等,1999;Pye 等,1990;Cetin,2000)等监测资料均表明,因降雨入渗产生的湿化变形与水库初次蓄水引起的湿化变形数值相当,从而引起坝体较大的后期变形,并导致坝体产生不同程度的裂缝等,其中白沙水库原均质坝坝身产生了深达 5.9m 的裂缝。天生桥一级混凝土面板堆石坝的坝体变形监测结果显示,大坝填筑完成后雨期的坝体沉降速度加快,有较大的沉降变化(杨键,2001)。

Alonso 等(2005)对 Beliche 心墙堆石坝进行了研究,认为水库蓄水和降雨都引起了坝体的湿陷,与蓄水作用相比,降雨对坝体的长期变形的影响更为突出。Beliche 心墙堆石坝施工到坝高 47m 时在强降雨的影响下,产生了显著的湿陷,特别是下游堆石,在没有水库蓄水影响的情况下,产生了和上游堆石料相似的变形。Beliche 心墙堆石坝从 1984 年开始施工到 1986 年完工,截至 1993 年实测的降雨量和坝体的湿化变形对照见图 1-1。可以看出在 1987 年的强降雨影响下,坝体的沉降值约增加到 0.4m,占坝体最大高度的 0.74%。

当堆石坝水库蓄水后,上游水位下的堆石区处于浸水饱和状态,下游堆石区含水量较小。因而,降雨会引起堆石坝下游堆石区的含水量发生显著变化,是分析高土石坝后期变形时必须重视的因素。当前,有关土体降雨入渗特性的研究主要在地下水资源、水土保持和降雨诱导滑坡等领域,关于堆石料的非饱和降雨入渗特性方面的研究尚鲜有报道,现有的高土石坝后期变形计算分析方法大多认为,在大坝运行期所产生的后期变形主要为初次蓄水时的湿化变形和后期的流变变形,基本未能考虑因雨水入渗和蒸发造成堆石料含水量变化而产生的坝体后期变形。对于降雨引起的堆石料变形特性与机理的研究,目前只有少数学者开始了初步的探索,形成的系统理论很少见到。

我国已建、在建或拟建的许多高堆石坝位于西南多雨地区。300m 级超高堆石坝的建设与长期安全运行面临复杂的地形地质条件和频发的极端气候环境带来的双重挑战。高堆

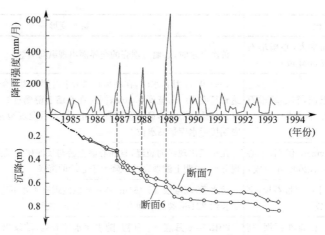

图 1-1　Beliche 坝降雨强度与坝体变形对照

石坝的变形具有长期性，降雨也是其主要的作用荷载，但现有的理论方法尚无法完全满足复杂条件下特高堆石坝后期运行期安全保障的需求。因此，深入研究堆石料饱和-非饱和湿化变形机理和规律，有助于深化对堆石料性质的科学认识，对保证堆石坝工程的安全运行，具有重要的学术价值与工程实践意义。与此同时，研发基于降雨入渗和非饱和湿化机理的堆石坝应力变形计算方法，可为高堆石坝及同类工程的安全评价分析提供技术支撑，具有广阔的推广应用前景。

参考文献

[1]　张丙印，于玉贞，张建民．高土石坝的若干关键技术问题 [C]．中国土木工程学会第九届土力学及岩土工程学术会议论文集．北京：清华大学出版社，2003：163-186.

[2]　张宗亮．200m 级以上高心墙堆石坝关键技术研究及工程应用 [M]．北京：中国水利水电出版社，2011.

[3]　马洪琪，迟福东．高土石坝安全建设重大技术问题 [J]．Engineering，2016，2 (04)：236-258.

[4]　中国水电工程顾问集团有限公司等．高土心墙堆石坝变形和裂缝控制研究专题研究报告 [R]．北京，2014 年 12 月．

[5]　Wilson S D，Msrsal R J．土石坝设计与施工的新趋势 [M]．谭艾幸，译．北京：中国水利水电出版社，1986.

[6]　郦能惠．密云水库走马庄副坝裂缝原因分析 [R]．北京：清华大学，1965.

[7]　Justo，J L，Saura J．Three-dimensional analysis of infiernillo dam during construction and filling of the reservoir [J]．International Journal for Numerical & Analytical Methods in Geomechanics，1983，7 (2)：225-243.

[8]　Hong S W，Sohn J I，Bae G J，et al. A case study of rockfill dam：stability evaluation and remedial treatment [C]．XIII ICSMFE，New Delhi，India，1994：967-970.

[9]　刘祖德．土石坝变形计算的若干问题 [J]．岩土工程学报，1983，5 (1)：1-13.

[10]　Maranha D，Naylor D J，Pinto A V，et al. Prediction of construction performance of beliche Dam [J]．Geotechnique，1986，36 (3)：359-376.

[11]　Naylor D J，Maranha J R，Maranha das Neves，et al. A back-analysis of beliche dam [J]．Geotechnique，1997，48 (2)：221-233.

［12］ Alonso E E，Olivella S，Pinyol N M. A review of Beliche dam ［J］. Geotechnique，2005，55（4）：267-285.

［13］ Marsal R J，Arellano L R D. Eight years of observations at El Infiernillo Dam ［C］. Performance of Earth & Earth-supported Structures，ASCE，1972.

［14］ Justo J L，Durand P. Settlement-time behaviour of granular embankments ［J］. International Journal for Numerical and Analytical Methods in Geomechanics，2000，24（15）：1155-1156.

［15］ Soriano A，Sánchez F J. Settlements of railroad high embankments ［C］. Proc. 12th Eur. Conf. Soil Mech. Geotech. Eng. ，Amsterdam，1999，3：1885-1890.

［16］ Pye K，Miller J A. Chemical and biochemical weathering of pyrite mudrocks in a shale embankment ［J］. Quarterly journal of engineering geology，London，1990.

［17］ Cetin H，Laman M，Ertunc A. Settlement and slaking problems in the world's fourth largest rockfill dam，the Ataturk Dam in Turkey ［J］. Engineering geology，2000，56：225-242.

［18］ 杨键. 天生桥一级水电站面板堆石坝沉降分析 ［J］. 云南水力发电，2001，17（2）：59-63.

第 2 章
饱和渗流的基本理论和计算方法

土是一种由土颗粒构成的散粒体集合体。由土颗粒所构成的土骨架中含有连通的孔隙系统，水在势能差的作用下会在孔隙中发生流动，这就是土中的渗流。土具有被水等流体透过的性质，称为土的渗透性。

土石坝是一种以土为主要材料的挡水建筑物，它和渗流是并存的，有土石坝就会有渗流，土石坝的发展史也就是渗流理论和渗流控制理论的发展史。土石坝的渗流，对水库的经济效益和大坝的安全运行起着决定性的作用，是土石坝的主要课题之一。有关土石坝渗流问题的研究主要包括如下方面：

（1）渗流量问题，其大小直接关乎工程的经济效益；

（2）渗透力和水压力问题，流经土体的水流会对土骨架施加作用力，称为渗透力。在土石坝设计中，正确地确定上述作用力的大小是十分必要的；

（3）渗透稳定问题，它直接关系建筑物的安全，是土石坝发生破坏的重要原因之一。统计资料表明，土石坝失事总数中，由于各种形式的渗透变形而导致的失事占 1/4～1/3；

（4）渗流控制问题，当渗流量和渗透变形不能满足设计要求时，要采用工程措施加以控制，称为渗流控制。

最早用来研究土石坝渗流问题的方法主要有数学解析法、水力学近似解析法、模型试验法和流网图解法等。近年来，随着计算机和数值计算技术的迅速发展，以有限单元法为代表的各种数值方法，在各种渗流问题的模拟计算中得到了越来越广泛的应用。数值解法不仅可用于各种二维或三维问题，也可很好地处理各种复杂的边界条件，已逐步成为求解渗流问题的主要方法。

饱和渗流的理论和计算方法是进行土石坝渗流分析的基础。本章从饱和土的渗透特性出发，介绍了饱和渗流的基本理论，饱和渗流数值计算的有限元方法等。

2.1 达西定律

土是固体颗粒的集合体，是一种碎散的多孔介质，其孔隙在空间互相连通。当饱和土中的两点存在能量差时，水就会在土体的孔隙中从能量高的点向能量低的点发生流动（图 2-1）。水在土体孔隙中流动的现象，称为渗流；土具有被水等液体透过的性质，称为土的渗透性。

从水力学中可知，能量是驱动水体发生流动的驱动力。按照伯努利方程，流场中单位重量的水体所具有的能量可用水头来表示，包括如下三部分：

（1）位置水头 z：水体到基准面的垂直距离，代表单位重量的水体从基准面算起所具有的位置势能；

（2）压力水头 u/γ_w：水压力所能引起的自由水面的升高，表示单位重量水体所具有的压力势能；

（3）流速水头 $v^2/2g$：表示单位重量水体所具有的动能。对于土体中的渗流，由于土骨架对渗流的阻力大，故渗流流速 v 在通常情况下都很小，因而形成的流速水头 $v^2/2g$ 一般很小，为简便计可忽略。

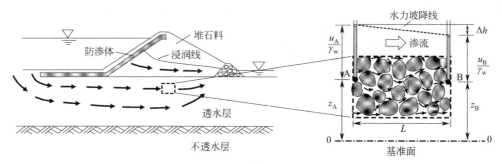

图 2-1　土中渗流的概念

因此，渗流中一点单位重量水体所具有的总水头 h 为：

$$h = z + \frac{u}{\gamma_\mathrm{w}} + \frac{v^2}{2g} \approx z + \frac{u}{\gamma_\mathrm{w}} \tag{2-1}$$

不难看出，上式中各项的物理意义均代表单位重量水体所具有的各种机械能，而其量纲却都是长度。总水头 h 的物理意义为单位重量水体所具有的总能量之和。在实际应用中，常将位置水头与压力水头之和称为测管水头。测管水头代表的是单位重量水体所具有的总势能。

在上述诸水头中，最应关注的是总水头，或者更确切地说是总水头差。因为饱和土体中两点间是否发生渗流，完全是由总水头差 Δh 决定的。只有当两点间的总水头差 $\Delta h > 0$ 时，孔隙水才会发生从总水头高的点向总水头低的点的流动。这与前面所讲的，渗流是水从能量高的点向能量低的点流动的概念是相一致的。

将图 2-1 中 A、B 两点的测管水头连接起来，可得到测管水头线（又称水力坡降线）。由于渗流过程中存在能量损失，测管水头线沿渗流方向逐步下降。根据 A、B 两点间的水头损失，可定义水力坡降 i：

$$i = \frac{\Delta h}{L} \tag{2-2}$$

式中，L 为 A、B 两点间的渗流途径，也就是使水头损失 Δh 的渗流途径的长度。可见，水力坡降 i 的物理意义为单位渗流长度上的水头损失。在研究土体的渗透规律时，水力坡降 i 是十分重要的物理量。

水在土体中流动时，由于土体的孔隙通道很小，且曲折复杂，渗流过程中黏滞阻力很大，所以多数情形下，水在土体中的流速十分缓慢，属于层流状态。一百多年前，法国工程师达西首先采用图 2-2 所示的试验装置对均匀砂土进行了大量渗流试验，得出了层流条件下，土体中水渗流速度与能量（水头）损失之间的渗流规律，即达西定律。

达西试验装置的主要部分是一个上端开口的直立圆筒。筒内放置均匀砂土试样，其横断面面积为 A，长度为 L。水由上端注入圆筒，并以溢水管 b 保持筒内上部为恒定水位。透过土样的水经溢水管 e 流入量筒 V 中。当试样两端测压管的水面都保持恒定以后，通过砂土的渗流就是不随时间变化的恒定渗流。现取图 2-2 中的 0-0 面为基准面。h_1、h_2 分别为 1、2 断面处的测管水头；Δh 即为渗流流经 L 长度砂样后的水头损失。

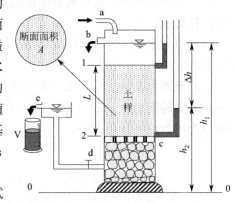

图 2-2　达西渗透试验装置

达西根据对不同类型和尺寸的土样进行的试验发现，渗出流量 Q 与土样横断面面积 A 和水力坡降 i 成正比，且与土体的透水性质有关，即：

$$Q = kAi \tag{2-3}$$

或
$$v = \frac{Q}{A} = ki \tag{2-4}$$

式中，v 是平均到土样整个断面的渗透速度，单位 mm/s 或 m/d；k 为反映土体透水性能的比例系数，称为土体的渗透系数。其数值等于水力坡降 $i=1$ 时的渗透速度，故其量纲与流速相同，为 mm/s 或 m/d。

式(2-4) 称为达西定律。达西定律表明，在层流状态的渗流中，渗透速度 v 与水力坡降 i 成正比，并与土体的性质有关。

需要注意的是，式(2-4) 中的渗透流速 v 并不是土体孔隙中水的实际平均流速。因为公式表达中采用的是土样的整个横断面面积 A，其中也包括了土颗粒所占的部分面积。显然，土颗粒本身是不能透水的，故真实的平均过水面积 A_v 应小于 A，从而实际的孔隙平均流速 v_s 应大于 v。一般称 v 为达西渗流速度，它是概化到总体土体断面面积的一种假想渗流速度。v 与 v_s 的关系可表示为：

$$v_s = \frac{v}{n} \tag{2-5}$$

式中，n 为土体的孔隙率。

水在土体孔隙中流动的实际路径十分复杂，实际上 v_s 也并非渗流的真实速度。无论是理论分析还是试验量测，都很难真正确定土体中某一具体位置的真实流动速度。从工程应用角度而言，也没有这种必要。对于解决实际工程问题，最重要的是在某一范围内（包括有足够多土体颗粒的特征体积内）宏观渗流的平均效果。所以，渗流问题中一般均采用这种假想的达西渗流流速。

前面已经指出，达西定律是描述层流状态下渗透流速与水头损失关系的规律，即渗流速度 v 与水力坡降 i 呈线性关系只适用于层流范围。在水利工程和土木工程中，绝大多数渗流，无论是发生于砂土中还是一般的黏性土中，均属于层流范围，故达西定律一般均可适用。

2.2　渗透系数的主要影响因素

在高土石坝工程中，土石坝坝体及坝基的渗流量、各部位的渗透压力及水力坡降、浸润线位置、坝体应力变形、渗流场特性以及渗透稳定性等方面的问题，均与土体的渗透性密切相关，均需要对土体渗透性进行深入研究。

与其他物理性质参数相比，土体渗透性的变化范围要大得多，各类土体渗透系数的大致范围见表 2-1。

土体渗透系数 k 的量级　　　　　　　　　　　　　　　　表 2-1

土的类型	k 的量级(cm/s)
砾石、粗砂	$10^{-2}\sim10^{-1}$
中砂	$10^{-3}\sim10^{-2}$
细砂、粉砂	$10^{-4}\sim10^{-3}$
粉土	$10^{-6}\sim10^{-4}$
粉质黏土	$10^{-7}\sim10^{-6}$
黏土	$10^{-10}\sim10^{-7}$

由于渗透系数 k 综合反映了水在土体孔隙中运动的难易程度，因而其值必然要受到土体性质和水性质的影响。

土体的许多物理性质对渗透系数 k 值有很大的影响，其中主要有五个方面：①粒径大小与级配；②孔隙比；③矿物成分；④结构；⑤饱和度。

在上述五项中，尤其是前两项，即粒径和孔隙比对渗透系数 k 的影响最大。可以设想，水流通过土体的难易程度必定与土中孔隙直径和单位土体中的孔隙体积（实际过水体积）直接相关。前者主要反映在土体的颗粒大小和级配上，后者主要反映在土体的孔隙比上。

土体具有十分复杂的孔隙系统。土体中孔隙直径很难直接度量或量测，但其平均值一般由细颗粒控制，这是因为在粗颗粒形成的大孔隙中还可被细颗粒充填。因此，有的学者提出，土的渗透系数可用有效粒径 d_{10} 来表示。例如，哈臣（Hazen）通过对 $d_{10}=0.1\sim3.0$mm 的均匀砂进行系列的渗透试验，提出了如下的经验关系式：

$$k=cd_{10}^2 \tag{2-6}$$

式中，c 为经验系数，当 d_{10} 单位为 cm，k 单位为 cm/s 时，c 值一般处于 $40\sim150$ 之间。

孔隙比 e 是土体中孔隙体积的直接度量，在土体渗流中代表了实际过水体积。一些学者通过试验证明，可将砂性土渗透系数 k 与孔隙比 e 之间的关系，表示为 e^2、$\dfrac{e^2}{1+e}$ 或 $\dfrac{e^3}{1+e}$ 等的函数关系。

谢康和等（2005）对萧山饱和软黏土进行了固结试验并求取了土体的渗透系数，结果表明，渗透系数随着固结过程的进行，土体被压缩而使渗透系数减小，且孔隙比 e 与渗透系数 k 在半对数坐标系下基本满足直线关系，可用下式表示：

$$e-e_0=C_k\lg(k/k_0) \tag{2-7}$$

式中，C_k 为常数；k_0 为孔隙比为 e_0 时所对应的渗透系数。

对于黏性土，由于颗粒的表面力起重要作用，故除了孔隙比 e 外，黏土的矿物成分对渗透系数 k 也有很大影响。例如，当黏土中含有可交换的钠离子越多时，其渗透性将越低。为此，一些学者提出，可采用孔隙比 e 和塑性指数 I_p 为参数，建立黏性土渗透系数 k 值的经验表达式，例如：

$$e=\alpha+\beta\lg k \tag{2-8}$$

式中，α 和 β 均为取决于塑性指数 I_p 的常数，可表示为：$\alpha=10\beta$，$\beta=0.01I_p+0.05$。

塑性指数 I_p 在一定程度上可综合反映土体的颗粒大小和矿物成分。试验表明，式(2-8) 适用于 $k=10^{-7}\sim10^{-4}\,\mathrm{cm/s}$ 范围内的黏性土，对于 $k<10^{-8}\,\mathrm{cm/s}$ 的高塑性黏土，则偏差较大。

土的结构也是影响渗透系数 k 值的重要因素之一，特别是对黏性土其影响更为突出。例如，在微观结构上，当孔隙比相同时，絮凝结构将比分散结构具有更大的透水性；在宏观构造上，天然沉积的层状黏性土层，由于扁平状黏土颗粒的水平排列，往往使土层水平方向的透水性大于垂直层面方向的透水性，有时水平方向渗透系数 k_x 与竖直方向渗透系数 k_z 之比可大于 10，使土层呈现明显的渗透各向异性。在土石坝工程中，坝体土石料都是分层碾压的，所以其渗透系数会表现出显著的横观各向同性，即在碾压层面的两个方向，渗透系数相等；但在垂直层面方向，渗透系数显著减小。

图 2-3 是某细颗粒土的击实曲线，显示了人工压实细颗粒土的结构和渗透系数之间的对应关系。细颗粒土的击实曲线存在峰值。峰值点对应的击实含水量为最优含水量 w_{op}，干密度为最大干密度 ρ_{max}。高于最优含水量 w_{op} 情况下击实时，由于土颗粒结合水膜的润滑作用较为明显，土颗粒更容易形成定向排列，即击实土体更容易形成分散结构。相反，在低于最优含水量 w_{op} 的情况下击实时，土颗粒结合水膜的润滑作用较小，土颗粒间的摩擦力较大，不易形成定向排列，击实土体更容易形成凝聚结构。

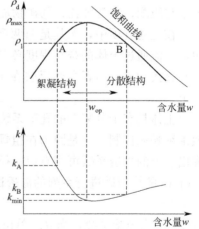

图 2-3 中下图是相应击实土体渗透系数的变化曲线。可见，在最优含水量 w_{op} 的情况下，土体得到最大干密度，同时渗透系数也最小。

同样的击实干密度 ρ_1，在击实曲线上对应 A 和 B 两点。由于干密度相同，在 A、B 两点击实土体的孔隙率相同。A 点的击实含水量小于最优含水量，土体

图 2-3 压实黏性土的结构和渗透系数

更容易形成凝聚结构。B 点的击实含水量大于最优含水量，土体更容易形成分散结构。因此，A 点对应的渗透系数 k_A 大于 B 点对应的渗透系数 k_B。

土体的饱和度反映了土体中的含气体量。试验结果证明，土体中封闭气泡即使含量很少，也会对渗透性产生很大的影响。它不仅使土体的有效渗透面积减少，还可以堵塞某些孔隙通道，从而使渗透系数 k 值大为降低。有关饱和度对非饱和土渗透系数的影响，将在本书第 3 章进行详细讨论。

水的性质对渗透系数 k 值的影响主要是由于黏滞性不同所引起。当温度升高时，水的黏滞性降低，k 值变大；反之 k 值变小。所以，在我国土工试验方法标准中都规定，测定渗透系数 k 时，以 $20℃$ 作为标准温度，不是 $20℃$ 时要做温度校正。

土石坝心墙黏性土的渗透特性及抗渗特性，与黏性土自身甚至坝体整体的应力变形状态密切相关，因此准确把握坝体各部位的应力场、变形场及渗流场状态，对于研究心墙黏性土的渗流特性及抗渗特性具有重要的意义。坝体的应力变形和渗流问题都不是独立的，二者之间存在复杂的相互影响。一方面，坝体受力发生变形后，土体的渗透性发生变化，而渗透性的变化又会导致坝体内部渗流场的改变；另一方面，坝体心墙黏性土渗透性及渗流场的改变，可导致坝体内部渗透力及应力场的改变，从而导致坝体的变形场发生变化。

在传统的土石坝渗流和流固耦合应力变形分析研究中，土体内部渗流场引起的渗透力、孔压等参量的变化对其应力变形的影响可得以体现，但计算过程中大多把土体的渗透系数假设为常量，这与实际情况不符，可能引起土体应力场、变形场及渗流场计算结果产生较大的误差。基于上述情况，很多学者建立了土体渗透系数与土体密度、孔隙比、含水量等物理参量或围压、有效应力等力学参量的关系模型，在此基础上对土体的渗流固结计算方法进行了改进。

朱建华（1989）对柴河土坝的心墙黏性土进行了室内渗透试验，分析了渗流出口处有效应力、试样长度、水力坡降及渗透历时等对土体渗透系数的影响。结果表明，心墙土的渗透性受土体有效应力的影响较大，随有效应力的增加而降低。

李平等（2006）通过在三轴仪中对某饱和黏性土试样施加不同的周围压力，对试样等向固结后进行渗透试验，研究了试样的初始孔隙比、固结度、周围压力等因素对土体渗透性的影响。结果表明，对相同初始孔隙比的试样，固结后的渗透系数与对应的孔隙比在半对数坐标系下呈近似直线关系；土体渗透系数随固结度和周围压力的增大而减小。

李筱艳等（2004）通过现场抽水试验研究了黏性土体降排水过程中的渗透系数随土体有效应力增长的变化过程，并对不同条件下土体的渗透系数进行回归分析，建立了土体渗透系数与有效应力增量间的非线性关系，并建立了它们之间的指数表达式。吴林高等（1995）进行了类似的室内模型试验，研究了土体渗透系数与有效应力增量的相关关系，并提出可用指数形式或幂函数形式拟合土体的渗透系数与有效应力增量的关系。

柴军瑞等（1997）从均质土坝的渗透特性出发，分析土坝渗流场与应力场相互作用的力学机制，提出了均质土坝渗流场与应力场耦合分析的数学模型，采用下式表示土体应力变形对其渗透系数 k 的影响：

$$\begin{cases} k = C \dfrac{n^m}{(1-n)^{m-1}} \\ n = n_0 + \varepsilon_v \end{cases} \tag{2-9}$$

式中，n、n_0 和 ε_v 分别表示土体孔隙率、初始孔隙率及体应变；C 和 m 为常数。

平扬和白世伟等（2001）基于比奥固结理论，将渗流场与应力场耦合，考虑了土体应力对渗透系数的影响，模拟了深基坑开挖及降水过程中的应力变形及渗流场，采用下式反映含水层的渗透系数 k 与水位降深的关系：

$$k = k_0 \exp(\alpha \Delta H) \tag{2-10}$$

式中，k_0 表示水位下降前的渗透系数；ΔH 为水位的变化；α 为常数。

陈晓平等（2004）基于多孔介质渗流特性和土的非线性本构关系，研究了渗流场与应力场的耦合效应，建立了非线性耦合分析模型，并针对实际土坝探讨了非均质土坝的应力与渗流耦合规律，采用下式反映土体的变形对渗透系数 k 的影响：

$$k=k_0\exp(\alpha e)=k_0\exp\left(\alpha\,\frac{n_0+\varepsilon_v}{1-n_0-\varepsilon_v}\right) \tag{2-11}$$

式中，k_0、n_0 和 ε_v 分别表示土体初始渗透系数、初始孔隙率及体应变；α 为常数。

柳厚祥等（2004）根据弹性力学和渗流理论提出了流固耦合问题的力学模型及其控制微分方程，导出尾矿料的渗透系数与应力场的关系式：

$$k=k_0\exp(-\eta\sigma^e) \tag{2-12}$$

式中，k_0、σ^e 和 η 分别为土体的初始渗透系数、有效应力及模型常数。针对某尾矿坝进行了非稳定渗流场分析，研究结果表明，考虑耦合作用的影响后，渗流场的总渗流量减小，而应力场的各应力分量的最大值增大。

雷红军和于玉贞（2010）研制了三轴渗流试验装置，可实现土体受力发生大剪切变形条件下在三个方向的渗流。对两河口心墙料进行了应力作用下的剪切-渗流三轴试验，结果发现，黏性土发生大剪切变形后渗透性的变化特性与土体的物理力学状态密切相关，土体剪切过程中孔隙比及剪应力水平的变化对土体渗透性的影响较大。建议用下述指数函数的数学模型描述黏性土大剪切变形后的渗透系数：

$$k=\exp(ae+bS_l+c) \tag{2-13}$$

式中，k 表示试样的渗透系数；e 表示孔隙比；S_l 表示试样的剪应力水平；a、b 和 c 为待定系数。上式右边指数第一项反映了土体体积变化引起的孔隙比变化对渗透系数的影响，数学表达形式与前人关于土体渗透系数与孔隙比呈指数关系的研究结果较为相似；第二、三项则从力学状态的角度反映了土体剪切作用引起的结构变化对渗透系数的影响。

图 2-4 给出了不同围压下土体渗透系数的实测值与模型计算值对比。可以看出，式(2-13) 所得计算结果与实测结果符合较好，表明所提出的渗透系数数学模型具有良好的适应性。图中的"等向固结 k 线"是在式(2-13)中令 $S_l=0$ 的模型计算线。可以看出，每组不同围压下的试验中渗透系数初始点低于"等向固结 k 线"，这是由于每组试验的初

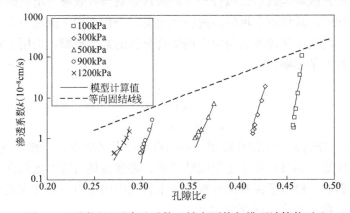

图 2-4　不同围压下渗透系数三轴实测值与模型计算值对比

始点处试样已发生了小幅的剪切变形，而引起初始点处渗透系数减小。

采用上述和应力应变状态相关的渗透系数模型，对最大坝高 295m 的两河口心墙堆石坝进行了流固耦合计算分析。图 2-5 给出了坝体施工完毕时心墙黏土的渗透系数变化，k_0 为心墙土料刚刚碾压完成时的渗透系数，k 为坝体填筑完成后的渗透系数。可以看出，经历坝体填筑后，黏土心墙发生压缩和剪切变形，心墙不同部位土体的渗透系数均发生了显著变化，下部单元渗透系数的变化幅度比上部大，上游侧单元渗透系数的变化幅度比下游侧大。心墙底部渗透系数可缩小为原值的百分之一。

工程经验表明，在小浪底、糯扎渡和两河口等高心墙堆石坝施工和运行过程中，黏土心墙内往往存在较高的孔隙水压力。采用不考虑心墙黏土渗透性变化的计算分析会严重高估黏土心墙内超静孔隙水压力的消散过程。在特高土石坝施工过程中，心墙黏土料填筑完成后，会经历复杂的应力和变形过程，心墙黏土的渗透性会随着土体的压缩和由于剪切所发生的结构变化而逐渐减小，从而显著减慢黏土中超静孔压的消散，造成施工期心墙黏土内部残留相对较大的未消散的超静孔压。吴永康等（2016）对糯扎渡特高心墙堆石坝进行了基于现场监测数据的反演计算分析，结果表明，随着大坝的修建，心墙土料的渗透系数会发生明显变化，根据位置的不同最多可降低 2 个数量级。

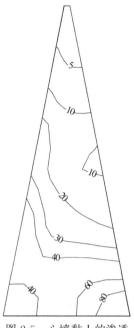

图 2-5　心墙黏土的渗透
系数变化（k_0/k）

刘千惠和于玉贞（2021）对原剪切-渗流三轴试验装置进行了改进。改进后的试验装置如图 2-6 所示。该设备可以实现剪切和渗透压力同时加载，使土样的状态更符合实际状态，同时提高了试验的效率。分别对如美 2 种心墙土料和 3 种接触土料以及 1 种粉质黏土进行了系列剪切-渗流三轴试验。

结合宏观试验现象和微观分析手段，就剪切作用对渗透的影响机理进行了研究，结果表明，细粒土的渗透系数，不仅与孔隙比有关，还与孔隙结构有关。在剪切作用下，孔隙结构的变化可以用力学相关的量来表征。在对试验结果进行深入分析的基础上，提出了一个新的细颗粒土渗透系数计算模型：

$$\ln k = c_1 \cdot e_v + c_2 \cdot \varepsilon_s^{\frac{1}{4}} + c_3 \qquad (2\text{-}14)$$

式中，e_v 是孔隙比；ε_s 广义剪应变；c_1、c_2 和 c_3 为待定系数，可以由一组剪切-渗流试验测得。

式（2-14）右边第一项反映土体渗透系数受孔隙比影响的部分；第二项反映土体渗透系数受剪切作用影响的部分。上述模型以广义剪应变为变量，反映剪切引起的孔隙结构的变化对渗透系数的影响。相比于以应力水平为变量反映剪切影响的模型公式（2-13），本模型能更好地反映密实黏土在剪切作用下渗透系数的变化规律。通过对两河口和如美高心墙坝心墙土料以及粉质黏土等三轴剪切渗流试验结果的分析，式（2-14）可以得到更好的拟合结果。图 2-7 给出了如美心墙土料不同围压下渗透系数三轴实测值与模型计算值的对比。

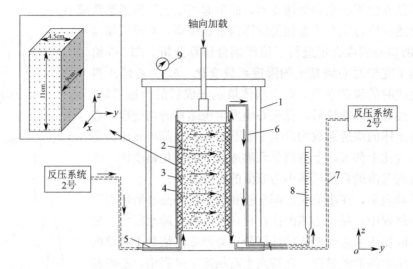

1—压力室；2—土样；3—土工布；4—橡皮膜；5、6—渗流进水和出水管；7—围压进水；8—排水管；9—压力表

图 2-6　剪切-渗流三轴试验装置

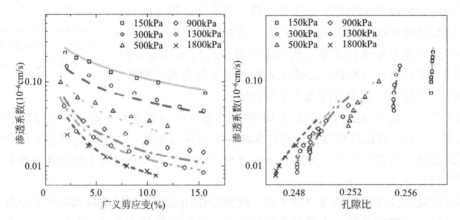

图 2-7　如美心墙土料不同围压下渗透系数三轴实测值与模型计算值对比

2.3　饱和渗流的基本方程

2.3.1　广义达西定律

在三维渗流场中，假定各点的测管水头 h 为其位置坐标（x，y，z）的函数，则可定义渗流场中一点水力坡降在三个坐标方向的分量 i_x、i_y 和 i_z 分别为：

$$i_x = -\frac{\partial h}{\partial x} \quad i_y = -\frac{\partial h}{\partial y} \quad i_z = -\frac{\partial h}{\partial z} \tag{2-15}$$

式中，负号表示水力坡降的正值对应测管水头降低的方向。上式表明，与渗透流速一样，渗流场中任一点的水力坡降是一个具有方向的矢量，其大小等于测管水头函数场在该点的梯度，但两者的方向相反。

达西定律仅适用于一维渗流的情况，对于一般三维空间的渗流，可将式（2-4）推广为如下采用矩阵表示的形式：

$$\begin{bmatrix} v_x \\ v_y \\ v_z \end{bmatrix} = \begin{bmatrix} k_{xx} & k_{xy} & k_{xz} \\ k_{yx} & k_{yy} & k_{yz} \\ k_{zx} & k_{zy} & k_{zz} \end{bmatrix} \begin{bmatrix} i_x \\ i_y \\ i_z \end{bmatrix} \tag{2-16}$$

或简写为：

$$[v] = [k][i] \tag{2-17}$$

式中，$[k]$ 一般称之为渗透系数矩阵，它是一个对称矩阵，即总有 $k_{ij} = k_{ji}$，独立的系数共有 6 个。土体内一点的渗透性是土体的固有性质，不受具体坐标系选取的影响。但是，矩阵 $[k]$ 中各个系数 k_{ij} 却是随坐标系的转动而变化的，并满足张量的坐标系变换规则，因此也把 $[k]$ 称为渗透系数张量。对应 $k_{ij} = 0$（$i \neq j$）的方向称为渗透主轴方向。

式(2-16) 称为广义达西定律。在工程实践中，常遇到如下两种简化的情况：

（1）各向异性土体，但坐标轴和渗透主轴方向一致，有 $k_{ij} = 0$（$i \neq j$），此时

$$\begin{aligned} v_x &= k_{xx} \cdot i_x \\ v_y &= k_{yy} \cdot i_y \\ v_z &= k_{zz} \cdot i_z \end{aligned} \tag{2-18}$$

（2）各向同性土体，此时恒有 $k_{ij} = 0$（$i \neq j$），且 $k_{xx} = k_{yy} = k_{zz} = k$，因此

$$\begin{aligned} v_x &= k \cdot i_x \\ v_y &= k \cdot i_y \\ v_z &= k \cdot i_z \end{aligned} \tag{2-19}$$

由广义达西定律式(2-16) 可知，对于各向异性土体，渗透流速和水力坡降的方向并不相同，两者之间存在夹角。只有各向同性土体，即当满足式(2-19) 时，渗透流速和渗透坡降的方向才会一致。

2.3.2　基本微分方程

不随时间发生变化的渗流场称为稳定渗流场。如图 2-8 所示，现从稳定渗流场中取一微元土体，其体积为 $dx \cdot dy \cdot dz$，q 为内源，在 x、y 和 z 方向各有流速 v_x、v_y 和 v_z。假定在微元体内水体为不可压缩，则根据水流的连续性原理，单位时间内流入和流出微元体的水量差应和内源项产生的水量相等。据此，可得饱和不可压缩稳定渗流的连续性方程为：

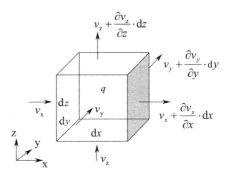

图 2-8　三维渗流的连续性条件

$$\frac{\partial v_x}{\partial x} + \frac{\partial v_y}{\partial y} + \frac{\partial v_z}{\partial z} = q \tag{2-20}$$

将广义达西定律式(2-16) 代入上式，可得：

$$\frac{\partial}{\partial x}\left(k_{xx}\frac{\partial h}{\partial x} + k_{xy}\frac{\partial h}{\partial y} + k_{xz}\frac{\partial h}{\partial z}\right) + \frac{\partial}{\partial y}\left(k_{yx}\frac{\partial h}{\partial x} + k_{yy}\frac{\partial h}{\partial y} + k_{yz}\frac{\partial h}{\partial z}\right) +$$

$$\frac{\partial}{\partial z}\left(k_{zx}\frac{\partial h}{\partial x}+k_{zy}\frac{\partial h}{\partial y}+k_{zz}\frac{\partial h}{\partial z}\right)+q=0 \tag{2-21}$$

对于坐标轴和渗透主轴方向一致的各向异性土体，根据式(2-18)，可得：

$$\frac{\partial}{\partial x}\left(k_{xx}\frac{\partial h}{\partial x}\right)+\frac{\partial}{\partial y}\left(k_{yy}\frac{\partial h}{\partial y}\right)+\frac{\partial}{\partial z}\left(k_{zz}\frac{\partial h}{\partial z}\right)+q=0 \tag{2-22}$$

对于各向同性土体，根据式(2-19)，可得：

$$\frac{\partial^2 h}{\partial x^2}+\frac{\partial^2 h}{\partial y^2}+\frac{\partial^2 h}{\partial z^2}=0 \tag{2-23}$$

式(2-21)~式(2-23)描述了土体渗流场内部测管水头 h 的分布规律，是饱和不可压缩稳定渗流的控制方程。通过求解一定边界条件下的控制方程，即可求得该条件下渗流场中水头的分布。其中，式(2-23)即为著名的拉普拉斯（Laplace）方程。该方程描述了各向同性土体渗流场内部测管水头 h 的分布规律，该式与水力学中描述平面势流问题的拉普拉斯方程完全一样。可见，满足达西定律的渗流问题是一个势流问题。

2.3.3 边界条件

渗流问题均是在一个限定空间的渗流场内发生的。在渗流场的内部，渗流满足前面所讨论的渗流控制方程。沿这些渗流场边界起支配作用的条件称为边界条件。求解一个渗流场问题，正确地确定相应的边界条件也是非常关键的。对如图 2-9 所示的土石坝渗流问题，主要有如下几种类型的边界条件：

(1) 已知水头的边界条件 Γ_1

在相应边界上给定水头分布，也称为水头边界条件。在渗流问题中，常见的情况是某段边界同一个自由水面相连，此时在该段边界上总水头为恒定值，其数值等于相应自由水面所对应的测管水头。例如，如果取 0-0 为基准面，在图 2-9 中，ABC 边界上的水头值为 $h=h_1+h_D$，FGH 边界上的水头值为 $h=h_2+h_D$。

(2) 已知法向流速的边界条件 Γ_2

在相应边界上给定法向流速的分布，也称为流速边界条件。最常见的流速边界为法向流速为零的不透水边界，即 $v_n=0$。例如，图 2-9 中的 IJ。

此外，图 2-9 中的 AI 和 HJ 是人为的截断断面，计算中也近似按不透水边界处理。注意此时 AI 和 HJ 的截选取不能离坝体太近，以保证求解的精度。

(3) 自由水面边界 Γ_3

在三维渗流问题中也称其为浸润面，如图 2-9 中的 CDE。在浸润线上应该同时满足两个条件：①测管水头等于位置水头，亦即 $h=z$，这是在浸润线以上土体孔隙中的气体和大气连通，浸润线上压力水头为零所致；②浸润线上的法向流速为零，渗流沿浸润线的切线方向，此条件和不透水边界完全相同，即为 $v_n=0$。

(4) 渗出面边界 Γ_4

图 2-9 中的 EF，其特点也是和大气连通，压力水头为零，同时有水从该段边界渗出。因此，在渗出面上也应该同时满足如下两个条件：①$h=z$，即测管水头等于位置水头；②$v_n>0$，即渗流方向与渗出面相交，且渗透流速指向渗流域的外部。

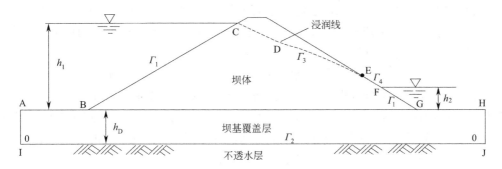

图 2-9　土石坝渗流问题中的边界条件

2.3.4　求解方法

目前，对土石坝渗流问题通常可采用如下四种类型的求解方法：

（1）数学解析法或近似解析法。根据具体边界条件，以解析法求解渗流基本方程的解。严格的数学解析法一般只适用于一些渗流域相对规则和边界条件简单的渗流问题。对土石坝工程问题，有时可根据渗流的主要特点对其进行适当的简化，求取相应的近似解析解，也可满足实际工程的需要。

（2）数值解法。随着计算机和数值计算技术的迅速发展，各种数值方法，如有限差分法、有限单元法和无单元法等，在各种渗流问题的模拟计算中得到了越来越广泛的应用。数值解法不仅可用于各种二维或三维问题，也可很好地处理各种复杂的边界条件，已逐步成为求解渗流问题的主要方法。

（3）模型试验法。采用一定比例的模型来模拟真实的渗流场，用试验手段测定渗流场中的渗流要素。例如，曾经应用广泛的电比拟法，就是利用渗流场与电场所存在的比拟关系（两者均满足拉普拉斯方程），通过量测电场中相应物理量的分布来确定渗流场中渗流要素的一种试验方法。此外还有电网络法和沙槽模型法等。

（4）图解法。根据水力学中平面势流的理论可知，拉普拉斯方程存在共轭调和函数，两者互为正交函数族。这两个互为正交函数族的等值线分别为等势线和流线。绘制由等势线和流线所构成的流网是求解渗流场的一种图解方法。该法具有简便、迅速的优点，并能应用于渗流场边界轮廓较复杂的情况。只要满足绘制流网的基本要求，求解精度就可以得到保证，因此在工程上得到广泛应用。

2.4　饱和稳定渗流数值计算有限元方法

随着计算机和数值计算技术的迅速发展，以有限单元法为代表的各种数值方法，在渗流问题的模拟计算中得到了越来越广泛的应用。数值解法，不仅可用于各种二维或三维问题，也可很好地处理各种复杂的边界条件，近年来已成为求解渗流问题的主要方法。

2.4.1　饱和稳定渗流问题的泛函

有限单元方法是目前最常用的数值求解方法。对某种特定的问题，有多种途径建立相应的有限元方程。其中，变分原理是建立有限元方程的一种常用方法。对于力学问题，可以利用最小位能或最小余能原理。对于其他问题，则需要首先寻找相应的微分方程的泛函。针对该泛函再应用变分原理建立相应的有限元方程。

根据高等数学知识，求解一个泛函的极值一般总能将其转换为求解一个微分方程的问题；反之，如果找到了微分方程相对应的泛函，则求解该微分方程的边值问题也可以用求解相应泛函的极值问题来等价。但可惜，并不是所有的微分方程都能找到相对应的泛函。求解泛函的极值问题对于有限元方法是非常合适的，是建立有限元方程的有力工具。本节介绍如何利用泛函和变分来建立饱和稳定渗流有限元方程。

式（2-21）为饱和稳定渗流的控制方程，在给定相应边界条件的情况下，可求解得到相应渗流场中的水头分布。根据变分原理，这个问题等价于下述泛函的极值问题：

$$I(h) = \iiint_R \left\{ \frac{1}{2} \left[k_{xx} \left(\frac{\partial h}{\partial x} \right)^2 + k_{yy} \left(\frac{\partial h}{\partial y} \right)^2 + k_{zz} \left(\frac{\partial h}{\partial z} \right)^2 \right. \right.$$

$$\left. \left. + 2k_{xy} \frac{\partial h}{\partial x} \frac{\partial h}{\partial y} + 2k_{yz} \frac{\partial h}{\partial y} \frac{\partial h}{\partial z} + 2k_{zx} \frac{\partial h}{\partial z} \frac{\partial h}{\partial x} \right] - qh \right\} dx dy dz + \iint_{\Gamma_2} v_n h \, ds \quad (2\text{-}24)$$

由上述泛函 $I(h)$ 的欧拉方程可知，$h(x,y,z)$必然在渗流域 R 内满足渗流运动方程式（2-21），并在边界 Γ_2 上满足法向流速边界条件。其他边界条件需要在水头函数的求解过程中得到强制满足。

这样就把求解偏微分方程的边值问题，转换成了求解泛函的极值问题。求解泛函的极值问题可用有限元法方便地来求解。下面简述由变分原理建立饱和稳定渗流有限元方程的过程。

2.4.2　有限元方程的推导

由变分原理建立一个有限元方程一般可按照下面的步骤来进行：

（1）离散计算域并建立单元的描述。将计算域划分为有限个单元，对渗流问题，可取结点水头为基本未知量，通过单元函数插值建立单元的描述，包括求取各种导数等。

（2）单元和整个域上泛函计算。根据单元上的描述，可以计算各个单元上的泛函值。实际上是将单元上的泛函表示为结点水头的多元函数。然后，将单元泛函对所有单元求和得到域上总的泛函值。求和之后，总的泛函值是域内所有结点水头的多元函数。

（3）求泛函的极值。这时求泛函的极值就变成了一个求多元函数的极值问题，这个多元函数的未知量就是域内所有的结点水头。而多元函数取极值的条件，是将其对每一个未知量求导，也就是每一个节点水头求导，并让导数等于零。这样，就可以得到一个以结点水头为未知量的方程组。

（4）边界条件处理并求解方程组。对未包括在这个泛函中的边界条件进行处理，使其强制得到满足。然后求解方程组得到域内所有结点上的水头。

下面分别进行简要描述。

如图 2-10 所示，首先是离散计算域，将计算域 R 划分为有限个单元，并建立单元的描述。以图中的单元 e 为例，设单元 e 的结点分别为 i、j、k，结点水头分别 h_i、h_j、h_k…，单元形函数为 N_i、N_j、N_k…，则单元内任一点的水头可用形函数表示为：

$$h^e(x,y,z)=\begin{bmatrix}N_i & N_j & N_k & \cdots\end{bmatrix}\cdot\begin{Bmatrix}h_i\\h_j\\h_k\\\vdots\end{Bmatrix}=[N]\cdot\{h^e\} \quad (2\text{-}25)$$

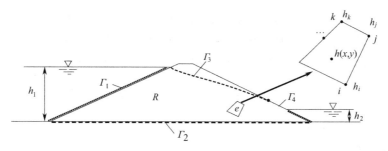

图 2-10　有限单元划分与单元描述

对上式求导并取负号可得单元的水力坡降，再乘以渗透系数矩阵可得单元的渗透流速：

$$\begin{Bmatrix}i_x\\i_y\\i_z\end{Bmatrix}=-\begin{bmatrix}\dfrac{\partial h^e}{\partial x}\\[2mm]\dfrac{\partial h^e}{\partial y}\\[2mm]\dfrac{\partial h^e}{\partial z}\end{bmatrix}=-\begin{bmatrix}\dfrac{\partial N_i}{\partial x}h_i+\dfrac{\partial N_j}{\partial x}h_j+\dfrac{\partial N_k}{\partial x}h_k+\cdots\\[2mm]\dfrac{\partial N_i}{\partial y}h_i+\dfrac{\partial N_j}{\partial y}h_j+\dfrac{\partial N_k}{\partial y}h_k+\cdots\\[2mm]\dfrac{\partial N_i}{\partial z}h_i+\dfrac{\partial N_j}{\partial z}h_j+\dfrac{\partial N_k}{\partial z}h_k+\cdots\end{bmatrix}=-[B]\cdot\{h^e\} \quad (2\text{-}26)$$

$$\begin{Bmatrix}v_x\\v_y\\v_z\end{Bmatrix}=-[k][B]\cdot\{h^e\} \quad (2\text{-}27)$$

其中，$[B]$ 矩阵为单元形函数的导数矩阵：

$$[B]=\begin{bmatrix}\dfrac{\partial N_i}{\partial x} & \dfrac{\partial N_j}{\partial x} & \dfrac{\partial N_k}{\partial x} & \cdots\\[2mm]\dfrac{\partial N_i}{\partial y} & \dfrac{\partial N_j}{\partial y} & \dfrac{\partial N_k}{\partial y} & \cdots\\[2mm]\dfrac{\partial N_i}{\partial z} & \dfrac{\partial N_j}{\partial z} & \dfrac{\partial N_k}{\partial z} & \cdots\end{bmatrix} \quad (2\text{-}28)$$

建立了单元的描述之后，可以取求单元上的泛函值，把单元 e 作为求解区域 R 的一个子域R^e，在这个子域上的泛函为：

$$I^e(h)=\iiint\limits_{R^e}\left\{\dfrac{1}{2}\left[k_{xx}\left(\dfrac{\partial h}{\partial x}\right)^2+k_{yy}\left(\dfrac{\partial h}{\partial y}\right)^2+k_{zz}\left(\dfrac{\partial h}{\partial z}\right)^2\right.\right.$$
$$\left.\left.+2k_{xy}\dfrac{\partial h}{\partial x}\dfrac{\partial h}{\partial y}+2k_{yz}\dfrac{\partial h}{\partial y}\dfrac{\partial h}{\partial z}+2k_{zx}\dfrac{\partial h}{\partial z}\dfrac{\partial h}{\partial x}\right]-qh\right\}\mathrm{d}x\,\mathrm{d}y\,\mathrm{d}z+\iint\limits_{\Gamma_2^e}v_n h\,\mathrm{d}s \quad (2\text{-}29)$$

上式中右端第 2 项是沿着流速边界Γ_2 的面积分，只有那些在该边界上的单元才会出现这一项。显然，在建立了单元的描述之后，式(2-29) 中的各项都是可以计算的，且积分计算所得到的单元 e 子域上的泛函 $I^e(h)$ 是单元结点水头的多元函数。

然后，对整个域上所有单元求和，假定整个域上划分的单元总数为 N，可得域上的总泛函 $I(h)$ 的计算公式为：

$$I(h) = \sum_{e=1}^{N} I^e(h) \tag{2-30}$$

下面求取总泛函 $I(h)$ 的极值。显然，前面积分得到的总泛函 $I(h)$ 应是域内所有结点水头的多元函数。多元函数取极值的条件，就是将其对每一个结点水头求导，并让导数等于零。假定域内的结点数为 M，则相应的多元函数取极值的条件为：

$$\frac{\partial I(h)}{\partial h_l} = 0 \quad (l=1,2,3,\cdots M) \tag{2-31}$$

将式(2-30)和式(2-29)代入上式，可得：

$$\frac{\partial I}{\partial h_l} = \sum_{e=1}^{N} \frac{\partial I^e}{\partial h_l}$$

$$= \sum_{e=1}^{N} \left\{ \iiint_e \left\{ \frac{1}{2} \left[k_{xx} 2 \frac{\partial h^e}{\partial x} \frac{\partial}{\partial h_l}\left(\frac{\partial h^e}{\partial x}\right) + k_{yy} 2 \frac{\partial h^e}{\partial y} \frac{\partial}{\partial h_l}\left(\frac{\partial h^e}{\partial y}\right) + k_{zz} 2 \frac{\partial h^e}{\partial z} \frac{\partial}{\partial z_l}\left(\frac{\partial h^e}{\partial z}\right) \right. \right. \right.$$

$$+ 2k_{xy}\left(\frac{\partial h^e}{\partial x} \frac{\partial}{\partial h_l}\left(\frac{\partial h^e}{\partial y}\right) + \frac{\partial h^e}{\partial y} \frac{\partial}{\partial h_l}\left(\frac{\partial h^e}{\partial x}\right)\right) + 2k_{yz}\left(\frac{\partial h^e}{\partial y} \frac{\partial}{\partial h_l}\left(\frac{\partial h^e}{\partial z}\right) + \frac{\partial h^e}{\partial z} \frac{\partial}{\partial h_l}\left(\frac{\partial h^e}{\partial y}\right)\right)$$

$$\left. \left. + 2k_{zx}\left(\frac{\partial h^e}{\partial z} \frac{\partial}{\partial h_l}\left(\frac{\partial h^e}{\partial x}\right) + \frac{\partial h^e}{\partial x} \frac{\partial}{\partial h_l}\left(\frac{\partial h^e}{\partial z}\right)\right)\right] - q \frac{\partial h^e}{\partial h_l}\right\} \mathrm{d}x\mathrm{d}y\mathrm{d}z$$

$$\left. + \iint_{\Gamma_2^e} v_n \frac{\partial h^e}{\partial h_l}\mathrm{d}s \right\} = 0 \quad (l=1,2,3,\cdots M) \tag{2-32}$$

由式(2-25)可知，在单元 e 内有：

$$\frac{\partial h^e}{\partial x} = \frac{\partial N_i}{\partial x} h_i + \frac{\partial N_j}{\partial x} h_j + \frac{\partial N_k}{\partial x} h_k + \cdots$$

$$\frac{\partial}{\partial h_i}\left(\frac{\partial h^e}{\partial x}\right) = \frac{\partial N_i}{\partial x}$$

$$\frac{\partial h^e}{\partial h_l} = N_l$$

把上述计算式代入式(2-32)，整理可得单元 e 的泛函 I^e 对其结点水头 h_i 导数的计算公式。同样可得 I^e 对其他结点水头导数的计算公式。将单元 e 上的这些计算式，按照单元 e 上的结点水头 h_i、h_j 等排成列，组成一个行列式：

$$\left. \begin{cases} \dfrac{\partial I^e}{\partial h_i} \\ \dfrac{\partial I^e}{\partial h_j} \\ \vdots \end{cases} \right\} = \frac{\partial I^e}{\partial \{h\}^e} = [C]^e \{h\}^e - \{Q\}^e \tag{2-33}$$

$$[C]^e = \iiint_e [B]^{\mathrm{T}} [k] [B] \mathrm{d}x\mathrm{d}y\mathrm{d}z \tag{2-34}$$

$$[Q]^e = \iiint_e [N]^T q \, dx \, dy \, dz - \iint_{\Gamma_2^e} [N]^T v_n \, ds \qquad (2\text{-}35)$$

式(2-33) 就是单元 e 的有限元方程。其中，$[C]^e$ 为单元渗透矩阵，相当于结构计算中的单元刚度矩阵。$\{Q\}^e$ 为单元结点流量列阵，相当于结构计算中的单元结点力列阵。$[C]^e$ 和 $\{Q\}^e$ 中各元素计算公式分别为：

$$C_{ij}^e = \iiint_e \left[k_{xx} \frac{\partial N_i}{\partial x} \frac{\partial N_j}{\partial x} + k_{yy} \frac{\partial N_i}{\partial y} \frac{\partial N_j}{\partial y} + k_{zz} \frac{\partial N_i}{\partial z} \frac{\partial N_j}{\partial z} \right.$$
$$+ k_{xy} \left(\frac{\partial N_i}{\partial x} \frac{\partial N_j}{\partial y} + \frac{\partial N_i}{\partial y} \frac{\partial N_j}{\partial x} \right) + k_{yz} \left(\frac{\partial N_i}{\partial y} \frac{\partial N_j}{\partial z} + \frac{\partial N_i}{\partial z} \frac{\partial N_j}{\partial y} \right)$$
$$\left. + k_{zx} \left(\frac{\partial N_i}{\partial z} \frac{\partial N_j}{\partial x} + \frac{\partial N_i}{\partial x} \frac{\partial N_j}{\partial z} \right) \right] dx \, dy \, dz \qquad (2\text{-}36)$$

$$Q_i^e = \iiint_e N_i q \, dx \, dy \, dz - \iint_{\Gamma_2^e} N_i v_n \, ds \qquad (2\text{-}37)$$

式(2-37) 右边第 1 项为由单元内源汇项 q 引起的结点流量，在结构计算中相当于由体积力引起的结点力；第 2 项为由单元边界上以法向流速渗出引起的结点流量，在结构计算中相当于边界上表面力引起的结点荷载。

将得到的单元 e 的有限元方程式(2-33)，对渗流域内所有单元进行集成求和。对于渗流域中的全部结点，可得到如下总的有限元方程组：

$$\sum_{e=1}^N [C]^e \{h\}^e - \sum_{e=1}^N \{Q\}^e = 0 \qquad (2\text{-}38)$$

即，

$$[C]\{h\} = \{Q\} \qquad (2\text{-}39)$$

式中，$[C]$ 称为渗透矩阵，相当于结构计算中的刚度矩阵，如果域内总共有 M 个结点，则 $[C]$ 为 $M \times M$ 的方阵；$\{h\}$ 为结点水头列阵；$\{Q\}$ 为右边项列阵，相当于结构计算中的右边项结点力列阵。

由式(2-39) 可解出各结点水头 h 值。各单元的流速可由式(2-27) 计算。式(2-39) 是一个线性方程组，方程数目和域内结点总数 M 相同。从本质上看，这个渗流的有限元方程组是基于渗流的连续性条件推导得到的，因此，每个方程的物理意义是相应结点上的渗透流量的平衡。此外，由式(2-37) 可知，每个方程的右边项是相应结点的流量。表 2-2 给出了应力变形分析和渗流分析有限元方法的相似性。

应力变形分析和渗流分析有限元方法的相似性　　　表 2-2

对比项目	应力变形分析	渗流分析
基本变量及单元插值	结点位移 $\begin{Bmatrix} u \\ v \\ w \end{Bmatrix} = [N]\{\delta^e\}$	结点水头 $h = [N]\{h^e\}$
导数	单元应变 $[\varepsilon_{ij}] = [B]\{\delta^e\}$ 单元应力 $[\sigma_{ij}] = [D][B]\{\delta^e\}$	单元水力坡降 $\{i^e\} = -[B]\{h^e\}$ 单元渗透流速 $\{v^e\} = -[k][B]\{h^e\}$
方程右边项	对应方向的结点力	对应结点上的渗透流量
结点方程的物理意义	对应方向的结点力平衡	对应结点的渗透流量平衡

2.4.3 水头和流速边界条件处理

对于饱和稳定渗流常见的边界条件主要包括：

(1) 已知水头的边界条件 Γ_1；

(2) 已知法向流速的边界条件 Γ_2；

(3) 自由水面边界 Γ_3；

(4) 渗出面边界 Γ_4。本小节首先讨论如何在有限元方法中处理水头和流速边界条件。

对于已知水头的边界条件，并没有包括在式（2-24）所示的泛函中，因此需要在有限元方程的求解过程中得到强制满足。具体方法与在应力变形有限元分析中已知结点位移情况的处理方法相同。

当对某些结点给定水头时，方程组中未知水头的数目将减少，即减少的数目为给定了水头值的结点数目。例如，对于由下式具有 5 个结点的有限元方程：

$$\begin{bmatrix} c_{11} & c_{12} & c_{13} & c_{14} & c_{15} \\ c_{21} & c_{22} & c_{23} & c_{24} & c_{25} \\ c_{31} & c_{32} & c_{33} & c_{34} & c_{35} \\ c_{41} & c_{42} & c_{43} & c_{44} & c_{45} \\ c_{51} & c_{52} & c_{53} & c_{54} & c_{55} \end{bmatrix} \begin{Bmatrix} h_1 \\ h_2 \\ h_3 \\ h_4 \\ h_5 \end{Bmatrix} = \begin{Bmatrix} Q_1 \\ Q_2 \\ Q_3 \\ Q_4 \\ Q_5 \end{Bmatrix} \tag{2-40}$$

假设 $h_2 = H_2$、$h_3 = H_3$ 为已知水头，则在方程组中 h_2 和 h_3 不再为未知量，方程组中第 2 个和第 3 个方程不再需要求解。而其他方程对应的第 2 列和第 3 列，需分别乘以 H_2 和 H_3 后移到方程的右边。最终的方程组变为求解其余 3 个未知水头的方程组：

$$\begin{bmatrix} c_{11} & c_{14} & c_{15} \\ c_{41} & c_{44} & c_{45} \\ c_{51} & c_{54} & c_{55} \end{bmatrix} \begin{Bmatrix} h_1 \\ h_4 \\ h_5 \end{Bmatrix} = \begin{Bmatrix} Q_1 - c_{12}H_2 - c_{13}H_3 \\ Q_4 - c_{42}H_2 - c_{43}H_3 \\ Q_5 - c_{52}H_2 - c_{53}H_3 \end{Bmatrix} \tag{2-41}$$

求解该方程组可得到其余 3 个未知水头。求解之后，再将求得的水头值代回前面消去的 2 个方程中，则可得到对应的右边项，即结点流量 Q_2' 和 Q_3'：

$$\begin{bmatrix} c_{21} & c_{22} & c_{23} & c_{24} & c_{25} \\ c_{31} & c_{32} & c_{33} & c_{34} & c_{35} \end{bmatrix} \begin{Bmatrix} h_1 \\ H_2 \\ H_3 \\ h_4 \\ h_5 \end{Bmatrix} = \begin{Bmatrix} Q_2' \\ Q_3' \end{Bmatrix} \tag{2-42}$$

需要注意的是，上述处理方法具有非常明确的物理意义。式（2-40）所描述的渗流场是在满足水量连续性条件的前提下得到的方程组。直接求解该方程组，也可以得到相应的结点水头 h_2 和 h_3，但是这样求解得到的两个结点的水头值并不会等于其应满足的边界条件，即 $h_2 \neq H_2$，$h_3 \neq H_3$。为使结点 2 和结点 3 的水头满足所给定的边界条件，需在这两个结点上补充或抽出水量，以强制水头满足 $h_2 = H_2$，$h_3 = H_3$，但是该水量在求解之前是未知的。因此，在求解全部的结点水头之后，再代回计算的结点流量 Q_2' 和 Q_3'，即为满足边界条件要求所对应的结点流量。

　　根据上述结点流量概念，在渗流的有限元计算中，可以非常方便地计算局部指定边界上渗入或渗出流量，也可以方便地计算通过渗流全域的渗流量等。例如，对于如图 2-11 所示的渗流问题，左侧上游边界上，1～4 号结点位于高水头对应的边界上，为入流边界。在入流边界上根据有限元方程计算得到的结点流量小于零。如果需要计算通过该上游边界的入流量，则可通过有限元方程分别计算 1～4 号结点的流量，再相加即可。

　　同理，右侧 14～16 号结点位于下游侧低水头对应的边界上，显然为出流边界。根据有限元方程计算得到的结点流量大于零。如果需要计算通过该下游边界的出流量，则同样可通过有限元方程分别计算 14～16 号结点的流量，再相加即可。如果要计算通过渗流全域的渗流量，则同样可通过有限元方程，分别计算全部入流边界或出流边界上的结点流量，再求和，即可得到总的渗流量。

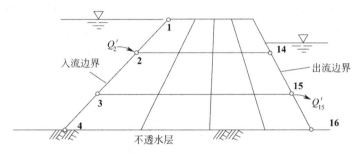

图 2-11　结点流量和入流、出流渗透边界

　　对已知法向流速的边界条件，如式（2-24）所示，在推导有限元方程所使用的泛函中，已经包括了流速边界，因而对流速边界不需要再进行专门的处理，只需按照有限元相应的计算公式进行积分。需要说明的是，对于不透水边界法向流速 $v_n=0$，由泛函方程可以看出，这种情况对有限元方程不产生任何影响，故在计算中不必特别给出；反之，在有限元计算中，如果在某些边界上没有给定任何的边界条件，则实际上这些边界将等同于不透水边界。

2.4.4　自由水面边界条件处理

　　如前所述，自由水面边界也称为浸润线。在浸润线上应该同时满足两个条件：

　　（1）孔隙水压力为零，测管水头等于位置水头，即 $h=z$；

　　（2）法向流速为零，即 $v_n=0$。自由水面的位置通常无法事先确定，需在计算中通过迭代的方法计算确定。自由水面边界的迭代计算是渗流计算中的难点问题，目前常采用的方法如下。

　　1. 网格修正法

　　网格修正法是一种最原始的办法。如图 2-12 所示，采用该种方法时，首先要对可能发生渗流的全域划分有限元计算网格并进行计算；然后，根据计算结果，用自由水面的第 1 个条件测管水头等于位置水头，即 $h=z$，确定出一个近似的自由水面。显然，前面的计算是有误差的，因为自由水面以上的部分参加了计算。因此，下面对 $h=z$ 近似自由水面之下的区域，重新划分有限元计算网格并进行计算。之后，再次用 $h=z$ 确定一个近似

23

的自由水面。如此反复，直到前后两次确定的近似自由水面差别不大为止。

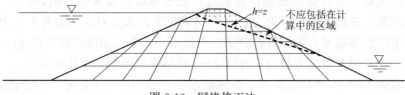

图 2-12　网格修正法

网格修正法是早期采用的计算方法。在该种方法中，每次迭代均需改变计算的网格，所需的工作量巨大。整体渗透矩阵要重新进行集成和分解，计算效率很低。

2. 单元传导矩阵修正法

单元传导矩阵修正法是由著名学者巴特（Bathe，1979）提出的。如图 2-13 所示，该法和网格修正法的前几步是相同的。首先对可能发生渗流的全域划分有限元计算网格进行计算。然后，根据计算结果，用 $h=z$ 确定出一个近似的自由水面。该近似自由水面将计算域分成上下两个区域。其中，自由水面上面的区域是不应该包括在计算中的，在下面的迭代计算中应该去掉。

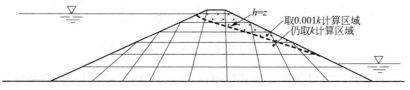

图 2-13　单元传导矩阵修正法

巴特认为，在下面的迭代计算中，仍可采用已有的计算网格进行计算，但此时对近似自由水面以上的区域，应将土料的渗透系数取一小值（通常缩小 1000 倍）进行计算：

$$\begin{cases} k'=k & (h \geqslant z) \\ k'=k/1000 & (h < z) \end{cases} \tag{2-43}$$

将渗透系数缩小 1000 倍，实际上是降低了近似自由水面以上区域对总体渗透矩阵的贡献，相当于"在数值"上去掉了这部分网格。这和在划分计算网格时，直接去掉这些单元所起的作用是近似的。但由于不再需要重新划分有限元网格，因此可以大大地减少工作量。如此反复迭代计算，直到前后两次确定的近似自由水面差别不大为止。

巴特提出的单元传导矩阵修正法，只划分了 1 次有限元计算网格，所以可称为固定网格法。但是，该法在每次迭代计算时仍然需要进行整体渗透矩阵的集成和分解，计算量仍然较大。

3. 剩余流量法

剩余流量法由德赛（Desai，1976）提出。下面以土坝渗流为例，介绍剩余流量法的基本原理和计算步骤。

剩余流量法也是固定网格法，按全域剖分计算网格，并按照整体网格进行计算。如图 2-14 所示，在求解出整体域内水头 h 的分布后，可根据 $h=z$ 确定出相应近似自由水面的位置 AD，再计算其上的法向流速 v_n。如果在 AD 上均有 $v_n=0$，则将满足自由水面的两项条件，说明此时会是问题的真解。在进行迭代计算的初期，这种情况是不可能发生的，即在近似自由水面 AD 上，总有法向流速 $v_n \neq 0$。实质上，该法向流速描述了上部 ABCD 区域对下部计算域的影响。

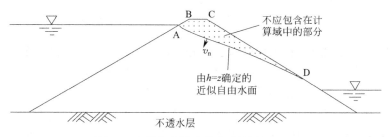

图 2-14　剩余流量法的基本原理

德赛建议，可通过在近似自由水面 AD 上叠加一反向法向流速 $-v_n$ 的方法消除上部 ABCD 区域对整体计算所造成的影响。首先计算该反向法向流速所产生的结点流量。根据式（2-35）可知，该反向法向流速所产生的结点流量为：

$$\Delta\{Q\} = \iint\limits_{AD} [N]^\mathrm{T} v_n \mathrm{d}S \tag{2-44}$$

然后，将计算所得到的结点流量 $\Delta\{Q\}$ 叠加到整体渗流方程的右边项，重新进行求解，可得到更加精确的近似解。如此反复迭代计算，直到得到满意的计算结果。

从上述原理和计算过程可见，剩余流量法是固定网格法，在迭代过程中也不再需要进行整体渗透矩阵的集成和分解，计算效率大大提高。但是，剩余流量法需要计算法向流速，在二维和三维的情况下，分别需要进行曲线和曲面积分，计算过程相对繁琐。

4. 初始流量法

初始流量法是德国亚琛工业大学的韦德卡教授和他的学生盖尔博士等在 1983 年提出的方法（Wittke，1996；Gell，1983）。初始流量法同样是固定网格法，按全域剖分计算网格，并按照整体网格进行计算。如图 2-15 所示，在求解出整体域内水头 h 的分布后，可根据 $h=z$ 确定出第一次迭代对应的自由水面位置。此时，位于该自由面之上区域中的结点都有一个负压力水头，即这些结点的水头小于其相应所处的高程。然而，这样的计算结果仍存在误差，因为该区域内的单元对整体的渗流方程组还有影响。对于该区域中的某个单元 e' 而言，其对渗流方程的影响就是该单元的有限元方程：

$$[C^{e'}]\{h^{e'}\} = \{\bar{Q}^{e'}\} \tag{2-45}$$

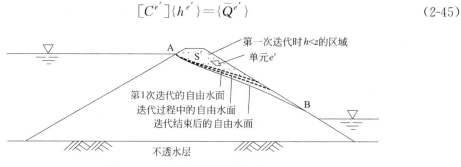

图 2-15　初始流量法的基本原理

可见，其影响相当于产生了结点流量 $\{\bar{Q}^e\}$。因此，可通过在方程的右边项施加一个相反的结点流量，以校正影响。对所有这种单元的结点流量进行求和，可得到总体的结点流量的修正列阵 $\{\bar{Q}_n\}$：

$$\{\bar{Q}_n\} = \sum_{e'}\{\bar{Q}^{e'}\} = \sum_{e'}[C^{e'}]\{h^{e'}\} \tag{2-46}$$

将其从渗流方程组的右边项中减去，并重新进行求解，可得到一个新的水头分布。此时，得到的计算结果较前一次会有所改进，确定的自由水面的位置也会更加准确。如此反复迭代计算，直到得到满意的计算结果。

在有限元的数值计算中，进行单元积分时，一般是通过对高斯点积分。因此，对于和自由水面交叉的单元，即仅部分位于渗透区内的单元，可分别按照具体的高斯点进行 $h < z$ 的判别。在对式(2-45)进行数值积分时，仅需要积分累计具有负压力水头（位于自由水面以上）的高斯点的数值，对在自由水面下部的高斯点则忽略不计。

图 2-16 给出了对于一个具有 8 个高斯点的立方体单元，在计算结点流量修正值时，如何用初始流量法考虑自由水面的位置，以及具体的计算流程。对于图中的单元，只有 1、2、3、4 和 7 号高斯点位于自由水面以上，在数值积分结点流量修正列阵「$C^{e'}$」时，仅需要考虑这些高斯点的数值。

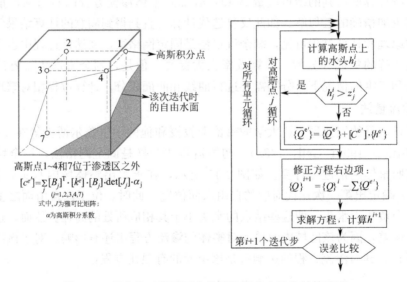

图 2-16　部分位于渗透区内单元的积分方法和计算流程

初始流量法也是固定网格法，在迭代过程中不再需要进行整体渗透矩阵的集成和分解，计算效率高。此外，该法直接采用单元渗透矩阵进行误差校正，编程十分方便。计算经验表明，该法的计算收敛速度也较快。

2.4.5　渗出面边界条件处理

如前所述，在渗出面边界上应该同时满足两个条件：(1) 孔隙水压力为零，测管水头等于位置水头，即 $h = z$；(2) $v_n > 0$，渗透流速指向渗流域的外部，即有水渗出渗流域。

对于实际的渗流问题，渗出面的大致位置常常是已知或者可以根据日常经验大体进行判断的，但其精确的范围却需要在计算中通过迭代确定。例如，如图 2-17 所示，对于隧洞渗流，隧洞周围的边壁都是可能的渗出面，对于土石坝及岸坡渗流，土石坝下游边坡、两岸岸坡和河谷底部都是可能的渗出面。尽管可以大体判断渗出面的位置，但是，其究竟多大却无法知晓，需要在求解过程中采用迭代计算来确定。

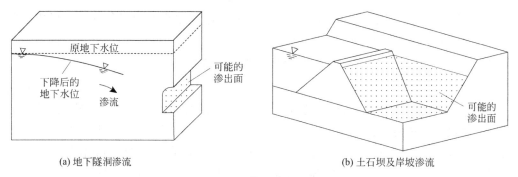

(a) 地下隧洞渗流　　　　　　　　　　　(b) 土石坝及岸坡渗流

图 2-17　可能的渗出面举例

图 2-18 以边坡渗流计算为例，给出了确定渗出面位置的迭代方法。在进行第一次迭代计算时，先要给出一个假设的渗出面的区域，并使实际的渗出面区域包含在该假设区域之内。假设该区域中的所有结点均是渗出点，取 $h=z$ 并按照给定水头边界进行计算。在求解方程组后，再对区域中所有的结点进行逐点检验，判别真正的渗出点。

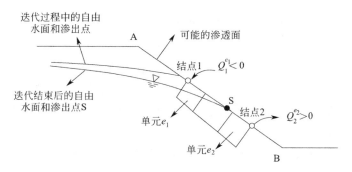

图 2-18　渗出面的迭代方法

对渗出点判别的依据是渗出面边界的第 2 项条件，$v_n > 0$，即其结点流量是否是由域内渗出域外。这里利用相应结点流量的正负号进行判别是方便的。结点流量的计算方法参照式(2-42)。如果计算所得到的结点流量大于零（如图 2-18 中的结点 2），则说明该点可满足渗出面的两项边界条件，该点就是真正的渗出点；反之，如果计算所得到的结点流量小于零（如图 2-18 中的结点 1），使其水头达到 $h=z$，则必须向该点补充水量，即表明该点位置高于实际渗出面，在第二次迭代时需要对这样的结点进行修正。为了提高计算效率，应尽量通过修正有限元方程的右边项并保持渗透矩阵 $[C]$ 不变来进行迭代计算。

在具体计算中，可逐个考虑结点位于可能渗面上的所有单元。现以图 2-18 单元 e_1 中的结点 1 为例来详细说明。通过结点 1 流进或流出单元 e_1 的流量可由结点流量矢量 $\{Q^{e_1}\}$ 的分量 $Q_1^{e_1}$ 给出。这可由式(2-42) 及单元的结点水头 $\{h^{e_1}\}$ 计算，即：

$$\{Q^{e_1}\}=[C^{e_1}]\{h^{e_1}\} \qquad (2\text{-}47)$$

当 $Q_1^{e_1}$ 为负时，如上所述不需要修正。当 $Q_1^{e_1}$ 为正时，必须对结点 1 已给定的边界条件进行修正。修正方法与确定自由面位置类似，即借助于流量修正法直接修正 $h=z$ 这个假设。对于结点 1，可将其边界条件改写为：

$$h_1^{新}=\chi h_1^{旧}=\chi z_1 \qquad (2\text{-}48)$$

式中，χ 可取一个小于 1 的数值，如 $\chi=0.95$。对于给定水头的边界条件，在形成有限元方程时会集成到方程的右边项。修正了结点 1 的水头之后，需要对有限元方程的右边项进行相应的修正，其中，第 i 个分量的修正量可按照下式计算：

$$\Delta \widetilde{Q}_i=C_{i1}^{e_1}(h_1^{旧}-h_1^{新})=C_{i1}^{e_1}(1-\chi)z_1 \qquad (2\text{-}49)$$

对每一个可能包含渗出点的单元进行修正后，重新求解方程组可得到下一次迭代的计算结果。该过程应重复进行，直至在两次相邻迭代中渗出面位置无实质性变化为止。由此可见，这种方法与确定自由面位置的迭代方法很相似。实际上，渗出面的位置本身对自由水面的位置也有影响。因此，在实际的有限元计算中，渗出面迭代和自由水面迭代是需要相互嵌套交替进行的。

2.5　饱和非稳定渗流数值计算有限元方法

2.5.1　基本微分方程

稳定和非稳定渗流连续性方程的推导思路是完全一样的，推导的基础都是渗流的连续性条件，即孔隙水的质量守恒。不同之处是，对于饱和非稳定渗流，渗流域内各点的水头和孔隙水压力不再恒定，而是随时间变化的量。这种情况下，在推导水流的连续性条件时，需要考虑如下由于孔隙水压力变化所导致的对渗流连续性的影响：（1）孔压变化后，由于孔隙水压缩造成水的密度发生变化；（2）单元土颗粒和孔隙体积变化所导致的单元内孔隙水体积的变化。

仍以图 2-8 所示的微元土体为例，根据水流的连续性原理，此时单位时间内流入和流出微元体的水量差应和内源项产生的水量以及土体孔隙中储存水量的变化相平衡。据此可列出如下方程：

$$-\rho_w\left(\frac{\partial v_x}{\partial x}+\frac{\partial v_y}{\partial y}+\frac{\partial v_z}{\partial z}\right)dxdydz=\frac{\partial(\rho_w V_v)}{\partial t}-\rho_w q\,dxdydz \qquad (2\text{-}50)$$

式中，ρ_w 为水的密度；V_v 为微元土体的孔隙体积。如果 n 为土体的孔隙率，$V=dx\cdot dy\cdot dz$ 为微元土体的体积，则有 $V_v=n\cdot V$。式(2-50)的左边代表了单位时间内流入和流出微元体的水量差，右边第 1 项代表土体孔隙中储存水量的变化，第 2 项代表源汇项。其中，

$$\frac{\partial(\rho_w V_v)}{\partial t}=V_v\frac{\partial \rho_w}{\partial t}+\rho_w\frac{\partial V_v}{\partial t} \qquad (2\text{-}51)$$

式中右端第 1 项表示孔隙水可压缩性的影响。假定水的体积压缩系数为 β，在水体压缩过程中，根据质量守恒原理，其密度 ρ_w 和体积 V_v 的乘积不变，即 $d(\rho_w V_v)=0$，于

是有：

$$\rho_w dV_v + V_v d\rho_w = 0$$

$$d\rho_w = \rho_w \frac{dV_v}{V_v} = \rho_w \beta d p = \rho_w \beta \gamma_w dh = \rho_w^2 \beta g dh \tag{2-52}$$

式(2-51)中右端第 2 项表示土体孔隙体积变化的影响。相对于土体骨架，可认为土体颗粒本身不可压缩，即 $dV_v = dV$。假设土体骨架的体积压缩系数为 α。则：

$$dV_v = dV = \alpha d p V = \alpha V \gamma_w dh = \rho_w \alpha V g dh \tag{2-53}$$

将式(2-51)、式(2-52)和式(2-53)分别代入式(2-50)并整理可得：

$$-\left(\frac{\partial v_x}{\partial x} + \frac{\partial v_y}{\partial y} + \frac{\partial v_z}{\partial z}\right) = S_s \frac{\partial h}{\partial t} - q \tag{2-54}$$

式中，S_s 称为储水率或单位储水量，其量纲为 $[L^{-1}]$。由上述推导过程可知：

$$S_s = \rho_w g (\alpha + n\beta) \tag{2-55}$$

单位储水量 S_s 的物理意义是对单位体积的饱和土体，当水头 h 下降一个单位时，由于土体骨架压缩（$\rho_w g \alpha$）和孔隙水膨胀（$\rho_w g n\beta$）所释放出来的储存水量。表 2-3 给出了不同土类单位储水量 S_s 的参考取值。

不同土类单位储水量 S_s 的参考取值　　　　　　　　表 2-3

土类	$S_s(m^{-1})$	土类	$S_s(m^{-1})$
塑性软黏土	$2.0\times10^{-2} \sim 2.6\times10^{-3}$	密实砂	$2.0\times10^{-4} \sim 1.3\times10^{-4}$
坚韧黏土	$2.6\times10^{-3} \sim 1.3\times10^{-3}$	密实砂质砾	$1.0\times10^{-4} \sim 4.9\times10^{-5}$
中等硬黏土	$1.3\times10^{-3} \sim 6.9\times10^{-4}$	裂隙节理的岩石	$6.9\times10^{-5} \sim 3.3\times10^{-6}$
松砂	$1.0\times10^{-3} \sim 4.9\times10^{-4}$	较完好的岩石	$<3.3\times10^{-6}$

将广义达西定律式(2-16)代入式(2-54)，可得：

$$\frac{\partial}{\partial x}\left(k_{xx}\cdot\frac{\partial h}{\partial x} + k_{xy}\cdot\frac{\partial h}{\partial y} + k_{xz}\cdot\frac{\partial h}{\partial z}\right) + \frac{\partial}{\partial y}\left(k_{yx}\cdot\frac{\partial h}{\partial x} + k_{yy}\cdot\frac{\partial h}{\partial y} + k_{yz}\cdot\frac{\partial h}{\partial z}\right)$$

$$+ \frac{\partial}{\partial z}\left(k_{zx}\cdot\frac{\partial h}{\partial x} + k_{zy}\cdot\frac{\partial h}{\partial y} + k_{zz}\cdot\frac{\partial h}{\partial z}\right) - S_s \frac{\partial h}{\partial t} + q = 0 \tag{2-56}$$

对于坐标轴和渗透主轴方向一致的各向异性土体，根据式(2-18)，可得：

$$\frac{\partial}{\partial x}\left(k_{xx}\frac{\partial h}{\partial x}\right) + \frac{\partial}{\partial y}\left(k_{yy}\frac{\partial h}{\partial y}\right) + \frac{\partial}{\partial z}\left(k_{zz}\frac{\partial h}{\partial z}\right) - S_s \frac{\partial h}{\partial t} + q = 0 \tag{2-57}$$

式(2-56)和式(2-57)是饱和非稳定渗流的基本方程。通过求解一定初始条件和边界条件下的控制方程，即可求得该条件下渗流场中水头的分布。对于饱和土体，当不考虑土体骨架和孔隙水的可压缩性时，$S_s = 0$，此时，在非稳定渗流的控制方程中，将不含时间项，其形式和稳定渗流的式(2-21)和式(2-22)完全相同。

需要特别注意土力学中非稳定渗流问题和固结问题的区别。对于上述得到的非稳定渗流的连续性方程，如果考虑土体骨架的变形，引入土的压缩性和有效应力原理，则会得到固结方程。因此，从严格意义上讲，对于非稳定渗流问题，由于孔隙水压力是变化的，肯定也是固结问题。所以，这里就有一个不成文的约定，考虑土骨架耦合变形为固结问题；不考虑土骨架变形为非稳定渗流问题。但是，在实际工程中计算土层中的非稳定渗流时，

通常又通过给定 S_s 单位储水量的经验值，通过简化的方法适当考虑土层变形的影响。

在求解非稳定渗流问题时，需要给定相应的初始条件和边界条件。对于饱和非稳定渗流，常见的几种类型的边界条件同样包括：①已知水头的边界条件；②已知法向流速的边界条件；③渗出面边界；④自由水面边界等。其中，前三种边界条件和前面讨论的稳定渗流的情况十分类似，只是在非稳定渗流情况下，其具体数值大小或位置可以是随时间发生变化的。对于自由水面边界，在非稳定渗流情况下，其具体位置可能是随时间发生移动的，与稳定渗流的情况则有所不同。下面结合图 2-19 进行具体讨论。

无论是稳定还是非稳定渗流的情况，在自由水面上由于和大气连通，都需满足零水压力条件，测管水头等于位置水头（$h=z$）。但是，对于非稳定渗流的情况，自由水面随时间是可以发生移动的，此时自由水面不再是流线，即其上的法向流速 $v_n \neq 0$。如图 2-19 所示为经过 dt 时间后自由水面位置的降落变化。降落前，水位降落区的土体是饱和的，降落后孔隙水排出变为非饱和。所以，自由水面位置的变化过程实际上也是土体中孔隙水向渗流域内排出的过程。因此，可将非稳定渗流的自由水面看成是一种特定的流量边界进行处理。

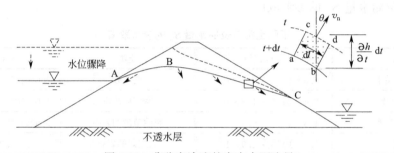

图 2-19 非稳定渗流的自由水面边界

如采用外法线方向为正，在 dt 时段内，图中 abcd 区域土体孔隙中的水量，通过 $d\Gamma$ 的边界补充到了域内。则在自由水面下降时可认为通过边界流入的法向流速为（钱家欢和殷宗泽，1996）：

$$v_n = \mu \frac{\partial h}{\partial t} \cos\theta \qquad (2-58)$$

式中，θ 为自由水面外法线与铅直线的夹角；μ 为自由水面变动范围内的给水度或有效孔隙率。研究表明，给水度 μ 除与相应土体的渗透性相关外，还与土体的密实度有关。式（2-58）是非稳定渗流情况下自由水面须满足的第 2 个边界条件。

由于是与时间有关的非稳定渗流，因此求解时还需要知道相应的初始条件，即 $t=0$ 时刻，水头在域内的分布。

2.5.2　有限元方程的推导

式（2-56）为饱和非稳定渗流的控制方程，在给定相应初始和边界条件的情况下，可求解得到相应渗流场中的水头分布。根据变分原理，这个问题等价于下述泛函的极值问题：

$$I(h,t) = \iiint\limits_{R} \left\{ \frac{1}{2} \left[k_{xx}\left(\frac{\partial h}{\partial x}\right)^2 + k_{yy}\left(\frac{\partial h}{\partial y}\right)^2 + k_{zz}\left(\frac{\partial h}{\partial z}\right)^2 \right. \right.$$

$$\left. \left. + 2k_{xy}\frac{\partial h}{\partial x}\frac{\partial h}{\partial y} + 2k_{yz}\frac{\partial h}{\partial y}\frac{\partial h}{\partial z} + 2k_{zx}\frac{\partial h}{\partial z}\frac{\partial h}{\partial x} \right] + S_s h \frac{\partial h}{\partial t} - qh \right\} \mathrm{d}x\mathrm{d}y\mathrm{d}z + \iint\limits_{\Gamma^2} v_n h\, \mathrm{d}s$$

$$(2\text{-}59)$$

由上述泛函 $I(h,t)$ 的欧拉方程可知，$h(x,y,z,t)$ 必然在渗流域 R 内满足渗流运动方程式(2-56)，并在边界 Γ_2 上满足法向流速边界条件。其他边界条件需要在水头函数的求解过程中得到强制满足。

比较式(2-24) 和式(2-59) 可以发现，两者仅相差 $\iiint\limits_{R}\left(S_s h \dfrac{\partial h}{\partial t}\right)\mathrm{d}x\mathrm{d}y\mathrm{d}z$ 这一与时间的导数相关的项。因此，对于非稳定渗流，采用与前述稳定渗流类似的推导过程和步骤，可以得到如下形式的有限元方程：

$$[C]\{h\} + [S]\{\dot{h}\} = \{Q\} \tag{2-60}$$

式中，$\dot{h}$ 为结点水头对时间的导数；$[C]$ 为渗透矩阵；$[S]$ 为储水矩阵；$\{Q\}$ 为方程右边项列阵。

$$[C]^e = \iiint\limits_{e} [B]^{\mathrm{T}}[k][B]\,\mathrm{d}x\mathrm{d}y\mathrm{d}z \tag{2-61}$$

$$[S]^e = \iiint\limits_{e} [N]^{\mathrm{T}} S_s [N]\,\mathrm{d}x\mathrm{d}y\mathrm{d}z \tag{2-62}$$

$$\{Q\}^e = \iiint\limits_{e} [N]_q^{\mathrm{T}}\mathrm{d}x\mathrm{d}y\mathrm{d}z - \iint\limits_{\Gamma_2^e} [N]^{\mathrm{T}} v_n \mathrm{d}s \tag{2-63}$$

在式(2-60) 中，除了含有结点水头基本未知量之外，还含有结点水头对时间的导数项。该方程可将时间过程按时间增量 $\Delta t = t_{n-1} - t_n$ 进行离散，然后再通过数值积分的方法进行逐步求解。图 2-20 给出了时间过程的数值积分方案，可用下式进行计算：

$$\int_{t_{n-1}}^{t_n} f(t)\mathrm{d}t = \left[\lambda f(t_n) + (1-\lambda)f(t_{n-1})\right]\Delta t \tag{2-64}$$

式(2-64) 数值计算的精度与函数 $f(t)$ 的特性和加权系数 λ 的选取有关。Booker 和 Small (1975) 证明，当取 $0.5 \leqslant \lambda \leqslant 1$ 时，上式是数值稳定的。经验表明，通常 $\lambda = 0.5$ 时效果较好。

采用式(2-64) 所给出的方法对式(2-60) 进行积分：

$$\int_{t_{n-1}}^{t_n} \left([C]\{h\} + [S]\{\dot{h}\}\right)\mathrm{d}t = \int_{t_{n-1}}^{t_n} \{Q\}\mathrm{d}t \tag{2-65}$$

可得，

$$[\widetilde{C}]\{h_{t_n}\} = \{Q_{t_{n-1}}\} + \{V_{\mathrm{W}}\} \tag{2-66}$$

其中，

$$[\widetilde{C}] = [S] + [C]\lambda\Delta t \tag{2-67}$$

$$\{Q_{t_{n-1}}\} = [C^*]\{h_{t_{n-1}}\} \tag{2-68}$$

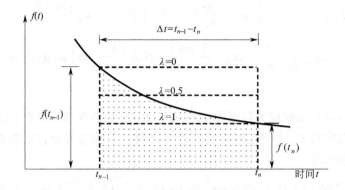

图 2-20 时间过程的数值积分方案

$$[C^*]=[S]-[C](1-\lambda)\Delta t \tag{2-69}$$

$$\{V_W\}=\{Q\}\Delta t \tag{2-70}$$

由式（2-66）可知，已知前一时刻 t 的结点水头分布，即可求出下一时刻 $t+\Delta t$ 的水头分布。因此，只要知道初始条件下的渗流场水头分布，即可逐次计算渗流场随边界条件变化时的渗流场水头分布。

当不考虑土体骨架变形和孔隙水的压缩性时，储水率 $S_s=0$。由式（2-62）可知，计算所得储水矩阵 $[S]$ 也等于零。此时，所得到的有限元方程称为：

$$[C]\{h\}=\{Q\} \tag{2-71}$$

可见，其在形式上同稳定渗流的有限元方程式（2-39）具有完全相同的形式。但需注意的是，在非稳定渗流的情况下，其边界条件是随时间发生变化的，因此同稳定渗流的情况仍有不同。

2.5.3 初始和边界条件的处理

在求解非稳定渗流问题时，需要给定相应的初始条件和边界条件。对于初始条件，通常对应一个稳定场，这时可通过求解给定边界条件下的稳定渗流有限元方程，得到渗流场内的水头分布，作为非稳定渗流在 $t=0$ 时刻的初始条件。

饱和非稳定渗流常见的几类边界条件包括已知水头或已知法向流速的边界条件、渗出面边界和自由水面边界等。已知水头和已知法向流速边界条件的处理方法与稳定渗流的情况完全相同，只是在非稳定渗流情况下，其具体数值大小或位置是可以随时间发生变化的。对于饱和非稳定渗流，自由水面和渗出面边界是随时间运动的边界。在有限元计算中，由于这两种边界均是随时间发生变化的，所以对每一个时间步均需要进行迭代计算。其中，渗出面边界条件与稳定渗流相同，可采用与前述稳定渗流相同的迭代方法进行计算。

下面结合图 2-21 所示的情况讨论自由水面的迭代方法。如前所述，在非稳定渗流情况下，自由水面需满足如下两个条件：

（1）零水压力条件（$h=z$）；

（2）自由水面位置的变化过程伴随着土体孔隙水体的流入或排出，实质上对渗流域构成出流或入流的条件，可等价为由式（2-70）表示的法向流速条件。

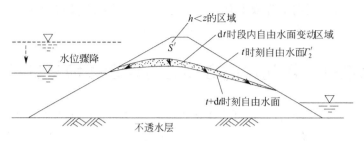

图 2-21　非稳定渗流自由水面边界

总体而言，饱和非稳定渗流自由水面的迭代计算应主要包含如下两个方面。

（1）自由水面以上部分区域所产生的误差校正

如图 2-21 所示，当存在自由水面时，实际的渗流域应仅包含自由水面以下的区域。当应用固定网格法采用全断面进行计算时，在形成的有限元方程中还包含了自由水面以上部分的 S' 区域（$h<z$ 的区域）的影响。对此可采用与稳定渗流计算中完全相同的迭代方法，如单元渗透矩阵修正法、剩余流量法和初始流量法等进行校正，详见本书 2.4.4 节。

（2）自由水面位置变化所导致的孔隙水量变化

在自由水面位置发生变化时，相应部分土体孔隙中水体的流入或排出，会对渗流的流量平衡产生影响。对这种影响的模拟，在文献中发现有下列两种方法可以使用。

方法一：将自由水面作为流量边界引入泛函直接进行处理

在推导饱和非稳定渗流有限元方程相应的泛函中，包括了对边界法向流速的积分项。而其自由水面又可处理为具有法向流速的流量边界，因此，可将自由水面的法向流速条件，直接代入泛函进行积分。

在饱和非稳定渗流计算中，自由水面位置变化的影响可等价表示为由式（2-58）表示的法向流速条件。这样，可将该式作为法向流速边界条件直接写进式（2-59）所示的泛函，对应的项为：

$$I^*(h,t)=\iint_{\Gamma_2'}v_n h\,ds=\iint_{\Gamma_2'}\mu h\frac{\partial h}{\partial t}\cos\theta\,ds \tag{2-72}$$

式中，积分域 Γ_2' 是沿自由水面的积分。在三维非稳定渗流计算中，上式实际为一个二维的曲面积分，且曲面的空间位置是随时间变化的。采用与前面相同的方法和步骤，可得到与式（2-60）相对应的有限元方程式：

$$[C]\{h\}+[S]\{\dot h\}+[G]\{\dot h\}=\{Q\} \tag{2-73}$$

式中，$[G]$ 称为自由水面变动矩阵：

$$\{G\}=\iint_{\Gamma_2'}\mu[N][N]^T\cos\theta\,ds \tag{2-74}$$

这种方法需要计算沿空间曲面的积分，具体的数值积分方法，可参阅相关文献。

方法二：通过对自由水面单元定义不同的单位贮存量 S_s 来进行处理

对于饱和非稳定渗流的非自由水面单元，通常忽略水密度、土颗粒及孔隙体积的变化，取 $S_s=0$。而对于自由水面单元，当水位（自由水面）的位置发生变化时，会伴随着土体孔隙中水体的流入或排出，可用 S_s 来模拟这种水量的变化。因此，对于自由水面单元，可将 S_s 定义为单元内下降或上升 1 个单位水头所释放或吸收的储存水量。这样就可以通过定义不同的 S_s 来实现对自由水面位置变化的模拟。

2.6　计算实例：糯扎渡高心墙堆石坝坝体坝基三维渗流计算

糯扎渡水电站位于云南省澜沧江中下游河段，是澜沧江中下游河段梯级规划二库八级电站的第五级，也是梯级中的两大水库之一（张宗亮，2011）。糯扎渡水电站装机容量 5850MW，心墙堆石坝最大坝高 261.5m，正常蓄水位以下总库容 $217.49 \times 10^8 \mathrm{m}^3$，保证出力 2406MW，多年平均发电量 $239.12 \times 10^8 \mathrm{kWh}$。

在糯扎渡工程之前，我国最高的土石坝是 2001 年建成的小浪底心墙堆石坝，坝高达到了 154m，跨越了 150m 的台阶。而糯扎渡则是国内首座坝高超过 250m 的心墙堆石坝，是我国超高心墙堆石坝建设的里程碑。

图 2-22 给出了糯扎渡水电站水利枢纽建筑物总体布置的鸟瞰图。电站枢纽由心墙堆石坝、左岸开敞式溢洪道、左岸泄洪洞、右岸放空洞、下游护岸以及左岸地下引水发电系统等建筑物组成。

为更好地反映糯扎渡大坝坝体坝基的渗流特性，考虑将坝体及附近的基岩与岸坡作为计算区域，计算模型自大坝坝坡向上、下游各延伸 200m，自大坝坝肩向左、右岸各延伸 200m，自大坝坝基向下延伸 200m。

图 2-22　糯扎渡水利枢纽建筑物总体布置

考虑渗流计算的特点与要求，计算区域分为如下八个材料分区，其渗透系数分别为：(1) 坝体上下游堆石区，$k_s = 1.00 \times 10^{-3} \mathrm{m/s}$；(2) 黏土心墙区，$k_s = 5.00 \times 10^{-8} \mathrm{m/s}$；(3) 混凝土垫层，$k_s = 1.00 \times 10^{-7} \mathrm{m/s}$；(4) 上下游围堰防渗墙，$k_s = 1.00 \times 10^{-7} \mathrm{m/s}$；(5) 上部基岩，$k_s = 1.99 \times 10^{-6} \mathrm{m/s}$；(6) 下部基岩，$k_s = 1.00 \times 10^{-7} \mathrm{m/s}$；(7) 固结灌浆区，$k_s = 1.00 \times 10^{-7} \mathrm{m/s}$；(8) 帷幕灌浆区，$k_s = 1.00 \times 10^{-7} \mathrm{m/s}$；(9) 断层，$k_s = 1.67 \times 10^{-6} \mathrm{m/s}$。

按照材料分区划分了渗流三维有限元计算网格，共包括 15546 个节点，14918 个单元，如图 2-23 所示。图 2-24 和图 2-25 分别给出了最大横断面和最大纵断面。

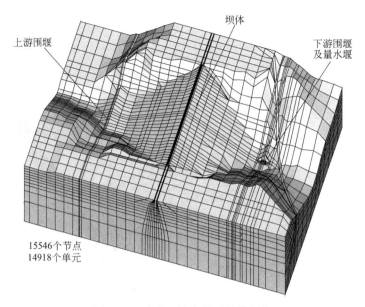

图 2-23　渗流三维有限元计算网格

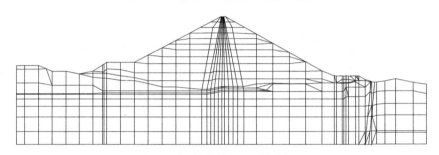

图 2-24　最大横断面网格剖面

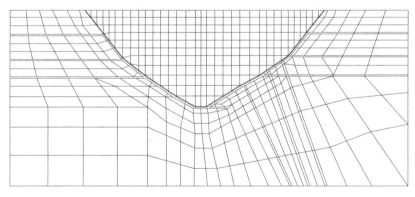

图 2-25　最大纵断面网格剖面

　　坝轴线附近的防渗系统主要包括心墙、混凝土垫层、基岩固结灌浆区以及基岩帷幕灌浆区。三维网格设置了空单元以反映坝基廊道及平洞附近区域的渗流特性。计算网格中还考虑了基岩中与渗流计算关系密切的 6 条断层，其与心墙的位置关系如图 2-26 所示。

　　边界条件包括上下游已知水头边界，计算断面截取边界取为不透水边界以及下游渗出面边界等。其中上、下游已知水头边界即为上、下游水位，计算中上游库水位取正常蓄水

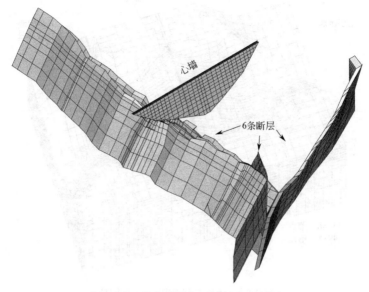

图 2-26　基岩断层与心墙的位置关系

位 812.0m，下游水位取 603.0m。

图 2-27 给出了计算所得三维浸润面的结果。可见，心墙内形成的浸润面非常陡峻，表明黏土心墙的防渗效果良好。此外，渗流还在左岸和右岸岩体岸坡中形成浸润面，表明两岸绕渗也是下游量测渗漏量的重要来源。

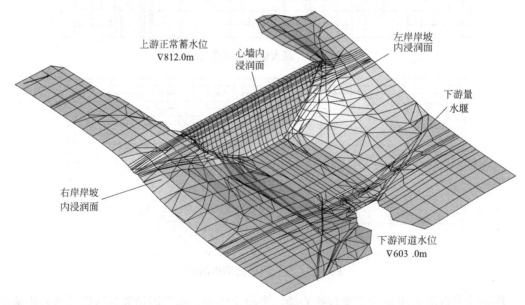

图 2-27　三维浸润面计算结果

图 2-28 和图 2-29 分别给出了最大横断面、最大纵断面压力水头和总水头的计算结果。可见计算结果分布符合一般规律，总水头等值线在心墙内和附近的基岩内比较密集，说明该区域内的水头损失比较集中。

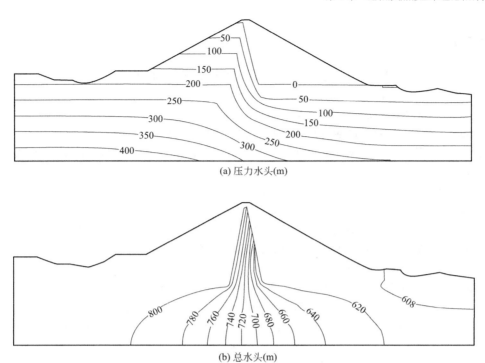

(a) 压力水头(m)

(b) 总水头(m)

图 2-28　最大横断面计算结果

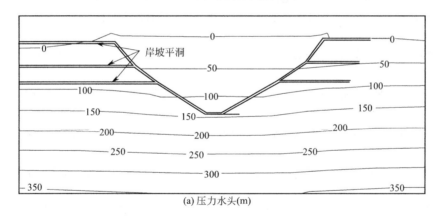

(a) 压力水头(m)

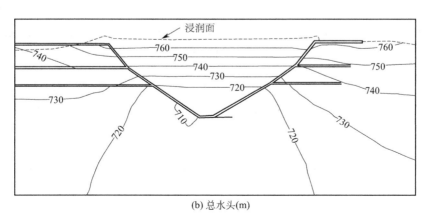

(b) 总水头(m)

图 2-29　最大纵断面计算结果

参考文献

[1] 李广信，张丙印，于玉贞．土力学［M］. 3 版．北京：清华大学出版社，2022.

[2] 李广信．高等土力学［M］. 2 版．北京：清华大学出版社，2016.

[3] 黄文熙．土的工程性质［M］．北京：水利电力出版社，1983.

[4] 毛昶熙．渗流计算分析与控制［M］. 2 版．北京：中国水利水电出版社，2003.

[5] 瓦尔特·韦德卡（德）（Waiter Wittke）．岩石力学［M］．曾国熙，等译．杭州：浙江大学出版社，1996.

[6] 监凯维奇．有限元法［M］．北京：科学出版社，1985.

[7] 王勖成．有限单元法［M］．北京：清华大学出版社，2003.

[8] 钱家欢，殷宗泽．土工原理与计算［M］. 2 版．北京：中国水利水电出版社，1996.

[9] 顾慰慈．渗流计算原理与应用［M］．北京：中国建材工业出版社，2000.

[10] 朱伯芳．有限单元法原理与应用［M］. 2 版．北京：中国水利水电出版社，1998.

[11] 雷红军．高土石坝黏性土大剪切变形条件下渗透特性研究［D］．北京：清华大学，2010.

[12] 刘千惠．细粒土的应力应变-温度-渗透耦合特性研究［D］．北京：清华大学，2021.

[13] 谢康和，庄迎春，李西斌．萧山饱和软黏性土的渗透性试验研究［J］．岩土工程学报，2005，27（5）：591-594.

[14] 朱建华．土坝心墙原状土的三轴渗透试验［J］．岩土工程学报，1989，11（4）：57-63.

[15] 李平，骆亚生．饱和土的三轴渗透试验研究［J］．路基工程，2006（6）：32-33.

[16] 李筱艳，王传鹏，柳毅．土体降排水过程中渗透系数非线性特征分析［J］．地下空间，2004，24（4）：438-440.

[17] 吴林高，贺章安．考虑含水层参数随应力变化的地下水渗流［J］．同济大学学报，1995，23（3）：281-287.

[18] 柴军瑞，仵彦卿．均质土坝渗流场与应力场耦合分析的数学模型［J］．电网与清洁能源，1997，13（3）：4-7.

[19] 平扬，白世伟，徐燕萍．深基坑工程渗流-应力耦合分析数值模拟研究［J］．岩土力学，2001，22（1）：37-41.

[20] 陈晓平，茜平一，梁志松，等．非均质土坝稳定性的渗流场和应力场耦合分析［J］．岩土力学，2004，25（6）：860-864.

[21] 柳厚祥，李宁，廖雪，等．考虑应力场与渗流场耦合的尾矿坝非稳定渗流分析［J］．岩石力学与工程学报，2004，23（17）：2870-2875.

[22] Wu Y, Zhang B, Yu Y, Zhang Z. Consolidation Analysis of Nuozhadu High Earth-Rockfill Dam Based on the Coupling of Seepage and Stress-Deformation Physical State［J］. International Journal of Geomechanics，2016，16（3）：04015085.

[23] Bathe K J, Khoshgoftaar M R. Finite element free surface seepage analysis without iteration［J］. International Journal of Numerical and Analytical Methods in Geomechanics，1979，3（1）：13-22.

[24] Desai C S. Finite element residual schemes for unconfined flow［J］. International Journal for Numerical Methods in Engineering，1976，10（6）：1415-1418.

[25] Desai, C S, Christian, J T. Numerical methods in geotechnical engineering［M］. New York：McGraw-Hill，1977.

[26] Gell, K. Der Einfluss der Sickerstroemung im Untergrund die Berechnung der Spannungen und Verformungen von Bogenstaumauern［D］. Aachen：RWTH，1983.

［27］　张有天，陈平，王镭．有自由面渗流分析的初流量法［J］．水利学报，1988（8）：18-26.

［28］　王媛．求解有自由面渗流问题的初流量法的改进［J］．水利学报，1998（3）：68-73.

［29］　Booker J R，Small J C. An investigation of the stability of numerical solutions of Biot's equations of consolidation［J］．International Journal of Solids ℰ Structures，1975，11（s7-8）：907-917.

［30］　张宗亮．200m 级以上高心墙堆石坝关键技术研究及工程应用［M］．北京：中国水利水电出版社，2011.

第3章
非饱和渗流的基本理论和计算方法

以往，在研究有关土石坝的渗流问题时，大多是以自由水面为边界，只考虑自由水面以下的饱和区，在饱和区域内进行渗流计算。这种计算方式需要在计算中通过迭代的方法确定相应的自由水面边界，较为繁琐，而且无法反映饱和渗流场之外土体中水量的运移规律。实际上，土石坝的渗流场是由饱和与非饱和渗流区组成的统一体。在自由水面以上的非饱和区，土中水同样可以存在能量的不平衡，从而产生非饱和的渗流。此外，在实际工程中，坝体内的饱和以及非饱和区是相互联系和相互影响的，库水位上升或下降都会引起坝体饱和区以及非饱和区范围的变化。因此，从理论上说，在进行渗流分析时，综合考虑饱和区以及非饱和区的渗流状态比只考虑饱和区的渗流状态更为接近实际情况。

工程经验表明，降雨入渗是导致土石坝发生湿化变形甚至导致坝坡失稳的主要诱发因素之一。降雨入渗会在土石坝坝体中引起非饱和非稳定渗流问题。因此，有必要进一步研究非饱和土体中的渗流规律和数值求解方法。

非饱和土渗流理论是非饱和土力学理论体系的一个重要组成部分。本章从非饱和土的基质吸力、土水特征曲线以及非饱和渗透特性出发，介绍非饱和渗流的基本理论，非饱和渗流数值计算的有限元方法等。

3.1 界面张力和基质吸力

土体中的水可以液态、固态和气态存在。其中，液态水又包括结合水、毛细水和重力水三种形态。不同形态的水对土特别是黏土和粉土的物理力学性质有重要影响。

水分子由两个氢原子和一个氧原子组成。氧原子得到电子带负电，氢原子失去电子带正电。从整体看，水分子的正负电荷总体是平衡的，但在空间分布上却是不均衡的。氧原子一端带负电，氢原子一端带正电，因此，可把水分子看成一个偶极子或极性分子。

如图 3-1(a) 所示，黏土颗粒表面带有负电荷，在其周围形成电场。周围水分子偶极子、阳离子等，因静电引力而被吸附在黏土颗粒表面，离表面越近，吸附力越大，吸附越紧。带有负电荷的黏土片状颗粒和周围的水分子、阳离子等组成的扩散层被称为扩散双电层，简称双电层。

扩散双电层之外的孔隙水为自由水，而在双电层之内的水被称为结合水，它具有许多与一般水不同的性质。紧邻黏土表面的为强结合水，其厚度约为 10Å（三个水分子厚度）。

强结合水的相对密度＞1，冰点＜零度，不能自由流动。

黏土颗粒对孔隙水的影响，随距离的增加按指数关系衰减，影响范围约 100Å。黏性土颗粒间靠弱结合水联结，因而表现出塑性。黏土矿物的片状结构及矿物特性，使其具有较厚的扩散层。絮凝结构或分散作用取决于悬液中离子的浓度和价数，从而决定了扩散层的厚度。

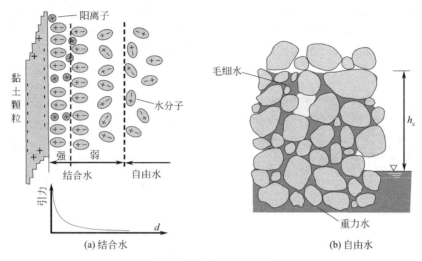

图 3-1　土中水的形态

自由水是指不受颗粒电场引力作用的孔隙水，如图 3-1(b) 所示。自由水又可分为毛细水和重力水两类。其中，毛细水指由于土体孔隙的毛细作用升至自由水面以上的水。毛细水承受表面张力和重力的作用；重力水是指自由水面以下的孔隙自由水，在重力作用下可在土体的孔隙中自由流动。

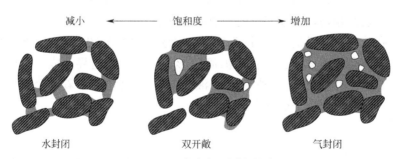

图 3-2　土中水气不同的状态

在非饱和土的孔隙中存在气和水两相流体，如图 3-2 所示，根据其饱和度的不同，土中的气和水可划分为水封闭、双开敞和气封闭三种不同的状态（黄文熙，1983）：

（1）水封闭，当土中含水量很小时，孔隙水主要以水蒸气和结合水状态存在，或者吸附在土颗粒局部和表面，被气体隔离封闭，可不考虑水的流动。

（2）双开敞，指气和水都连通，均可能发生流动的状态。相应饱和度对于黏土为 $50\%\sim90\%$；对于砂土 $30\%\sim80\%$，这种状态是研究非饱和土渗透性的主要课题。一般需分别考虑空气的流动和水的流动。

（3）气封闭，指土的饱和度比较高，比如大于 85% 时，土的孔隙主要被水占据。气体呈气泡状被水包围，可随水一起流动。这种混合的流体是可压缩的，在较高压力势下，气泡可能压缩和溶解，使孔隙水饱和度进一步提高。一般可按饱和土来计算渗透与固结问题，但有时需考虑混合土体的可压缩性。

在非饱和土孔隙中存在气和水两相交界面，下面讨论水气界面张力的概念。图 3-3（a）中的水黾是一种栖息在水面上的昆虫。它们能在水面上行走，既不会划破水面，也不会浸湿自己的腿。注意观察，图中水黾脚下的水面，好像一张弹性膜。水黾能够在水面上行走，是由于水的表面具有一种特殊的性质，称之为界面张力，它使得水面像一层带有弹性的、薄薄的膜一样。

 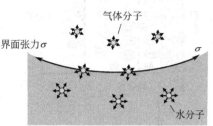

(a) 生活在水面上的水黾　　　　　　　　(b) 界面张力的概念

图 3-3　界面张力的概念

界面张力使收缩膜具有弹性薄膜的性状。这种性状同充满气体的气球的性状相似，薄膜张力的存在使气球里面的压力大于外面的压力。表面张力的产生是收缩膜内的水分子受力不平衡所致（图 3-3b）。在水体的内部，水分子承受各向同值的力的作用。收缩膜内的水分子有一指向水体内部的不平衡力的作用。为了保持平衡，收缩膜必须保持张力。收缩膜承受张力的特性，称为界面张力，以收缩膜单位长度上的张力（N/m）来表示。其作用方向与收缩膜表面相切，其值随温度的增加而减小。

在土体的孔隙中，一般是一个固-液-气三相系统。研究如图 3-4 所示光滑固体平面上的一个液滴。液体会在固体平面上保持液滴的形状，并在两边界形成一个固定的接触角 α，这个接触角也称为湿润角。另外，在固-液-气的交点处，存在着 3 个界面张力，且在平行固体表面方向满足力的平衡方程：

$$\vec{T}_{sg} - \vec{T}_{sl} = \vec{T}_{lg} \cos\alpha \tag{3-1}$$

式中，$\vec{T}_{sg}$，$\vec{T}_{sl}$ 和 $\vec{T}_{lg}$ 分别为固气、固液和液气交界面的界面张力。接触角反映了液体和固体表面作用力的相对强弱。接触角越小，液体对固体表面的湿润性越强。接触角对固-液-气交界面的几何形状以及相应的物理性质具有重要的影响。如图 3-4 所示，在一根充水的毛细管中，湿润型接触角将引起毛细水上升；但在一根充水银的毛细管里，排斥性非湿润型接触角将引起毛细液体的下降。假定毛细管半径为 r，形成的水气交界面曲率半径为 R。接触角 α 可出现如下 5 个不同取值范围（Lu Ning 等，1993）：

（1）$\alpha = 0°$ 为理想的润湿表面，形成交界面的曲率半径等于毛细管半径（$R = r$），在大部分土体的干燥过程中对应该种情况；

（2）$0° < \alpha < 90$ 为部分润湿的表面，形成交界面的曲率半径 $R = r/\cos\alpha$，在大部分土

体的浸湿过程中常对应该种情况；

（3）$\alpha=90°$为中性表面，形成平面的交界面，此种情况下，气-水交界面两侧的压力相等；

（4）$90°<\alpha<180°$为部分排斥性表面，形成交界面的曲率半径 $R=-r/\cos\alpha$，将出现毛细水下降现象，水压高于气压，当土体遭受极其高温（如森林大火）、含有特定有机孔隙液体、富含有机物时将出现此类现象；

（5）$\alpha=180°$为理想的排斥表面，形成交界面的曲率半径 $R=-r$，此时水压高于气压，该现象在非饱和土中较罕见。

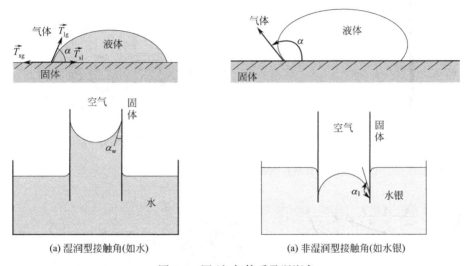

图 3-4　固-液-气体系及湿润角

将一半径为 r 的玻璃毛细管放在水中，可以发现毛细管中会发生水位上升的现象（图 3-5a）。设水的重度为 γ_w，界面张力为 T，接触角为 α，则水位上升的高度 h_c 可通过竖直方向的静力平衡进行推导和计算：

$$h_c=\frac{2T\cos\alpha}{r\gamma_w} \tag{3-2}$$

上式表明，毛细水升高与毛细管半径成反比。对于土体，土颗粒的直径越小，孔隙的直径，即毛细管的直径越细，则毛细水的上升高度越大。图 3-5（b）显示了土体中毛细水升高和弯液面半径之间的关系（Fredlund 等，1993）。

如果在可伸缩的弹性薄膜的两面施加不同的压力，薄膜会朝向压力较大的一面做凹状弯曲，并在膜内产生张力以维持平衡。根据平衡条件，可以建立薄膜两侧的压力差同界面张力以及薄膜曲率半径之间的关系。对如图 3-6（a）、（b）所示的球面和椭球面，设作用于两侧的压力分别为 u 和 $u+\Delta u$，交界面曲率半径为 R、R_1 和 R_2，界面张力为 T。取薄膜为隔离体，根据竖直方向力的平衡分别可得：

$$\Delta u=\frac{2T}{R} , \quad \Delta u=T(\frac{1}{R_1}+\frac{1}{R_2}) \tag{3-3}$$

在非饱和土中，作用在收缩膜上的孔隙气压力和孔隙水压力的差值（u_a-u_w）就是基质吸力。上式常常被称为开尔文（Kelvin）毛细模型方程。它指出随着土的吸力增大，收缩膜的曲率半径减小。另外，弯曲的收缩膜常被称为弯液面。根据开尔文毛细模型方程

43

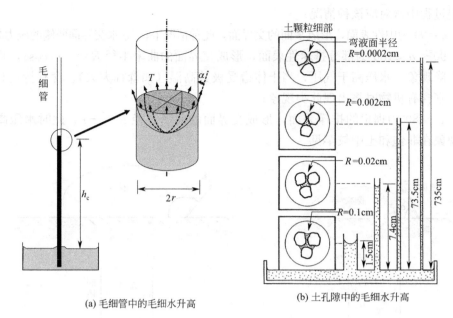

(a) 毛细管中的毛细水升高 　　　　(b) 土孔隙中的毛细水升高

图 3-5　毛细现象和毛细水升高

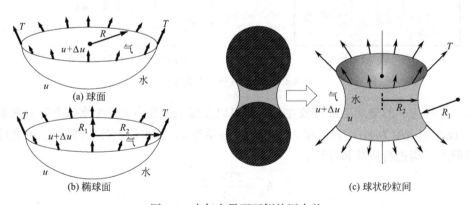

(a) 球面

(b) 椭球面

(c) 球状砂粒间

图 3-6　水气交界面两侧的压力差

可以发现,当孔隙气压力和孔隙水压力的差值为零时,曲率半径 R 将变为无穷大。也就是说,当吸力为零时,水气交界面是平的。

前述的球状交界面模型为描述气-水交界面上的压力变化提供了概念模型。但在实际的土体中,很少有这样理想化的球状交界面。这是因为土体的颗粒往往是形式多样、大小不一,与相邻颗粒形成的复杂孔隙结构也控制着交界面的几何形状。图 3-6(c) 所示为两个球状颗粒间气-水交界面的理想几何形态。两个颗粒之间孔隙水构成好似一个围脖的形态,可以通过两个曲率半径 R_1 和 R_2 来表示。其中,曲率半径 R_1 的球状交界面是凹向水相的,会导致孔隙水的压力降低;另一个曲率半径 R_2 的圆柱状交界面是凸向水相的,使孔隙水压力增加。此时,可推导得到水-气交界面两侧压力差为:

$$\Delta u = T\left(\frac{1}{R_1} - \frac{1}{R_2}\right) \tag{3-4}$$

在非饱和土力学中,水气交界面两侧的压力差被称为基质吸力,可为正值、零或负值。大多数情况下，基质吸力值是正值，这是因为在非饱和条件下，一般 R_1 小于 R_2。

如图 3-7 所示，在毛细管中水压力为负值，其绝对值与水位的升高 h_k 成正比。如果毛细管弯液面 A 处另一侧空气的压力为大气压 $u_{aA}=0$，则可以发现基质吸力等于毛细力，因此，有关基质吸力的现象常用相对简单的毛细力来进行解释和说明。

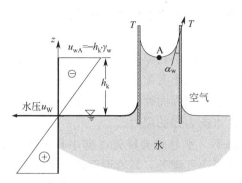

图 3-7 测量压力室的水压力

3.2 非饱和土土水特征曲线

3.2.1 基质吸力与饱和度之间的关系

图 3-8(a) 是一个铝棒的持水特性试验。将一些直径不一的圆铝棒堆成一堆，可形成土的孔隙系统的一种理想二维模型。将其浸入水中饱和，然后取出，并让其在重力作用下进行充分排水。显然，在这个排水过程中，会有相当一部分的水会从金属棒堆的孔隙中流出；但在排水完成后，也会有另一部分水由于分子力及毛细力的作用仍被保持在棒堆的孔隙中。这种现象被称为孔隙系统的持水现象。从试验结果可以发现，在重力作用下，孔隙系统持水的具体位置和孔隙尺寸存在密切的关系。大孔隙中的水相对容易排出，而小孔隙以及金属棒接触部位所谓的孔角处的水相对不易排出。仔细观察这些留在孔角处水的形态，可以发现，在其水气交界面处，都会存在前面介绍过的弯液面。

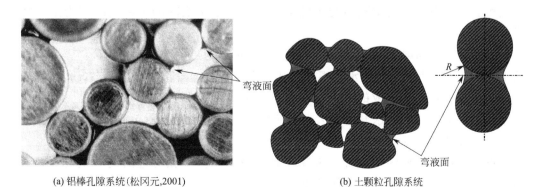

(a) 铝棒孔隙系统(松冈元,2001)   (b) 土颗粒孔隙系统

图 3-8 金属棒和土颗粒孔隙中的弯液面

为什么在这样一个孔隙系统中，大孔隙中的水相对容易排出，而小孔隙处却相反容易

被保持在原位呢？这是因为在这样的一个铝棒-水-气三相系统中，水为相对湿润流体相，气为相对非湿润流体相。水和铝棒表面的附着力相对较大，先会占据比表面积较大的小孔隙处，并在水气交界面形成一个凹向水相的弯液面。总结和分析上述的试验现象，可以得到如下的认识：

（1）在重力作用下孔隙系统中的水不会完全被排出的现象，表明这个孔隙系统具有一定的持水能力；

（2）在大孔隙处很难持水，而小孔隙以及铝棒接触部位孔角处的持水能力较强，这说明孔隙系统的持水能力和孔隙的大小有关；

（3）在小孔隙和孔角的水气交界面处，会形成弯液面，该处的孔隙水压力为负值，具有较高的吸力是这些部位持水能力强的原因。

因此，在非饱和的状态下，水总是会优先占据小孔隙处，也就是说，当含水量较小时，气水交界面总是会先位于小孔隙处，其弯液面曲率半径较小，基质吸力较高。

在土体里，孔隙的几何性状比毛细管这样的一维系统复杂得多，也比铝棒所形成的二维系统复杂（图 3-8b）。在土体中，孔隙水通常是在土颗粒的接触处形成弯液面结构，这些弯液面结构组合起来，可形成一个开放的毛细水系统。但其孔隙系统的持水特性也应该和前面两种简单孔隙系统具有类似的规律。在非饱和土中，孔隙中含有水和气，此时水多集中于颗粒间的缝隙处，称毛细角边水。由于毛细张力的作用，会形成弯液面，使毛细角边水产生负压力，颗粒则受正压力。这是稍湿的砂土颗粒间存在假凝聚力的原因。

通过上面的讨论，可以总结有关土体基质吸力的如下特性：

（1）小孔隙对应水气弯液面小的曲率半径，因而基质吸力大；

（2）小孔隙处固体比表面积大，水气界面在小孔隙处最易达到平衡；

（3）湿润相流体和固体表面附着力大，在非饱和土中，水为湿润相流体，通常先占据小孔隙；

（4）当水饱和度较小时，孔隙水主要存在小孔隙处，基质吸力大，随水饱和度增加，水相所占据的孔隙增大，基质吸力变小。

总结上述分析，对同一种土，基质吸力和饱和度之间应存在函数关系：$u_c = f(S_r)$。在非饱和土力学中，将基质吸力与土的饱和度或含水量之间的关系曲线称为土水特征曲线。

关于基质吸力和饱和度之间存在函数关系，可以通过图 3-9 进一步解释。对一种特定的土，图 3-9 左边给出了含水量很小时孔隙水的状态。由于含水量很小，孔隙水先占据土体中很小的孔隙，形成的水气交界面弯液面的曲率半径也很小，相对应的是很细的毛细管中的情况，毛细水升高很大，对应的基质吸力很大。图 3-9 中间给出了含水量有所升高时孔隙水的状态。由于含水量有所升高，孔隙水占据的土体中的孔隙也有所增大，形成的水气交界面弯液面的曲率半径也有所增大，相对应的是增粗的毛细管中的情况，毛细水升高降低，对应的基质吸力也减小。图 3-9 右边给出了含水量很高，土体接近饱和时孔隙水的状态。由于含水量很高并接近饱和，孔隙水基本占据了土体中包括大孔隙在内的所有孔隙，相对应的是很粗的毛细管中的情况，毛细水升高很小，对应的基质吸力也很小。

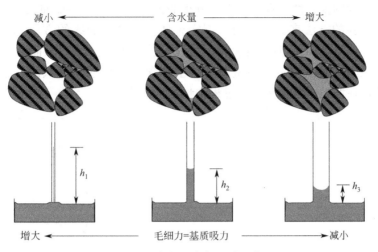

图 3-9　水饱和度与基质吸力

3.2.2　土水特征曲线及其特点

在非饱和土力学中，将基质吸力与土的饱和度或含水量之间的关系曲线称为土水特征曲线。土水特征曲线是非饱和土的一种非常重要的关系曲线。图 3-10 给出了典型黏土、粉质黏土和砂土分别由脱水和吸水过程得到的土水特征曲线。可见，土水特性不仅取决于土的结构构成，与吸水或脱水过程也有关系。

土水特征曲线实际上反映了土体孔隙系统的持水能力，也反映了孔隙系统的大小和分布情况。下面以图 3-11 中的不同孔径毛细管模型进行说明。图中的毛细管 A 较细，毛细管中孔隙水的吸力较大。如果在毛细管上部施加压力 u 将毛细管脱水，则需要的压力 u 相对较大。毛细管 B 较粗，毛细管中孔隙水的吸力较小。对其进行脱水所需要的压力 u 相对较小。把水从孔隙中挤出时的难易程度称为孔隙系统的持水能力。很容易挤出，说明孔隙系统的持水能力差；相反如果不容易挤出，则说明孔隙系统的持水能力强。因此，

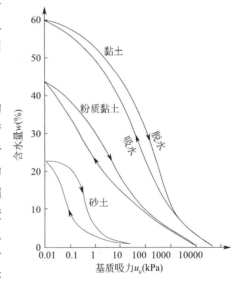

图 3-10　土水特征曲线

基质吸力大小实际是孔隙系统持水能力的一种度量。对图 3-11 中的两种情况，显然毛细管 A 具有更强的持水能力。

通过前面的讨论还可以知道，基质吸力又和孔隙水所占据的土体中孔隙的大小相关，因此，土水特征曲线反映了土体孔隙系统的持水能力，同时也反映了土体中孔隙系统的分布情况。

下面讨论土水特征曲线的一般特性。土水特征曲线反映了土体孔隙系统的持水能力。

由于土体孔隙系统的复杂性，直接用理论分析的方法建立土水特征曲线关系是不可能的，一般都需要用试验的方法来具体测定。测定土体土水特征曲线的方法总体可分为两种：
（1）脱水试验，通过增加孔隙压力的方法，挤出土体中的孔隙水，从而测定土体基质吸力和土体含水量之间的关系。在这种试验中，土体含水量是逐渐降低的，故称脱水试验。
（2）吸水试验，在增加土样含水量的过程中量测特征曲线。

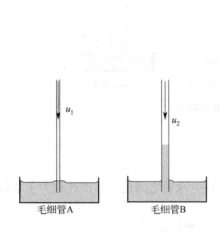

图 3-11　毛细管的持水能力

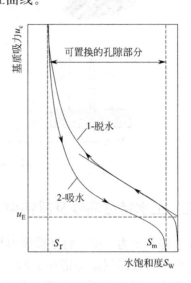

图 3-12　土水特征曲线的特征

在图 3-12 中，曲线 1 是由脱水试验得到的典型土水特征曲线。试验首先从土样饱和，即水饱和度 $S_w = 1.0$ 开始，然后增加气压力使试样逐渐进行脱水，即基质吸力逐渐增大，土样的水饱和度逐渐降低。可以发现，在这种脱水曲线上，存在两个特征量：

（1）进气压力 u_E。由图中可以看到，在试验的开始阶段存在一个初始段。在该阶段，随基质压力升高，土样的饱和度却基本保持不变。这表明在该阶段气体还没有进入饱和土样。但是，当基质压力超过 u_E 后，土样开始真正的脱水过程，即随着基质吸力的增高，土样的水饱和度会显著降低。

通常将土水特征曲线上的这个拐点对应的基质压力 u_E 称为进气值。在该压力下，空气才开始实际进入饱和的土样，因此，进气值 u_E 是空气进入土孔隙时必须达到的基质吸力值。

进气值在石油工业中称为置换压力，在陶瓷工业中则称为冒泡压力。实际上，进气值 u_E 也是土体中最大孔隙尺寸的一种度量。图 3-13 所示为一组由不同直径的毛细管组成的孔隙系统。假设开始时它们都是饱和的，采用逐步增加空气压力 u_a 的方法对它们进行脱水。显然，在最大直径的毛细管中，吸

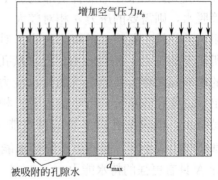

图 3-13　进气值和最大孔隙直径

力最小，气体会先进入这个最大直径的毛细管。随着基质吸力的增大，其他直径较小的毛细管也会依次脱水。

（2）残余水饱和度 S_r。在该饱和度下，基质吸力的增加并不引起饱和度的显著变化。这一现象表明在土样中，小于残余水饱和度 S_r 的那部分孔隙水，是无法采用增大基质吸力的方法进行脱水的。

采用脱水试验完成后的土样，可以再进行吸水试验测定土体土水特征曲线。图 3-12 中曲线 2 给出了由吸水试验得到的典型土水特征曲线。可以看出，对于吸水试验，当基质吸力减小到零时，水饱和度并不能达到完全的饱和，最高只能达到一个数值小于 1 的 S_m。S_m 称为最大水饱和度，相应的 $1-S_m$ 就称为残余气饱和度。

存在残余水饱和度和残余气饱和度，说明在土体中有部分的孔隙是无法通过脱水和吸水过程进行气水交换的。如图 3-12 所示，在残余水饱和度 S_r 和最大水饱和度 S_m 之间的孔隙是可置换的孔隙，而小于 S_r 和大于 S_m 的部分孔隙则是不可置换的。

此外，通过图 3-12 的试验结果还可以看出，由脱水和吸水过程得到的土水特征曲线是不同的，即对同样的水饱和度，脱水曲线上对应的基质吸力，总是高于吸水曲线上所对应的值。文献中把这种对应相同的基质吸力，在脱水和吸水曲线上对应着不同的水饱和度的现象，称为存在滞后效应。

可将土体的土水特征曲线产生滞后效应的原因归结为如下三个效应。

（1）瓶颈效应

例如，对图 3-14（a）中的两根毛细管，一根管径不变，另一根在 A 处存在管径局部突然扩大的现象，称在 A 处存在瓶颈。对这两根毛细管，如果进行脱水，A 处的瓶颈不会对脱水过程发生影响。但是，如果让它们吸水，由于 A 处管径局部突变的影响，毛细水升高会被卡在瓶颈 A 处，而不能升高到上面。这种孔隙大小局部变化所产生的对脱水和吸水过程不同的影响被称为瓶颈效应。

在土体中，孔隙系统的几何形式是十分复杂的，很多孔隙可能存在类似的瓶颈，从而造成脱水和吸水过程土水特征曲线的不同。

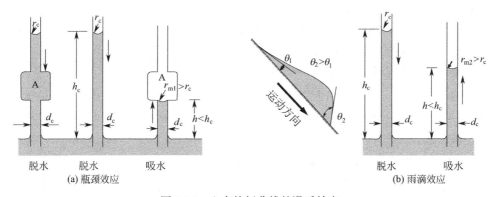

图 3-14　土水特征曲线的滞后效应

（2）雨滴效应

图 3-14（b）给出的是斜面上雨滴的形状。斜面上雨滴在重力作用下，具有向斜下方运动的趋势，会使顺运动方向前缘的湿润角 θ_1 小于逆运动方向后缘的湿润角 θ_2。在毛细管中，脱水过程对应的是顺运动方向的湿润角 θ_1，对应的毛细水升高相对较大，基质吸力较大。相反，吸水过程对应的是逆运动方向的湿润角 θ_2，对应的毛细水升高相对较小，

基质吸力较小。

（3）封闭效应

土体的孔隙系统是十分复杂的。在进行吸水时，孔隙水在不同的孔隙路径上升的速度也是不同的。这可能造成土体中某些局部的空气被封闭在孔隙中无法排出，不能形成完全的"毛细饱和"，称这种现象为封闭效应。

下面介绍土体孔隙当量直径的概念。如前所述，土水特征曲线反映土体孔隙系统的持水能力，同时也反映土体中孔隙系统的分布情况。实际上，土体孔隙系统的形状是十分复杂的，它没有固定的孔隙直径，如何衡量它的大小和分布是一个十分复杂的问题。

对此，许多学者提出，可根据土体的土水特征曲线间接地反映土体中孔隙的分布，即采用土体孔隙当量直径的方法。如图 3-15 所示，若将土体中的孔隙设想为各种直径的圆形毛细管，那么吸力 u_c 和毛细管直径 d 的关系可简单地表示为：

$$u_c = \frac{4T\cos\alpha}{d} \tag{3-5}$$

式中，T 为水的界面张力。

根据吸力由式(3-5)计算所得的孔径就称为当量孔径，以区别于土壤中的真实孔径。若将吸力 u_c 坐标换算为当量孔径 d 的坐标，则水分特征曲线可表示为当量孔径 d 和含水量的关系。如图 3-15 所示，当吸力为 u_{c1} 时，相应含水量为 w_1，当量孔径为 d_1，表明土体中小于或等于该当量孔径的孔隙中充水，其含水量为 w_1。

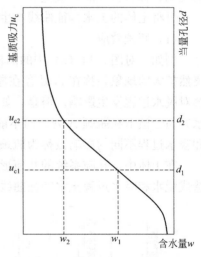

图 3-15　当量孔径与含水量关系

3.2.3　常用土水特征曲线经验公式

基质吸力的存在是非饱和土区别于饱和土的最基本特征。而基质吸力的大小又和土体的饱和度密切相关。基质吸力不易确定和量测，而饱和度却是比较容易确定和量测。所以，建立描述两者之间定量关系的土水特征曲线的表达式是非饱和土特性研究的一个基本课题，很早就引起了大量学者的注意。表 3-1 给出了部分学者提出的土水特征曲线的一些经验公式。下面简要介绍其中两个常用的经验公式。

1. 布鲁克斯和科里（Brooks & Corey）公式

在大量的基质吸力和含水量试验数据的基础上，布鲁克斯和科里于 1964 年提出了一个非常简单的土水特征曲线经验公式：

$$S_e = \begin{cases} 1 & (u_c < u_E) \\ \left\{ \dfrac{u_E}{u_c} \right\}^\lambda & (u_c \geqslant u_E) \end{cases} \tag{3-6}$$

式中，指数 λ 是一个与土的孔隙大小分布特性有关的参数；S_e 为有效饱和度，是由最大

饱和度 S_m 和残余饱和度 S_r 定义的归一化的饱和度，其具体表达式为：

$$S_e = \frac{S_w - S_r}{S_m - S_r} \tag{3-7}$$

图 3-16 讨论了布鲁克斯和科里公式中两个模型参数的特点。图 3-16（a）给出保持 λ = 0.5 不变时，进气值 u_B 分别等于 5kPa、10kPa 和 15kPa 时，采用布鲁克斯和科里公式计算的基质吸力 u_c 和饱和度 S_w 的关系曲线。图 3-16（b）给出保持进气值 u_B = 10kPa 不变时，指数 λ 分别等于 0.5、1.0 和 1.5 时，采用布鲁克斯和科里公式计算的基质吸力 u_c 和饱和度 S_w 的关系曲线。

部分学者提出的土水特征曲线经验公式　　　　　　　　　　表 3-1

作者	公式	说明
Fujita(1952)	$u_c/u_0 = 1 + \dfrac{1}{S_e} - \dfrac{1}{a} \cdot \ln\left[\dfrac{(a-1) \cdot S_e}{a - S_e}\right]$	
Gardner(1958)	$S_e = [1 + (u_c/u_0)^n]^{-1}$	
Brooks 和 Corey(1964)	$S_e = (u_E/u_c)^m$	适用于 $u_e \geqslant u_E$
Farrel 和 Larson(1972)	$u_e/u_E = \exp[a \cdot (1 - S_e)]$	适用于 $u_e \geqslant u_E$
van Genuchten(1980)	$S_e = [1 + (u_c/u_0)^n]^{-m}$	通常取 $n = 1/(1-m)$
Williams 等(1983)	$\ln u_c = a + b \cdot \ln S_w$	
McKee 和 Bumb(1984)	$S_e = \exp[-(u_c - u_E)/b]$	适用于 $u_e \geqslant u_E$
McKee 和 Bumb(1987)	$S_e = 1 / \left[1 + \exp\left(\dfrac{u_c - a}{b}\right)\right]$	
Fredlund 和 Xing(1994)	$S_w = (\ln[e + (u_c/u_0)^n])^{-m}$	由假设的土体孔隙大小的分布导出
	$S_w = \left[1 - \dfrac{\ln(1 + u_c/u_e)}{\ln(1 + 10^6/u_r)}\right](\ln[e + (u_e/u_0)^n])^{-m}$	考虑当 $S_w \approx 0$ 时，$u_e \approx 10^6$ kPa
	$S_e = \{\ln[e + (u_c/u_0)^n]\}^{-m}$	考虑土的剩余饱和度

注：$u_c = u_l - u_w$ 为基质吸力；　　　　　　　　　　S_w 为水饱和度；

$\quad\quad u_E$ 为进气压力；　　　　　　　　　　　　$S_e = (S_w - S_r)/(S_m - S_r)$ 为有效饱和度；

$\quad\quad a$，b，m，n，u_0，u_r 为拟合参数；　　S_m，S_r 为最大和剩余饱和度；

$\quad\quad u_0$ 和 u_E 为相关的参数；　　　　　　　　u_r 为与剩余饱和度时基质吸力大小有关的常数。

可知，指数 λ 较大时，反映的土水特征曲线排水较 "迅速"，即在基质吸力变化较小的范围内，土体内的大部分孔隙水已经排出。之后，土水特征曲线变得较为平坦。从物理意义上讲，具有较大 λ 值的土，其孔径分布较均匀，例如，级配不良的砂土等。

图 3-17 所示为三种土样由试验所得基质吸力和饱和度的试验点，以及相应的用布鲁克斯和科里公式拟合所得结果曲线的对比（Lu Ning，1993）。这三种土分别为粉质砂土、级配不良砂土以及夹杂粉土的级配不良砂土。砂土的 λ 值较小，反映了其颗粒较细小，孔径分布不均匀，但土的结构较为密实的特征。

布鲁克斯和科里模型比较适合粗颗粒土。该类土在吸力变化较小的条件下，即可排出孔隙水。当含水量趋近于残余含水量状态时，基质吸力很大，此时布鲁克斯和科里模型一

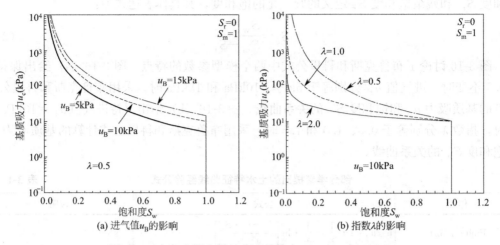

(a) 进气值u_B的影响　　　　　　　(b) 指数λ的影响

图 3-16　布鲁克斯和科里公式的特点（Lu Ning，1993）

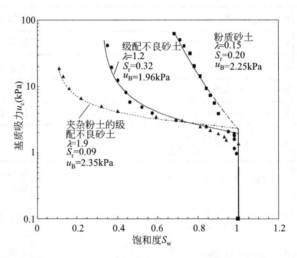

图 3-17　布鲁克斯和科里公式对试验结果拟合

般不适用了。该模型没有拐点，因此拟合出的土水特征曲线，在吸力变化较大时代表性不强。此外，该模型在进气压力处存在不连续的转折点，有时可出现数值结果不稳定的现象。

2. 范-格努赫滕（van Genuchten）公式

范-格努赫滕在 1980 年提出了一个平滑的、封闭的 3 参数数学模型，用来拟合土水特征曲线，其表达式为：

$$S_e = \left[1 + \left(\frac{u_c}{u_0} \right)^n \right]^{-m} \quad \text{或} \quad u_c = u_0 \cdot (S_e^{-\frac{1}{m}} - 1)^{\frac{1}{n}} \tag{3-8}$$

式中，u_c 为基质吸力；S_e 为有效饱和度；u_0、m 和 n 为试验常数。其中，对于 m 和 n，通常取 $n = 1/(1-m)$。

与布鲁克斯和科里模型比较，范-格努赫滕公式的吸力范围更广，能更好地模拟实际土体土水特征曲线的形状和特征。该模型在进气值附近不存在不连续的转折点，能较好地模拟趋近残余含水量状态时平滑过渡的情况。

　　图 3-18 给出了典型的黏土、壤土和砂土土水特征曲线的试验结果和采用范-格努赫滕公式拟合结果的对比。图中的散点是阿利姆（Mualem）进行的试验的结果，相应的曲线是范-格努赫滕公式的拟合结果。可见两者吻合较好。范-格努赫滕公式是目前应用较广的土水特征曲线的经验公式。

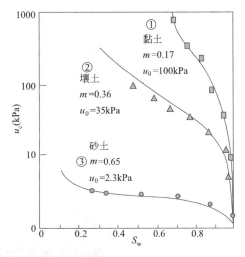

图 3-18　范-格努赫滕公式对试验结果拟合

3.2.4　土体典型剖面的吸力分布

　　在自然界的非饱和土层内，吸力的分布通常是十分复杂的，会受到一系列复杂因素的影响，如土的类型、非饱和带的厚度以及发生在地表的水分的交换过程等。因为大气湿度、环境与自然条件的变化又和人类活动息息相关，所以非饱和土层内吸力的分布状态也是不断变化的。如图 3-19 所示，一般情况下可把图中的非饱和土层划分为两部分。

　　（1）处于地表附近的非稳定区或称之为活动带。因其靠近地表，吸力分布会受到地表环境短期或季节变化的影响，随着时间的推移而发生改变。例如，在旱季因缺乏降水且大气相对湿度较低，吸力值就较高；而在雨季因雨水充沛，吸力会降低到最小值；在一年中的其他时间，该区域内的吸力值分布不断变化。一些研究结果表明，如美国的科罗拉多半干旱区域，活动非饱和带的深度范围为 3~8m。

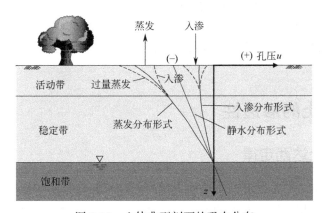

图 3-19　土体典型剖面的吸力分布

　　（2）稳定带，为整个非饱和土层较深的部分。该区域相对远离地表，吸力的分布主要受土体类型、长期稳定的水分补给率、地形以及地下水位等长期因素的控制。如图 3-19所示，在理想的静水平衡条件下，非饱和区吸力为负值，且随高程呈直线分布。在干旱区，蒸发过程占主导地位，非饱和区吸力值高，吸力分布曲线位于静水分布曲线的左侧；相反，在多雨湿润地区，来自地表的入渗补水过程占主导地位，非饱和区吸力值较低，吸力分布曲线位于静水分布曲线的右侧。

在一些情况下，非饱和土层中基质吸力的分布可能主要受地下水位和毛细作用的支配。对此，有学者提出了如图 3-20 所示的毛细水带模型。根据该模型，可把土中水位以上连续的毛细水带概化为不同直径的毛细管。当毛细水达到平衡状态时，可用相应土体的土水特征曲线，来解释土层中毛细水的上升高度和吸力的分布规律。

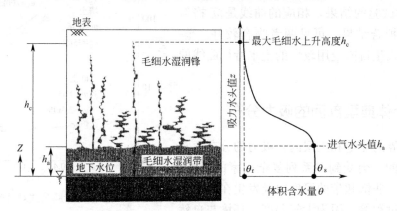

图 3-20　毛细水上升与孔隙的持水特征（Lu Ning，1993）

在地下水位处，土体是饱和的，吸力为零。在平衡状态下，随高程增加，基质吸力值呈线性增加。当吸力达到进气水头时，气体开始进入土体中的最大孔隙，从而开始置换土中的孔隙水。因此，由地下水位延伸到该处的厚度 h_a 内，土层仍可近似看作是饱和的，常被称为毛细湿润带或毛细饱和带。在进气水头高度以上，土体含水量将随着高度的增加而降低。这是因为土体中的孔隙大小是不同的，随高程逐步增大的基质吸力，其对应的当量毛细管直径逐步减小。只有小于此当量毛细管直径的孔隙，毛细水才能上升到相应的高度，从而造成土体含水量将随着高度的增加而降低。

最小直径的毛细管对应的是毛细水上升的最大高度 h_c。吸力水头较大时，土体的含水量非常少，主要以颗粒吸附水或不连续的弯液状“悬着”水的形式存在。该含水量也常被称作残余含水量 θ_r。

3.3　非饱和土的渗透性

3.3.1　非饱和土达西定律

在非饱和状态下，土体的孔隙系统中会同时存在水和空气两相流体，都是可以发生流动的。如前所述，根据土体饱和度的不同，水和气可形成水封闭、双开敞和气封闭三种不同的形态。在不同的形态下，水相和气相的流动特性有所不同。本节重点讨论以水相为主的非饱和渗流问题。因此，本节的非饱和渗流一般是指水相的渗流。

与饱和渗流一样，水相非饱和渗流的驱动力同样是能量，可用水头来表示。即孔隙水总是从水头高的地方流向水头低的地方。同样由于渗流的速度较小，动能可以忽略不计，所以，水头一般也可归结为包括位置水头和压力水头两部分。只不过这里的压力水头对应的孔隙水压力，在饱和区是压力为正值，而在非饱和区是吸力为负值。例如在图 3-21 中，B 点为正压力势，孔压为正值。而 B 点孔压为负值，可通过张力计量测，由于该点张力计的连通水面低于该点，所以是一种负的压力势。

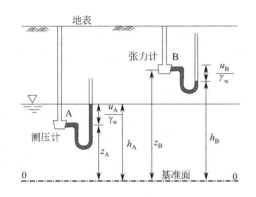

图 3-21　饱和及非饱和情况下的水头

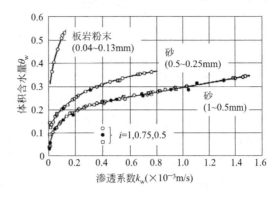

图 3-22　非饱和土达西定律验证

对于非饱和土水相的渗流，达西定律是否适用是基本的问题。对此，许多学者曾进行过试验论证。图 3-22 给出了蔡尔兹和科利斯乔治（Childs & Coliis-George，1950）针对达西定律对非饱和土适用性所进行的试验的结果。试验采用 1 组板岩粉末和 2 种粗细不同的均匀砂土。

试验中，非饱和土样保持均匀的含水量及恒定的压力水头，施加不同的重力水头梯度。试验结果表明，在一特定的含水量条件下，对于作用于非饱和土上的不同水力梯度，渗透系数是常数。图 3-22 中给出了土样在不同的体积含水量的情况下，由试验所测得的渗透系数。

上述结果表明，达西定律适用于非饱和土中水的流动，但渗透系数一般不是常数，通常是含水量或基质吸力的函数。对此，可以设想，非饱和土孔隙中会同时含有水和气，水仅能在其所占据的孔隙空间流动，空气所占据的孔隙水不能在其间流动。因此，可将非饱和土中水的流动看作是减小了一部分孔隙的饱和土的渗流，非饱和土达西定律的适用性可以与饱和土一样得到论证。

在非饱和土中，渗透系数同时受到土的孔隙比与饱和度变化的强烈影响。一方面，水仅能通过其充填的孔隙空间流动；另一方面，当土变成非饱和时，空气会取代某些大孔隙中的水，结果水相的渗透系数随着可供水流动的空间减少而急剧降低。在文献中，通常将非饱和土水相达西定律表示为：

$$v_w = k_w \cdot i_w \tag{3-9}$$

式中，v_w 为水相渗流流速；i_w 为水相水力坡降；k_w 为非饱和土水相渗透系数，它不是常数，而是水饱和度的函数；通常又可将其表示为：

$$k_w = k_{w0} \cdot k_{rw} \tag{3-10}$$

式中，k_{w0} 为水相饱和渗透系数，对于同一种土 k_{w0} 为常数；k_{rw} 为水相的相对渗透系数，是土体水饱和度 S_w 的函数，当 $S_w = 1$ 时，$k_{rw} = 1$。

在一些文献中，也常常将饱和渗透系数 k_{w0} 进一步表示为：

$$k_{w0} = \frac{\gamma_w}{\eta_w} \cdot K \tag{3-11}$$

式中，γ_w 和 η_w 分别为水的重度和黏滞系数；K 为土体的绝对或固有渗透系数，与流体的性质无关。

3.3.2 非饱和土的渗透性

如前所述，达西定律对非饱和土渗流是适用的，但是渗透系数一般不是常数，通常是含水量或基质吸力的函数。因此，确定渗透系数和含水量或基质吸力的关系，是非饱和土渗流研究的重要问题。

目前，确定非饱和土渗透系数的主要方法有：（1）直接试验法，通过进行室内或现场原位试验的方法直接确定非饱和土的渗透系数，例如，实验室的稳态法和瞬态剖面法，以及现场的原位瞬态剖面法等；（2）间接推导法，由基质吸力和饱和度的关系曲线，即土水特征曲线，间接推求非饱和土的渗透系数。下面主要介绍根据间接推导法得到的一些饱和土渗透系数的表达式。

根据以往的研究成果，结合所提出的土水特征曲线表达式，布鲁克斯和科里（Brooks 和 Corey，1964）提出了非饱和土渗透系数和饱和度的数学表达式：

$$\begin{cases} k_w = k_s & (u_c < u_E) \\ k_w = k_s S_e^{\delta} & (u_c \geqslant u_E) \end{cases} \tag{3-12}$$

式中，k_s 为饱和渗透系数；u_E 为进气值，是空气进入土孔隙时必须达到的基质吸力值，是土中最大孔隙尺寸的一种度量；指数 δ 为经验常数，一般认为，它与式（3-6）中反映孔隙大小分布的参数 λ 具有如下关系：

$$\delta = \frac{2 + 3\lambda}{\lambda} \tag{3-13}$$

根据布鲁克斯和科里公式，当基质吸力 u_c 小于进气值 u_E 时，渗透系数 k_w 等于饱和渗透系数 k_s。当基质吸力 u_c 大于进气值 u_E 时，渗透系数和相对饱和度 S_e 呈指数关系。图 3-23 给出了用相对渗透系数表示的一种砂岩在排水过程中的试验结果以及用布鲁克斯和科里公式拟合的情况。该试验是用碳氢化合物液体代替水做的试验，以取得更稳定的土的结构及流体的性质。

这种用替代液体的试验结果与以水为渗流液体的结果基本相同，因为相对渗透性与流体性质无关。表 3-2 给出了一些典型砂土和多孔岩石等模型参数 δ 和 λ 的建议值。

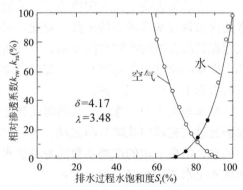

图 3-23　布鲁克斯和科里公式对试验结果拟合（Fredlund 等，1997）

不同土类 δ、λ 的建议值

表 3-2

土名	δ	λ	资料来源
均匀砂	3.0	∞	Irmay(1954)
土及多孔岩石	4.0	2.0	Corey(1954)
天然砂沉积物	3.5	4.0	Averjanov(1950)

很多学者采用土水特征曲线直接推求非饱和土渗透系数。假设土体具有不同尺寸的任意分布的孔隙，则土体总透水性可写成一系列不同尺寸的充水孔隙的透水性之和。图 3-24 给

出了采用这种方法，根据土水特征曲线确定非饱和土渗透系数的总体思路。

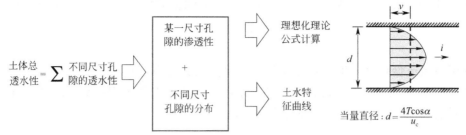

图 3-24　根据土水特征曲线求取非饱和土渗透系数的思路

　　土体总的透水性可看作是不同尺寸的充水孔隙的透水性之和。对于某一尺寸的孔隙，其渗透性可通过理想化理论公式计算。对于土体中的不同尺寸孔隙的分布，它是反映在土水特征曲线之中的。

　　对于某一特定尺寸孔隙，可将其简化为圆管中的层流，从而其等价渗透系数可采用泊肃叶（Poiseuille）理论公式进行计算。其等价的渗透系数和圆管直径的平方成正比，即其平均流速 v 和等价渗透系数 k 分别为：

$$v=\frac{\gamma_{\mathrm{w}}\cdot d^{2}}{2\eta}\cdot i \quad k=\frac{\gamma_{\mathrm{w}}\cdot d^{2}}{2\eta} \tag{3-14}$$

　　对于土体中孔隙大小的分布同土水特征曲线之间的关系可以采用前面介绍过的土体孔隙当量直径的概念进行联系。具体方法是，将土体中的孔隙设想为各种孔径的圆形毛细管，根据式(3-5)，基质吸力 u_{c} 和毛细管直径 d 的关系可表示为：

$$d=\frac{4T\cos\alpha}{u_{\mathrm{c}}} \tag{3-15}$$

　　根据上述总体思路，孔泽（Kunze，1986）提出了间接根据土水特征曲线推求非饱和土渗透系数的分段求和方法。图 3-25 给出了这种方法的基本原理和计算公式。该法首先将土水特征曲线沿体积含水量轴分成 m 个等份，每个等份中点的基质吸力都对应了一个孔隙直径，可计算相应的渗透系数；然后，对某个体积含水量，对等于和小于该体积含水量的渗透系数进行累加求和，所得即为所求的相应体积含水量下的非饱和渗透系数。

　　根据该法可计算得到一个饱和渗透系数，再与该种土根据试验测定的饱和渗透系数进行匹配调整，则可以得到相对更为准确的非饱和渗透系数：

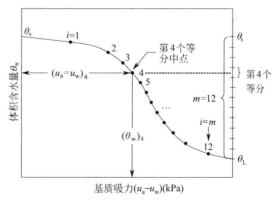

图 3-25　非饱和渗透系数分段
求和法（Kunze，1986）

$$k_{\mathrm{w}}(\theta_{\mathrm{w}})_{i}=\frac{k_{\mathrm{s}}}{k_{\mathrm{se}}}\cdot A_{\mathrm{d}}\cdot\sum_{j-i}^{m}\left[(2j+1-2i)(u_{\mathrm{a}}-u_{\mathrm{w}})_{j}^{-2}\right] \quad (i=1,2,3,\cdots,m) \tag{3-16}$$

式中，k_s 为实测饱和渗透系数；k_{se} 为计算得到的饱和渗透系数；m 为在饱和体积含水量 θ_s 与最小体积含水量 θ_L 之间的计算总段数；A_d 为调整常数，可取 1，或按下式计算：

$$A_d = \frac{T_s^2 \rho_w g}{2\mu_w} \cdot \frac{\theta_s^p}{N^2} \tag{3-17}$$

实际应用经验表明，孔泽分段求和法应用在孔隙大小分布相对较窄的砂性土最为成功。图 3-26 左图为一种湖相沉积细砂的土水特征曲线，右图为根据分段求和法计算得到的渗透系数和试验结果的比较，总体吻合很好。

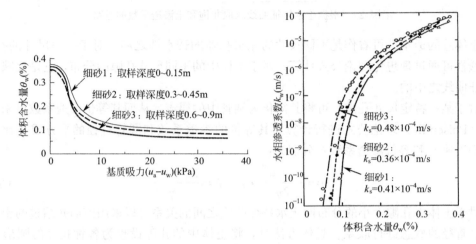

图 3-26　Lakeland 细砂计算和实测渗透性比较（Fredlund 等，1997）

阿利姆（Mualem，1976）提出了计算多孔介质多相渗流渗透系数的积分计算模型：

$$k_i = k_{i0} \cdot k_{ri} \tag{3-18}$$

$$k_{ri} = S_{ei}^{\frac{1}{2}} \cdot \left(\frac{\int_0^{S_{ei}} \frac{1}{u_c} dS_i}{\int_0^1 \frac{1}{u_c} dS_i} \right)^2 \tag{3-19}$$

式中，k_i 为第 i 相流体的非饱和渗透系数；k_{i0} 为流体 i 的饱和渗透系数；k_{ri} 为流体 i 的相对渗透系数；S_{ei} 为流体 i 的有效饱和度；u_c 为基质吸力：

$$u_c = u_{nw} - u_w \tag{3-20}$$

式中，u_{nw} 为非湿润相流体的压力；u_w 为湿润相流体的压力。

阿利姆非饱和渗透系数的积分计算模型，因形式简洁、适用性良好，而被广泛应用于非饱和渗透系数的间接计算。

如果将布鲁克斯和科里土水特征曲线的公式，代入阿利姆积分模型，经积分后可得水相相对渗透系数 k_{rw} 和气相相对渗透系数 k_{ra} 的计算公式分别为：

$$k_{rw} = S_e^{\frac{2+3\lambda}{\lambda}} \tag{3-21}$$

$$k_{ra} = (1 - S_e)^{\frac{1}{2}} \cdot (1 - S_e^{\frac{2+\lambda}{\lambda}})$$

可见，水相的相对渗透系数 k_{rw} 和前面介绍过的布鲁克斯和科里于 1964 年提出的公式是完全相同的。

如果将范-格努赫滕土水特征关系曲线公式，代入阿利姆积分模型，经积分后可得到水相相对渗透系数 k_{rw} 和气相相对渗透系数 k_{ra} 的计算公式分别为：

$$k_{rw} = S_e^{\frac{1}{2}} \cdot [1-(1-S_e^{\frac{1}{m}})^m]^2$$
$$k_{ra} = (1-S_e)^{\frac{1}{2}} \cdot [1-S_e^{\frac{1}{m}}]^{2m}$$

(3-22)

上述两个计算公式是在文献中应用很广泛的非饱和土相对渗透系数的表达式。图 3-27 给出的是阿利姆积分模型试验验证的结果，包括典型砂土、壤土和黏土，在脱水过程中测得的水相相对渗透系数 k_{rw} 和气相相对渗透系数 k_{ra} 与土体水饱和度 S_w 的关系。可以看出，模型与上述试验结果拟合较好。

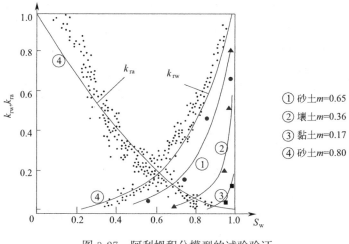

① 砂土 $m=0.65$
② 壤土 $m=0.36$
③ 黏土 $m=0.17$
④ 砂土 $m=0.80$

图 3-27　阿利姆积分模型的试验验证

3.4　非饱和土渗流的基本方程

3.4.1　基本方程

对于大多数岩土工程问题，包括土石坝工程，土体孔隙中气压力的变化一般不大，可近似地认为等于大气压，这类问题一般可作为水的单相非饱和渗流问题来处理。下面介绍两个这种情况的例子。

（1）土石坝渗流问题。如图 3-28(a) 所示，在土石坝坝体内存在浸润面，浸润面以下为饱和渗流区。饱和渗流区的渗流可采用本书第 2 章介绍的饱和渗流有限元方法求解。此外，在浸润面以上并不是不发生渗流，实际上存在非饱和的渗流，即在浸润面以上为非饱和渗流区，该区域需要采用本章介绍的非饱和渗流理论来求解。

（2）降雨入渗或蒸发问题。如图 3-28(b) 所示，是天然边坡的降雨入渗或蒸发问题。由于在实际的地层表面一般都存在着非饱和区，因而这也是一个涉及非饱和区渗流的问题。

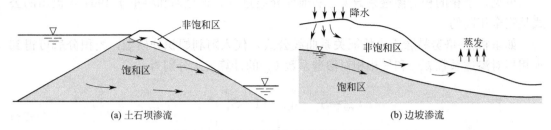

(a) 土石坝渗流　　　　　　　　　　　　　　(b) 边坡渗流

图 3-28　可仅考虑水相渗流求解的问题

在如上两个例子中，非饱和区都是与大气连通的，且在孔隙水的渗流过程中，不会引起显著的气体压力变化或气体流动，因而都可以简化为水的单相非饱和渗流问题来处理。

下面推导非饱和非稳定渗流的基本方程。非饱和渗流基本方程的推导思路和饱和渗流是完全一样的，推导的基础都是渗流的连续性条件，即孔隙水的质量守恒。不同之处是，对于非饱和非稳定渗流，渗流域内各点的饱和度不再恒等于 1，而是随时间变化。因此相比本书第 2.5.1 节所讨论的饱和非稳定渗流，在推导非饱和非稳定渗流的基本方程时，还需要考虑由于土体单元饱和度变化对渗流水量产生的影响。

对于非饱和非稳定渗流，基本方程可以采用如下的 Richards 方程来表述（Richards，1931）：

$$\frac{\rho}{\rho_0}F\frac{\partial h}{\partial t}=\nabla\cdot\left[\boldsymbol{K}\cdot\frac{\rho}{\rho_0}(\nabla h+\nabla z)\right]+\frac{\rho^*}{\rho_0}q \tag{3-23}$$

式中，∇ 表示梯度算子；t 表示时间；h 表示土体中的压力水头；z 表示土体的位置水头；$\boldsymbol{K}$ 表示土体的渗透系数矩阵，是二阶张量；ρ、ρ_0 和 ρ^* 分别表示流体密度、参考的水密度和源项流体的密度，对于雨水入渗，可以认为流体都是参考的水密度；q 表示土体内部源汇项；F 为储水系数。

Richards 方程反映的是非饱和土体微元中水体的流量平衡。其中，方程的左端项反映的是一定时间内由土体含水量的变化引起的水量变化；方程右端第一项反映的是一定时间内土体中水流速的变化所引起的水量变化；方程右端第二项表示土体内部的源汇项所引起的水量变化。

对于非饱和土体，渗透系数 k_w 和储水系数 F 是与压力水头 h 相关的函数。下面讨论采用范-格努赫滕模型和阿利姆积分模型进行描述的方法。

1）渗透系数 k_w

渗透系数反映水体在土中渗透的难易程度。对于非饱和土，由于土中吸力的存在，使得非饱和土体的渗透系数与土中吸力（土中负的压力水头的绝对值）的大小以及饱和状态下的渗透系数有关，即：

$$k_w=k_{w0}\cdot k_{rw} \tag{3-24}$$

式中，k_{w0} 为水相的饱和渗透系数。对于同一种土饱和渗透系数 k_{w0} 为常数；k_{rw} 为水相的相对渗透系数，是土体水饱和度 S_w 的函数，当 $S_w=1$ 时，$k_{rw}=1$。

土水特征曲线如采用范-格努赫滕模型，并假定孔隙气压力 u_a 恒等于大气压，则有：

$$u_w=\left[1+\left(\frac{u_c}{u_0}\right)^n\right]^{-m} \tag{3-25}$$

$$S_e = \frac{\theta - \theta_r}{\theta_s - \theta_r} \tag{3-26}$$

式中，u_w 为孔隙水压力；S_e 为有效饱和度；u_0、m 和 n 为试验常数，且通常取 $n = 1/(1-m)$；θ 为土料体积含水量；θ_s 为最大体积含水量；θ_r 为残余体积含水量。采用压力水头形式时，范-格努赫滕模型也可写为如下形式：

$$S_e = \begin{cases} 1, & h \geqslant 0 \\ [1 + (|\alpha h|)^n]^{-m}, & h < 0 \end{cases} \tag{3-27}$$

式中，h 表示土体中的压力水头；α 为模型参数，有 $\alpha = (u_0/10)^{-1}$。

采用范-格努赫滕土水特征关系的公式，并利用阿利姆积分模型，经积分后得到的水相相对渗透系数 k_{rw} 的表达式为：

$$k_{rw} = S_e^{\frac{1}{2}} \cdot [1 - (1 - S_e^{\frac{1}{m}})^m]^2 \tag{3-28}$$

2）储水系数 F

储水系数 F 反映土体储水和释放出水的能力，由土体中土颗粒的压缩、水体的压缩和土体孔隙含水率的变化三部分组成：

$$F = \alpha' \frac{\theta}{n} + \beta \theta + n \frac{dS_w}{dh} \tag{3-29}$$

式中，h 为压力水头；n、S_w 与 θ 分别表示土体的孔隙率、水饱和度与体积含水率。三者关系为 $\theta = S \cdot n$；α' 和 β 分别是表示土颗粒的压缩性和水体的压缩性的参数。

土颗粒和水体的压缩量很小，如忽略其影响，则储水系数可简化为：

$$F = n \frac{dS_w}{dh} = \frac{d(n \cdot S_w)}{dh} = \frac{d\theta}{dh} \tag{3-30}$$

显然，当土体饱和时，$F = 0$；而当土体非饱和时，以范-格努赫滕模型为例，将式（3-26）和式（3-27）代入式（3-30）中求导数，即得到非饱和状态下储水系数 F 的表达式为：

$$F = \alpha \cdot (n-1) \cdot (\theta_s - \theta_r) \cdot (|\alpha h|)^{n-1} \cdot [1 + (|\alpha h|)^n]^{-m-1} \tag{3-31}$$

上述给出了土体微元饱和-非饱和渗流的控制方程，结合给定的初始条件和边界条件，即可确定 Richards 方程的解。

3.4.2 初始与边界条件

式（3-23）表示的非饱和渗流的基本方程是和时间有关的非稳定渗流，因此求解时需要知道相应的初始条件：

$$h = h_0(x, y, z) \tag{3-32}$$

式中，$h_0(x, y, z)$ 表示计算区域中各点在 $t = 0$ 时刻的初始压力水头。

由于问题的复杂性，准确给出合理的初始条件比较困难，尤其是非饱和区初始基质吸力的分布较难确定。在实际问题的计算中，通常采用如下两种方法：（1）对饱和区，根据现场勘测的地下水条件给定节点的水头值；对非饱和区，根据现场勘测的饱和度由土水关系曲线给定节点的水头值。（2）首先确定一个合适的和初始状态相适应的边界条件，进行一个相应边界条件下的稳定场计算；然后，将该稳定场的计算结果作为初始条件。

在土石坝饱和-非饱和渗流分析中，如图 3-29 所示，边界条件主要包含 Dirichlet 边界、Neumann 边界和变化的边界三类。

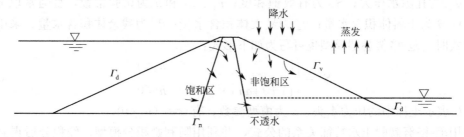

图 3-29　饱和-非饱和渗流的边界条件

（1）Dirichlet 边界 $\varGamma_d$，即给定边界上的压力水头：

$$h = h_d(x_b, y_b, z_b, t) \tag{3-33}$$

式中，h_d 表示给定压力水头边界（x_b，y_b，z_b）上各点的压力水头随时间 t 的变化过程。

（2）Neumann 边界 $\varGamma_n$，即给定边界上的法向流速：

$$-\boldsymbol{n} \cdot \boldsymbol{K} \cdot \left(\frac{\rho}{\rho_0}\nabla h\right) = q_n(x_b, y_b, z_b, t) \tag{3-34}$$

式中，q_n 表示给定流速边界（x_b，y_b，z_b）上各点流速随时间 t 的变化过程；$\boldsymbol{n}$ 表示边界面的外法线方向。

（3）变化的边界 $\varGamma_v$。在非饱和渗流数值计算中，比较复杂的是与大气接触部分边界。这部分边界通常为土层和大气进行流量交换的边界，通过降雨入渗等向土体域内补充水量，或通过蒸发等从土体域内输出水量。这类边界常常采用变化的边界条件进行模拟。所谓变化的边界条件是指，在该种边界上，有时需要采用给定法向流速来模拟入渗或蒸发所引起的交换流量；有时则需要采用给定水头来限制发生超过土体渗透性的过度入渗或蒸发等问题。下面针对降雨入渗和蒸发两种情况分别进行讨论。

对降雨入渗的情况，通常将变化的边界条件表述为：

$$\begin{cases} h = h_{max}(x_b, y_b, z_b, t) & h \geqslant h_{max} \\ -\boldsymbol{n} \cdot \boldsymbol{K} \cdot \left(\dfrac{\rho}{\rho_0}\nabla h + z\right) = q_p(x_b, y_b, z_b, t) & h < h_{max} \end{cases} \tag{3-35}$$

式中，h_{max} 表示降雨过程中最大的积水深度；q_p 表示降雨速率。

这种边界主要用来模拟发生降雨入渗的情况。如式（3-35）所示，此时一般需要给定入渗的速率 q_p，即降雨的强度，和淹没的最大深度 h_{max} 两个条件来进行控制。需要说明的是，在某个计算步，只能将上述两个条件中的一个应用于降雨边界，而不是将这两个条件同时应用于降雨边界。计算时，首先假设降雨能够全部入渗，即假设在降雨边界上，入渗速率为给定的 q_p 进行计算。若这个雨强太大，超过了土体的渗透率，则在降雨边界上计算的水头就会增大，即会产生积水，这时需要满足第二个给定的最大积水深度的条件，即当降雨边界上计算的水头 $h \geqslant h_{max}$ 时，需在降雨边界上给定 $h = h_{max}$ 的条件重新进行迭代计算。

对于发生蒸发的情况，通常将变化的边界条件表述为：

$$\begin{cases} h=h_{\max}(x_b,y_b,z_b,t) & h \geqslant h_{\max} \\ h=h_{\min}(x_b,y_b,z_b,t) & h \leqslant h_{\min} \\ -\boldsymbol{n} \cdot \boldsymbol{K} \cdot \left(\dfrac{\rho}{\rho_0}\nabla h+z\right)=q_e(x_b,y_b,z_b,t) & h_{\max}>h>h_{\min} \end{cases} \quad (3\text{-}36)$$

式中，$h_{\max}$ 和 $h_{\min}$ 分别表示最大的积水深度和蒸发过程中最小的压力水头；q_e 表示蒸发速率。

如式（3-36）所示，对模拟发生蒸发的情况，需要给定三个条件来进行控制，首先需要给定蒸发的速率 q_e，即蒸发的强度；其次，需要给定淹没的最大深度 $h_{\max}$，主要用来控制由于地下水上升，使边界变为出流边界的情况；最后，还需要给定最小压力水头条件 $h_{\min}$，以防止发生由于过度蒸发而出现的土体中的吸力过大的问题。

同样需要说明的是，在某个计算步，只能将上述三个条件中的一个应用于蒸发边界。具体使用哪个条件，需要通过迭代计算确定，这也是将这类边界称为变化的边界的原因。

可以看出，降雨或蒸发边界实际是边界状态不能事先确定的一种边界，需要在计算过程中根据相应的计算条件，将其划分为 Dirichlet 边界或 Neumann 边界进行处理。

3.5　非饱和土渗流的有限元方程

3.5.1　有限元方程

根据 Richards 方程式（3-23）和初始条件式（3-32）以及边界条件式（3-33）～式（3-36），可以确定非饱和土非稳定渗流问题的唯一解。由于对于比较复杂的问题往往难以得到解析解，因此，常采用各类数值方法求出相应的数值解。下面根据上述方程采用 Galerkin 方法建立其有限元的求解格式。

对于式（3-23）和式（3-34），可以建立其等效积分形式：

$$\int_\Omega \delta h\left(\frac{\rho}{\rho_0}F\frac{\partial h}{\partial t}\right)\mathrm{d}\Omega = \int_\Omega \delta h\,\nabla\cdot\left[\boldsymbol{K}\cdot\frac{\rho}{\rho_0}(\nabla h+\nabla z)\right]\mathrm{d}\Omega + \int_\Omega \delta h\left(\frac{\rho^*}{\rho_0}q\right)\mathrm{d}\Omega \quad (3\text{-}37)$$

$$\int_{\Gamma_n} -\delta h\boldsymbol{n}\cdot\boldsymbol{K}\cdot\left(\frac{\rho}{\rho_0}\nabla h\right)\mathrm{d}\Gamma_n = \int_{\Gamma_n}\delta h q_n\mathrm{d}\Gamma_n \quad (3\text{-}38)$$

式中，δ 表示变分符号；Ω 表示计算区域；Γ_n 表示 Neumann 边界计算区域。

由于式（3-37）右端第一项中含有对压力水头的二阶导数，采用 Guass-Green 定理降低导数阶次，得到相应的积分弱形式：

$$\int_\Omega \delta h\left(\frac{\rho}{\rho_0}F\frac{\partial h}{\partial t}\right)\mathrm{d}\Omega + \int_\Omega \delta\,\nabla h\cdot\left[\boldsymbol{K}\cdot\frac{\rho}{\rho_0}(\nabla h+\nabla z)\right]\mathrm{d}\Omega =$$

$$\int_\Gamma -\delta h\boldsymbol{n}\cdot\boldsymbol{K}\cdot\left(\frac{\rho}{\rho_0}\nabla h\right)\delta h\,\mathrm{d}\Gamma + \int_\Omega \delta h\left(\frac{\rho^*}{\rho_0}q\right)\mathrm{d}\Omega \quad (3\text{-}39)$$

由于 Dirichlet 边界上权系数值为零，因此仅需要考虑 Neumann 边界，将式（3-38）

代入式(3-39) 中，得到最后的有限元求解格式：

$$
\int_\Omega \delta h \left(\frac{\rho}{\rho_0} F \frac{\partial h}{\partial t} \right) \mathrm{d}\Omega + \int_\Omega \delta \, \nabla h \cdot \left[\boldsymbol{K} \cdot \frac{\rho}{\rho_0} (\nabla h + \nabla z) \right] \mathrm{d}\Omega =
$$
$$
\int_{\Gamma_\mathrm{n}} \delta h q_\mathrm{n} \mathrm{d}\Gamma_\mathrm{n} + \int_\Omega \delta h \left(\frac{\rho^*}{\rho_0} q \right) \mathrm{d}\Omega
$$

(3-40)

对式(3-40) 中变量压力水头 h 进行有限元离散：

$$
h(x,y,z,t) \approx \sum_{j=1}^N h_j N_j = \sum_{j=1}^N h_j(t) N_j(x,y,z)
$$

(3-41)

式中，N 表示节点的形函数；h_j 表示节点上离散的压力水头变量。

通过对式(3-41) 作 Gauss 积分，并整理可得到：

$$
[M] \left\{ \frac{\mathrm{d}h}{\mathrm{d}t} \right\} + [S] \{h\} = \{Q\} + \{G\} + \{B\}
$$

(3-42)

式中，M 表示土体储水能力的存储矩阵；S 表示土中孔隙水渗流的水力传导矩阵；Q 表示源汇项产生的渗流量；G 表示由于重力产生的渗流量；B 表示给定边界上的渗流量。其中各项的具体表达式为：

$$
M_{ij} = \sum_e \int_{\Omega_e} N_\alpha^e \frac{\rho}{\rho_0} F N_\beta^e \mathrm{d}\Omega
$$

(3-43)

$$
S_{ij} = \sum_e \int_{\Omega_e} (\nabla N_\alpha^e) \cdot \boldsymbol{K} \cdot (\nabla N_\beta^e) \, \mathrm{d}\Omega
$$

(3-44)

$$
Q_i = \sum_e \int_{\Omega_e} N_\alpha^e \frac{\rho}{\rho_0} q \mathrm{d}\Omega
$$

(3-45)

$$
G_i = - \sum_e \int_{\Omega_e} (\nabla N_\alpha^e) \cdot K \cdot \frac{\rho}{\rho_0} \nabla z \mathrm{d}\Omega
$$

(3-46)

$$
B_i = - \sum_e \int_{\Gamma_e} N_\alpha^e \boldsymbol{n} \cdot \left[-\boldsymbol{K} \cdot \frac{\rho}{\rho_0} (\nabla h + \nabla z) \right] \mathrm{d}\Gamma
$$

(3-47)

式(3-42) 中含有时间的导数项，需要进一步对时间离散。这里采用直接积分方法中的两点积分，可得到：

$$
M(h_{n+1} - h_n) + \Delta t S \left[\theta h_{n+1} + (1-\theta) h_n \right]
$$
$$
= \Delta t (Q + G + B)
$$

(3-48)

式中，Δt 表示时间增量；h_{n+1} 和 h_n 分别表示节点在 t_{n+1} 和 t_n 时刻的压力水头；θ 为常系数，为保证积分稳定，一般取 $0.5 \sim 1.0$。

根据式(3-48) 可以进行非饱和土体降雨入渗的有限元模拟。由于求解过程中含有可变边界条件，同时储水系数和渗透系数会随压力水头的变化而改变，从而产生非线性问题。本研究采用嵌套两个非线性迭代层来进行求解，外层迭代层用于判断处理可变边界条件的迭代，内层采用欠松弛迭代来处理储水系数和渗透系数的非线性。直到外迭代层中边界条件不再改变，同时内迭代层中相应残差收敛，从而完成一个时间步的计算。

3.5.2　计算实例:均质土坝非饱和渗流计算

下面介绍一个非饱和渗流有限元计算的二维算例。如图 3-30 所示,是一座由黏性土筑成的均质土坝。取坝底相对高程 0m,坝高 50m,顶宽 10m,上游坝坡 1:2,下游坝坡 1:1.5,坝体下游设水平褥垫式排水,深入坝内 67.5m。计算参数见表 3-3。计算网格如图 3-30 所示。

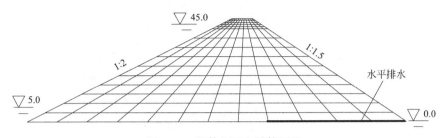

图 3-30　坝体剖面和计算网格

计算参数　　　　　　　　　　　　　　　　　　　　表 3-3

孔隙率 n	渗透系数 k_{w0}(m/s)	基质吸力参数 m	特征基质吸力 u_0(kPa)	剩余水饱和度 S_r(%)	最大水饱和度 S_m(%)
0.464	3.4×10^{-8}	0.78	60.0	0	1.0

初始条件假定坝体竣工时土体的饱和度为 80%,上下游无水。开始蓄水后,上游水位 30d 内均匀由 0m 上升至 45.0m,保持库水位不变至 5000d;从第 5000d 上游水位开始下降,30d 内均匀降至 5.0m,之后保持库水位不变。下游水位保持在 0m 高程且在上述过程中始终保持不变。

采用非饱和土非稳定渗流计算方法,对库水位上升和下降过程中坝体的浸润线变化过程及孔压和饱和度的分布情况等进行了计算分析。计算分为两个阶段,分别为库水位上升阶段与库水位下降阶段。

图 3-31(a) 给出了水位升高过程中坝体内浸润线变化过程的计算结果。这里的浸润线指孔隙水压力为零的等值线。可见,库水位开始上升,发生的是库水逐步渗入坝体的过程。大约在 1500d 的时候,坝体的浸润过程基本完成,之后浸润线的变化很小,基本上进入稳定渗流状态。

图 3-31(b) 给出了 1500d 时计算所得坝体饱和度的分布。可见,当在 1500d 坝体的浸润过程基本完成以后,坝体上游侧库水位以下部分为饱和状态,坝体下游侧水平排水以上部分为非饱和状态。由计算结果可以看出所设置的水平排水的效果,坝体下游边坡的含水量发生了显著降低,有利于坝坡的稳定。

图 3-31(c) 给出了 1500d 时计算所得坝体渗透流速的分布。可见,在坝体的饱和以及非饱和部分,都有渗流的发生,这说明只考虑饱和区渗流只是坝体渗流计算的一种近似,实际的渗流既会发生在坝体的饱和区,也会发生在坝体的非饱和区。

图 3-32(a) 给出了水位下降过程浸润线变化过程的计算结果。计算中,水位由 45m 降至 5m 高程是在 30d 内完成的。可见,库水位下降后,黏性土坝体排水过程是比较缓慢的。在水位下降后 3500d 时,坝体的排水过程仍然没有完全稳定。

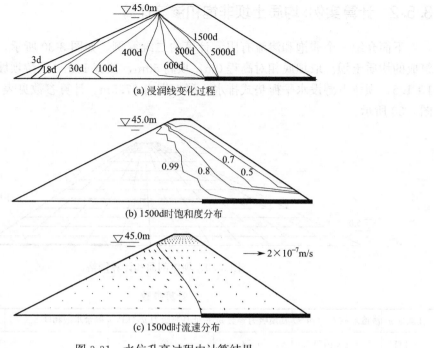

(a) 浸润线变化过程

(b) 1500d时饱和度分布

(c) 1500d时流速分布

图 3-31　水位升高过程中计算结果

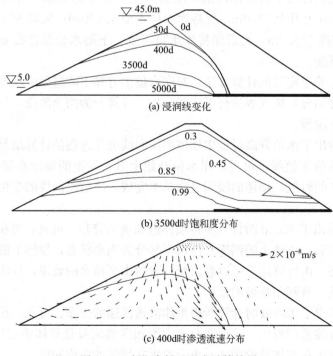

(a) 浸润线变化

(b) 3500d时饱和度分布

(c) 400d时渗透流速分布

图 3-32　水位降低过程中计算结果

图 3-32（b）给出了 3500d 时坝体内饱和度的分布。图 3-32（c）给出了库水位下降 400d 时，坝体剖面渗透流速分布的计算结果。可以看出，在库水位降低后，水位以上的

孔隙水在重力作用下，慢慢向坝体下部渗流，从而形成浸润线以上的"补给区"，"补给"的水量及速度由土体的持水能力即土水特征曲线决定。上述的补给作用造成浸润线的降低滞后。另外，从计算结果还可以看出，在库水位下降后，坝体孔隙中的水一部分流向坝体下游的排水，另一部分则由上游的坝坡渗出，从而产生不利于坝坡稳定的渗透力。

　　通过本算例可以看出，相对饱和渗流计算，非饱和渗流计算具有如下优势：（1）考虑了非饱和区水的渗流，可以直接计算自由水面的变化过程，无需进行专门的迭代；（2）土水特征关系曲线反映了土体孔隙的持水能力，计算中可以更好地反映土体孔隙中持水量的变化，无需再假设相关的参数；（3）渗流并不仅仅发生在饱和区，在非饱和区也存在渗流。非饱和渗流计算可反映上述非饱和区的渗流过程。

参考文献

[1] 李广信，张丙印，于玉贞. 土力学 [M]. 3 版. 北京：清华大学出版社，2022.
[2] 李广信. 高等土力学 [M]. 2 版. 北京：清华大学出版社，2016.
[3] 黄文熙. 土的工程性质 [M]. 北京：水利电力出版社，1983.
[4] 监凯维奇. 有限元法 [M]. 北京：科学出版社，1985.
[5] 王勖成. 有限单元法 [M]. 北京：清华大学出版社，2003.
[6] 钱家欢，殷宗泽. 土工原理与计算 [M]. 2 版. 北京：中国水利水电出版社，1996.
[7] 朱伯芳. 有限单元法原理与应用 [M]. 2 版. 北京：中国水利水电出版社，1998.
[8] D G 费雷德隆德，H 拉哈尔佐. 非饱和土土力学 [M]. 陈仲颐，张在明，陈愈炯，等译. 北京：中国建筑工业出版社，1997.
[9] 谢定义. 非饱和土土力学 [M]. 北京：高等教育出版社，2015.
[10] Lu Ning，Likos William J. Unsaturated soil Mechanics [M]. John Wiley & Sons. Inc，1993.
[11] Fredlund D G，Rahardjo H. Soil Mechanics for unsaturated soils [M]. John Wiley & Sons. Inc，1993.
[12] Ng C W W，Menzies B. Advanced unsaturated soil mechanics and engineering [M]. Taylor & Francis，2007.
[13] 松冈元. 土力学 [M]. 姚仰平，等译. 北京：水利水电出版社，2001.
[14] Corey A T. Measurement of water and air permeability in unsaturated soil [J]. Soil Science of America，1957，21 (1)：7-10.
[15] Brooks R H，Corey A T. Hydraulic properties of porous media [J]. Colorado State University Hydrology Paper，1964，3：1-27.
[16] Brooks R H，Corey A T. Properties of porous media affecting fluid flow [J]. Irrigation and Drainage Div. ASCE IR 2，1966，12：61-88.
[17] Green R E，Corey J C. Calculation of Hydraulic Conductivity：A Further Evaluation of Some Predictive Methods [J]. Soil Science Society of America Proceedings，1971，35：3-8.
[18] van Genuchten. A closed-form equation for predicting the hydraulic conductivity of unsaturated soils [J]. Soil Science Society of America Journal，1980，44：892-898.
[19] Fredlund D G，Xing A. Equations for the soil-water characteristic curve [J]. Canadian Geotechnical Journal，1994 (31)：521-532.
[20] Fredlund D G，Xing A，Huang S. Predicting the permeability function for unsaturated soils using the soil-water characteristic curve [J]. Canadian Geotechnical Journal，1994 (31)：533-546.
[21] Arya L M，Paris J F. A physioempirical model to predict the soil moisture characteristic from par-

ticle-size distribution and bulk density data. Soil Science Society of America Journal，1981，45：1023-1030.

[22] Kunze R J，Uehara G，Graham K. Factors important in the calculation of hydraulic conductivity [J] . Soil Science Society of America Proceedings，1968 (32)：760-765.

[23] Mualem，Y. A new model for predicting hydraulic conductivity of unsaturated porous media [J]. Water Resources Research，1976 (12)：513-522.

[24] Mualem，Y. Hysteretical models for prediction of the hydraulic conductivity of unsaturated porous media [J]. Water Resources Research，1976 (12)：1248-1254.

[25] Fredlund D G，Anqing Xing. Equations for the soil-water characteristic curve. Canadian Geotechnical Journal，1994，31：521-532.

[26] 张丙印，朱京义，王昆泰. 非饱和土水气两相渗流有限元数值模型 [J]. 岩土工程学报，2002，24 (6)：701-705.

[27] Buckingham E. 1907. Studies of the movement of soil moisture [J]. Bulletin No. 38，U. S. Department of Agriculture，Bureau of Soils，Washington，DC.

[28] Richards，L A. Capillary conduction of liquids through porous medium [J]. Journal of Physics，1931 (1)：318-333.

[29] Childs E C，Collis-George N. The permeability of porous materials [J]. Proceedings of the Royal Society，London，Series A，1950 (201A)：392-405.

[30] Richards L A. Capillary conduction of liquids through porous medium [J]. Journal of Physics，1931 (1)：318-333.

第4章
堆石料降雨非饱和入渗特性研究

工程经验表明，降雨后堆石料含水量的变化是导致湿化变形发生的根本原因。在降雨后，雨水渗入坝体堆石体内部，使得一定区域堆石料的含水量增加，从而导致堆石体发生湿化变形。堆石料产生湿化变形的机理主要包括浸水后对颗粒接触部位的润滑、颗粒表层遇水软化等。堆石体的湿化变形特性与降雨入渗所造成的影响区域大小（堆石体发生含水量变化的区域）以及该区域内含水量变化幅值的分布特性紧密相关。因此，确定降雨入渗影响区域大小及含水量变化幅值的分布是研究堆石料降雨入渗湿化变形特性的重要前提。

目前对土体降雨入渗特性研究的对象多集中在黏土、壤土和砂土等相对细颗粒土料，鲜有关于堆石体降雨非饱和入渗过程和特性的研究报道。黏土、壤土和砂土等这些土料的颗粒相对较细，孔隙直径相对较小，在非饱和条件下，土体的基质吸力可对降雨入渗过程发挥重要的影响。堆石体降雨入渗的过程除受到降雨强度、降雨历时、堆石体坡面形态等因素的影响外，还主要取决于堆石体的入渗特性。由于堆石体是大颗粒、大孔隙材料，其导水性非常强，因此雨水在堆石体内部的入渗过程通常是非饱和的。此外，对堆石体的大孔隙系统，其基质吸力值相应很小，对降雨入渗过程的影响可能不大，因此同黏土、壤土和砂土等细颗粒土料的入渗规律应具有明显差异。

本章通过所研制的堆石料大型降雨入渗试验装置，采用糯扎渡弱风化花岗岩堆石料，分别进行了不同雨强下的降雨入渗试验和排水试验，根据试验成果探讨了堆石体的非饱和入渗规律、持水特性和非饱和渗透特性等。

4.1　人工模拟降雨技术调研

当前有关土体降雨入渗特性的研究，主要集中在地下水资源、农田水利和降雨诱导滑坡等领域，取得了大量的研究成果。主要采用的研究手段包括野外监测和室内试验两大类。天然降雨的偶然性因素较多、观测困难、试验成本高、试验周期长以及外部干扰因素很难或无法控制等问题，给试验工作带来极大的困难。相对于天然降雨的众多不确定性，人工模拟降雨有诸多优点，因此，众多研究者均采用人工模拟降雨在室内进行试验研究。

目前，国内外人工模拟降雨的降雨器主要有喷嘴、多孔板和针头，三种降雨器各有特点。单喷嘴形成的降雨范围较小，且降雨不均匀性较明显，因而通常采用多喷嘴组合形式的降雨器以满足均匀性要求。喷头的工作压力较高，雨滴具有一定的初动能，适合于模拟较大的雨强。多孔板式降雨器可通过更换不同孔径的孔板灵活地变更降雨强度，但这种形式的降雨装置对安装精度要求较高，且不能连续地控制雨强。针头降雨器具有降雨面积小、不适合室外作业等缺点，但是，相对前两种降雨器具有降雨均匀性高、稳定等优点。

当前，大量的研究者研制的降雨设备多采用喷嘴作为降雨器，通过比较和分析可发现 Veejet、Fulljet 和 WF 等实心锥喷嘴最适用于模拟降雨。黄毅等、刘素媛、冯绍元等和陈文亮等研制的降雨设备的降雨器均采用了不同形式的喷嘴。

高小梅等和朱伟等研制的降雨设备采用了针头式降雨器，模拟的降雨强度的范围为 2～114mm/h。该类降雨设备通过改变针头的直径和调节作用在针头上的水头大小来控制降雨强度。

文献调研结果表明，使用喷嘴式降雨器可以模拟的降雨强度范围较大（12～1200mm/h），可喷洒的面积也较大。由于喷嘴喷洒水量分布不均匀，因此，使用单个喷嘴模拟降雨一般效果较差，往往通过合理布置多个喷嘴来达到降雨均匀性的要求。

如采用针头式降雨器，可通过采用型号一致且均匀布置的针头阵列来得到均匀性较好的降雨。采用针头式降雨器的主要优点包括降雨均匀性容易控制且稳定性好，对小雨强的模拟精度高（2～200mm/h）；缺点是降雨试验面积不宜太大，并且长时间工作后针头容易被杂质阻塞而使降雨均匀性降低。

Gupta 利用人工模拟降雨做了 50 组降雨入渗试验，研究了砂土、粉土和黏土的饱和与非饱和降雨入渗特性，得出了一些有益的结论。根据试验结果发现，由于土体孔隙分布的不均匀性，土体的稳定渗流速度在空间上出现不均匀分布。此外，Gupta 还用 Green-Ampt 模型和 Mein-Larson 模型模拟了试验中观察到的降雨入渗过程。

朱元骏等、蒋志云和谷博轩等在室内利用降雨模拟试验，分别研究了砂石覆盖下土壤的降雨入渗规律以及含砾石土壤的降雨入渗过程。周佩华等、Magunda 等、石辉等和 Borselli 等利用模拟降雨，研究了土壤侵蚀、坡度对含砾石土壤径流和产砂过程的影响。

降雨诱发崩塌和滑坡是当前岩土工程领域的重要研究课题，利用人工模拟降雨进行室内试验是重要的研究手段。徐永年利用人工模拟降雨，进行了降雨诱发崩塌的足尺模型试验。Okura 等、Ochiai 等、Moriwaki 等和林鸿洲进行了降雨诱发滑坡的室内试验，并根据试验结果和试验现象探讨了降雨诱发滑坡的机理。此外，Take 和 Bolton、White 等和钱纪芸等把人工模拟降雨技术应用到离心模拟试验中，研究了非饱和边坡的变形和破坏特性。

4.2　堆石料大型降雨入渗试验装置研制

为了深入研究堆石料降雨非饱和入渗特性，本项研究研制了堆石料大型降雨入渗试验装置。该装置平面布置如图 4-1 所示，试验装置主要包括试样圆筒、人工模拟降雨设备、土体水分速测仪及数据采集系统、供排水系统等。

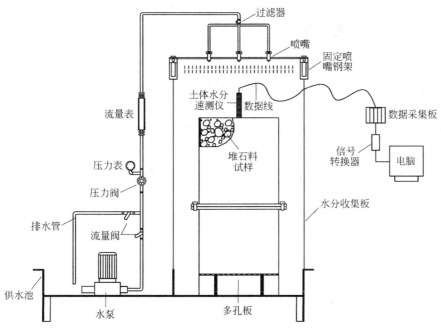

图 4-1　试验装置平面布置

4.2.1　大型堆石料试样圆筒

　　影响土体渗透性的主要因素包括土的孔隙比、颗粒粒径及级配和土体饱和度等。其中，颗粒粒径及级配对渗透性的影响巨大。工程中使用的堆石料粒径最大可达米级，受空间和成本制约，在室内进行试验时不可能采用原始级配进行试验，需要进行级配的缩尺。综合考虑试验的可行性及经济性，同时可使试验用料充分反映堆石料大颗粒、大孔隙的特点，确定本章试验采用堆石料的最大颗粒直径 $d_{max}=60\text{mm}$。

　　如图 4-2 所示，试样采用圆柱体形，边壁圆筒采用壁厚 20mm 的有机玻璃制成。为了保证试样的代表性，采用了较大的试样尺寸。其中，试样直径按径径比为 10 进行设计，确定试样直径 $D=600\text{mm}$；为了保证入渗过程具有足够的渗径长度，取试样高度 $H=1200\text{mm}$。为了防止试样底部积水影响试验结果，在试样底部设置了多孔排水板。

 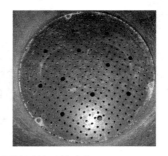

图 4-2　制样圆筒及排水板

4.2.2 人工模拟降雨设备

人工模拟降雨设备是试验装置的重要组成部分。人工模拟降雨广泛应用于室内试验研究，一般用降雨强度、降雨均匀性和雨滴直径等来描述模拟降雨的特征，其中降雨强度和降雨均匀性是两个最重要的评价指标。人工模拟降雨应用于室内试验时一般要求降雨均匀度大于80%。根据研究对象不同，要求的降雨强度区别很大。降雨强度和降雨均匀性主要取决于选用的降雨器及其在空间上的布置。

人工模拟降雨设备主要由降雨器、供水设备、调压阀、流量阀门、流量表以及固定降雨器的桁架组成。

目前被广泛应用的降雨器有喷嘴和针管两种形式，它们分别具有不同的特点。喷嘴式降雨器具有供水压力高、流量大和布置灵活的特点，通常能够产生高强度的降雨（12～1200mm/h），因此，主要应用于土壤侵蚀和水土保持问题的研究。针管式降雨器需要的供水压力较低，降雨均匀性好，对于低降雨强度（0～200mm/h）具有较好的适用性，针管布置起来较为复杂，一般用于降雨面积要求较小的室内试验，且针管管壁上沉积的杂质会逐渐影响水滴的产生，因此，一般不适合长时间的试验研究。

由于堆石料降雨入渗试验所要求的雨强范围较大，因此，对高雨强和低雨强分别应用了喷嘴和针管两种形式的降雨器来进行模拟。

喷嘴降雨器应用于降雨强度 $R>80$mm/h 的高强度降雨模拟。本次试验的喷嘴器采用由 Spraying Systems（Shanghai）corporation 生产的型号为 B1/4G-12W 的广角实心锥形喷嘴。

喷嘴降雨器需要的额定水压力较高，试验中采用扬程为 30m 的水泵供水。在水泵与喷嘴之间设置了流量阀、流量表、压力阀、压力表以及过滤器，分别起到控制流量、调节喷嘴的压力以及过滤水中的杂质防止堵塞的作用。在管道上设置了两道阀门，分别起到不同的作用。第一道阀门兼具试验总开关和阀门的功能：当水泵启动以后，打开阀门开始降雨试验；通过改变阀门的开度可调节试验的供水量。第二道阀门设在压力阀以下，主要作用有：（1）通过开关阀门与压力阀共同调节供水的压力；（2）排出多余的水，使水流回蓄水池循环使用。图 4-3 给出了部分供水和调水设备。

(a) 喷嘴

(b) 供水池和水泵

(c) 调水系统

图 4-3 喷嘴降雨器设备

如图 4-4 所示是单个喷嘴工作时，喷洒水量在空间上的分布。单个喷嘴工作时喷嘴中轴线上的喷洒水量明显偏大，喷洒水量随着喷洒距离的增加逐渐减小，一般不能满足降雨均匀性的要求。经过测试，试验可以合理布置多个喷嘴，通过叠加互补达到降雨均匀性的要求。多喷嘴的布置方案为：将喷嘴固定在一个圆平面上，圆心落在试样圆筒的中心轴上。试验通过改变喷嘴到中心轴的距离，调节喷嘴流量的叠加程度直到满足降雨均匀性的要求。经反复调试，本次试验采用了 4 喷嘴器方案。

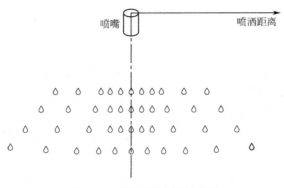

图 4-4　喷嘴喷洒水量示意图

针管降雨器应用于降雨强度 $R<100\text{mm/h}$ 的低强度降雨模拟。本次试验的针管降雨器采用 180 个医用针管组合而成。如图 4-5 所示，一端均匀布置在直径为 600mm 的供水箱底板上，另一端固定于与试样圆筒顶面平行的 PVC 圆板上。针管与两个圆板垂直，针管之间相互平行。为了防止被杂质阻塞，试验中去掉了针头部分，仅采用针管的粗管段。

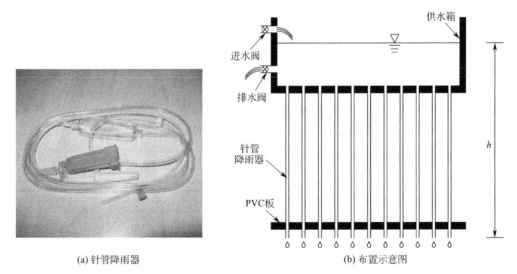

(a) 针管降雨器　　　　　　　　　(b) 布置示意图

图 4-5　针管降雨器和布置示意图

针管降雨器通过放置在降雨器上面的供水箱进行供水。供水箱上设有进水阀和排水阀两道阀门，进水阀以恒定的流量向圆筒中通入无气水。通过调节排水阀门，可使试验过程中供水箱中的液面高度 h 保持恒定值。此时，作用在针管降雨器上的压力水头为常数，使得水滴以恒定的频率滴出针管，从而保证降雨强度的稳定性。

对于针管降雨器，模拟雨强的大小可通过改变供水箱的压力水头 h 来实现。针管的流量参数为：每滴出 20 滴水，相当于滴出 1mL±0.1mL 的水。针管降雨器的作用水头不能过大，否则会产生连续的水滴，此时模拟雨强的稳定性和均匀性难以控制。针管降雨器可以实现的降雨强度范围为 0～100mm/h。

降雨均匀性是人工模拟降雨试验最重要的评价指标之一，一般用降雨均匀度来描述。目前对于人工模拟降雨一般要求其均匀度 $U \geqslant 80\%$。其中，降雨均匀度 U 可用下式测试确定：

$$U = 1 - \frac{\sum |R_i - \overline{R}|}{n\overline{R}} \tag{4-1}$$

式中，R_i 为降雨范围内测点 i 设置的雨量筒测得的降雨强度（mm/h）；n 为测点数；$\overline{R}$ 为降雨范围内所有雨量筒的平均降雨强度（mm/h）。

为了检验所设计的降雨装置产生的模拟降雨的均匀性，设计了专门的均匀分隔水槽进行了测试。水槽尺寸为 100cm×20cm×20cm（长×宽×高），沿长边将水槽等分为 10 格。图 4-6 所示为该方法的原理。

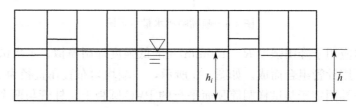

图 4-6 均匀度测量原理示意图

在某个时间间隔内，每个隔槽中的积水深度 h_i 正比于该测点的降雨强度 R_i，平均水深 $\overline{h}$ 相当平均降雨强度 $\overline{R}$。因此，根据降雨均匀度 U 可用下式确定：

$$U = 1 - \frac{\sum |h_i - \overline{h}|}{n\overline{h}} \tag{4-2}$$

式中，h_i 为第 i 格水槽中的水深（mm）；n 为隔槽的格数，本章中 $n=10$；$\overline{h}$ 为所有隔槽水深的平均值（mm）。表 4-1 列出了不同降雨设备的均匀度测试结果。

均匀度测试结果 表 4-1

降雨器类型	数量	降雨强度 R（mm/h）	均匀度 $U(\%)$
喷嘴	3	80～100	＞84
喷嘴	4	＞100	85～87
针管	180	5.5	89
针管	180	15.4	97
针管	180	23.0	81
针管	180	27.8	81
针管	180	60.2	88
针管	180	81.0	91

4.2.3　土体水分速测仪

能否实时快速测定堆石试样中某点含水量的变化过程是进行本项试验的关键问题。由于堆石料的渗透性较强，可以预见在试验过程中，降雨入渗的速度也即各处含水量的变化过程也会较快。为此，为了有效捕捉试验过程中堆石试样剖面含水量的瞬时变化过程，选定的含水量测定仪器需要满足如下的要求：（1）可以测量土体剖面的多个测点的含水量；（2）可测量的含水量范围和精度能够满足堆石料的含水量变化范围；（3）响应速度快，性能稳定。

经调研，选用了由 Delta-T Device Ltd 公司生产的 PR2/6 型土体水分速测仪（简称 SMCS 水分速测仪）和数据采集系统。如图 4-7 所示，PR2/6 型 SMCS 水分速测仪是一个集成了 6 个水分含量传感器的剖面测试仪。6 个传感器被分别布置在距手柄顶面 10cm、20cm、30cm、40cm、60cm 和 100cm 的位置，可独立连续实时测定相应位置的土体含水量。表 4-2 列出了土体水分速测仪的技术指标。

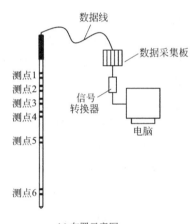

(a) 实物照片　　　　　　　(b) 埋设示意图　　　　　　　(c) 布置示意图

图 4-7　土体水分速测仪

传感器的技术指标　　　　　　　　　　　　　　　　表 4-2

变量	技术指标
测量值	体积含水量 m³/m³（%vol）
测量范围	0～0.4 m³/m³ 保证精度，0～1 m³/m³ 全量程
测量精度	±0.04 m³/m³（%vol）
含盐量容忍度	600ms/m（孔隙水电导率）
温度范围	0～40℃保证精度指标，−20～70℃可操作范围
响应时间	小于 1s
供电	最小 5.5V DC，最大 15V DC，耗电＜120mA
输出	6 个模拟电压值
材料	直径 25.4mm 聚碳酸酯，不锈钢
尺寸/重量	长 1350mm，重量 0.9kg

SMCS的工作原理是通过测量材料介电常数的变化来测定其含水量的变化。表4-3列出了常见物质的介电常数。常温下，水的介电常数可达81。地球表面的无水物质（如干燥的土体和岩石等）的介电常数一般介于1.7～6之间。例如，干土的介电常数约等于4，空气约等于1，对于本试验采用的花岗岩约为5～8。由于常温条件下水的介电常数远远大于其他材料，所以当材料中的含水量发生变化时，其介电常数也会发生很大的变化。随着含水量的增加，材料的介电常数会随之增加，即材料的介电常数取决于含水量。

常见物质的介电常数 表4-3

介质	介电常数	介质	介电常数
空气	1	砂(湿)	20～30
水(液态)	81	花岗岩	5～8
冰(固态)	3～4	混凝土	4～11
砂(干)	3～5	沥青	3～5

对于SMCS水分速测仪，在其每个传感器处，可通过一对钢环发射100MHz的电磁波。通过该电磁波可感应测定其周围直径100mm、体积1L圆柱形范围内土体的介电常数。由于感应-输出速度很快，所以测定过程是实时快速的，可得到土体含水量的连续变化过程。

土体SMCS水分速测仪的输出值为模拟电压。该输出模拟电压值与材料含水量之间的函数关系没有统一的表达式。随测量土体性质的不同，二者之间的关系也会具有一定的差别，因此，具体的表达式需通过标定试验进行标定。本试验首次将该SMCS水分速测仪应用于堆石料含水量的测量，因此需要先进行专门的标定试验，有关情况详见本章后续的相关内容。

4.2.4 数据采集系统

如图4-8所示是试验所采用的数据采集系统。该系统主要包括数据采集板、信号转换器和数据采集软件等。SMCS水分速测仪的采集信号通过厂家提供的数据线与数据采集板相连，经信号转换器转换为可以输出的电压值，再通过数据采集软件输入电脑。

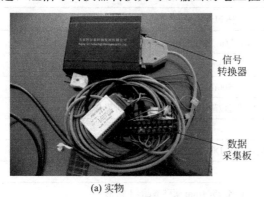

(a) 实物   (b) 采集软件窗口

图4-8 数据采集系统

SMCS 水分速测仪共有 6 个数据通道，分别对应 6 个传感器。数据采集系统的采集频率最高可达 100 次/s，完全可以满足试验对采集频率的要求。本次试验中实际使用的采集频率为 3 次/s。

4.3　试验用料与试验方案

试验采用的堆石料取自糯扎渡高心墙堆石坝工程。糯扎渡水电站位于我国云南省澜沧江中下游河段，该枢纽主体挡水建筑物采用心墙堆石坝方案，最大坝高 261.5m，属Ⅰ等大（1）型工程，大坝为 1 级建筑物。

根据大坝的不同分区，可将坝壳堆石料分为硬岩料和软岩料。硬岩料包括料场开挖的角砾岩和花岗岩、坝区开挖的弱风化以下花岗岩。软岩料包括坝区开挖的强风化花岗岩和弱风化以下沉积岩石。根据心墙堆石坝坝料分区，坝体堆石主要分为硬岩粗堆石区、软岩粗堆石区、细堆石区、反滤Ⅰ、反滤Ⅱ五个区。

本次试验所选用的堆石料为用于填筑硬岩粗堆石区、细堆石区、反滤Ⅰ和反滤Ⅱ的硬岩堆石料。该堆石料为一种经人工爆破开采和加工的碎石料，其母岩岩性为弱风化花岗岩料，饱和岩块的平均抗压强度 85MPa，浸水软化系数 0.76，相对密度 2.63。

糯扎渡工程筑坝堆石料最大粒径为 800mm。受制样圆筒尺寸的限制，采用等量替代法对原级配进行了缩尺处理。堆石料粒径进行缩尺后，试样用料的最大粒径 $d_{max}=60mm$，是试样圆筒直径的 1/10。堆石料的颗粒级配组成由大小不同的 5 个粒组：40～60mm、20～40mm、10～20mm、5～10mm 和＜5mm，混合而成。图 4-9 给出了堆石料级配曲线。图 4-10 给出了堆石料粒径分组及形态。表 4-4 列出了该堆石料级配各粒组的具体比例数值。

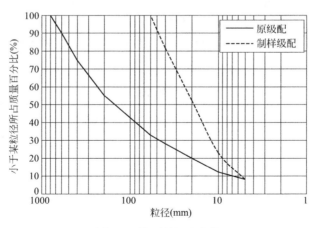

图 4-9　堆石料级配曲线

堆石料级配 表 4-4

颗粒直径(mm)		800	600	400	200	60	40	20	10	5
小于某粒径所占质量百分比	原始级配	100	90	75	55	33	28	20	12	8
	制样级配					100	81.6	52.2	22.7	8

40~60mm　　　　20~40mm　　　　10~20mm　　　　5~10mm　　　　<5mm

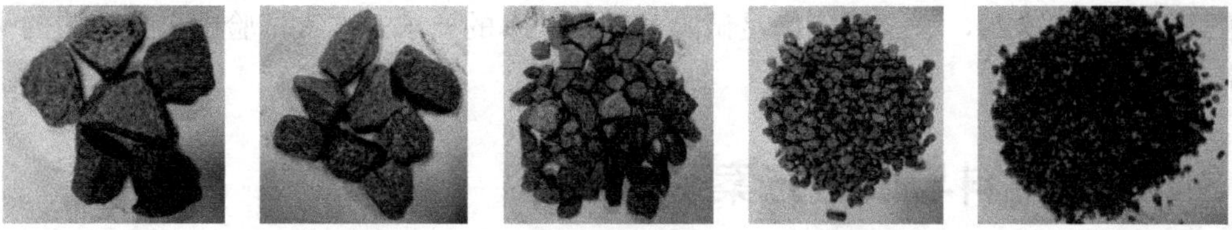

图 4-10　堆石料粒径分组及形态

需要说明的是，颗粒粒径及级配对堆石体渗透性的影响相对很大，因此，对其粒径进行缩尺，必然会对堆石料的渗透特性产生较大的影响。目前也还尚未见到相关的研究成果。本次试验在进行粒径的缩尺时，着重考虑了如下方面：（1）综合考虑试验的可行性及经济性，同时可使试验用料充分反映堆石料大颗粒、大孔隙的特点，确定本试验采用堆石料的最大颗粒直径 $d_{\max}=60\mathrm{mm}$；（2）保持颗粒粒径小于 5mm 的细料含量不变，以保证模拟堆石料的持水特性基本保持不变。

试样的制备包括如下步骤：（1）对试验用堆石料进行风干和筛分；（2）按级配曲线分别称取不同粒组的堆石料，并分为 12 等份进行均匀混合；（3）将水分速测仪固定在试样中心的合适位置；（4）先后将 12 份堆石料均匀放入试样圆筒中，并击实达到要求的干密度；（5）连接水分速测仪的电源，并通过数据采集器输出模拟电压。

堆石料是典型的散粒材料，由粒径不同的颗粒相互填充而成。在制样过程中应特别注意防止出现粗细颗粒分离的现象，尤其是在水分速测仪的 6 个传感器周围，应特别注意避免粗颗粒或者细颗粒集中现象的发生。

为了研究堆石料的非饱和降雨入渗规律及持水特性，分别进行了不同降雨强度的降雨入渗试验和不同起始含水量的排水试验。降雨入渗试验共进行了 8 组，包含 2 种不同的制样干密度和 8 种不同的模拟降雨强度，具体试验方案见表 4-5。

排水试验共进行了 4 组，针对 2 种不同的制样干密度，3 种不同的初始含水量状态，具体试验方案见表 4-6。

降雨入渗试验方案

表 4-5

方案编号	降雨强度 R（mm/h）	降雨器类型	制样干密度 γ_{d}(g/cm^3)	孔隙率 n（%）
R1	15.1	针管	1.88	28.5
R2	32.3	针管	1.88	28.5
R3	95.7	针管	1.88	28.5
R4	104.8	喷嘴	1.88	28.5
R5	146.3	喷嘴	1.88	28.5
R6	341.4	喷嘴	1.88	28.5
R7	405.2	喷嘴	1.88	28.5
R8	5.5	针管	1.93	26.6

排水试验方案　　　　　　　　　　　　表 4-6

方案编号	起始含水量 θ(%)	试样起始饱和状态	制样干密度 γ_d(g/cm³)	脱水时间 T(h)
D1	28.5	饱和	1.88	45.67
D2	28.5	饱和	1.88	17.39
D3	9.52	非饱和	1.88	62.88
D4	26.6	饱和	1.93	41.82

在表 4-5 和表 4-6 中，R 代表降雨强度（mm/h）；θ 表示堆石料的体积含水量（%），其表达式为：

$$\theta = \frac{V_w}{V} \tag{4-3}$$

式中，θ 为体积含水量（%）；V_w 为孔隙水所占的体积（m³）；V 为土体的总体积，即孔隙体积与颗粒体积之和（m³）。

在上述排水试验中，试验方案 D3 对应入渗试验方案 R3。当入渗试验 R3 达到稳定渗流状态时，试样的稳定体积含水量 $\theta=9.52\%$。然后，停止降雨入渗过程，开始排水试验。

4.4　SMCS 水分速测仪标定试验

水分速测仪主要被用来测定黏土、粉土和砂土等细颗粒土土层的含水量分布。目前尚未见到有应用于如堆石体这样的粗颗粒土体的先例。为了验证水分速测仪对堆石体的适用性，先进行了详细的标定试验。除了上述目的外，通过标定试验还可以建立水分速测仪模拟输出电压和堆石料含水量的具体关系式，以便进行后续的入渗试验和脱水试验。

进行堆石料标定试验时，首先需要配置具有一定含水量的均匀堆石料试样，然后采用水分速测仪测定该试样的模拟输出电压。根据不同含水量堆石料试样的测定结果，建立相应堆石料的标定曲线。这里的难点是不同含水量的均匀堆石料试样的配置。堆石料由于颗粒尺寸相对较大，因而具有较大的孔隙系统。该孔隙系统的持水能力相对有限，不易制备具有固定含水量的试样。例如，对非饱和的高含水量状态，要配置均匀含水的堆石料试样，需要在堆石料的大孔隙中均匀"固定"一定含量的水，但这些水通常无法在这些大孔隙中稳定存在。本次试验采用了如下两种方法进行标定试验：

（1）变含水量法。按照含水量比例，将堆石料和水放入制样容器中混合，击实堆石料至干密度达到 1.88g/cm³，开启传感器并读取模拟电压值。通过加入一定量的水进行均匀拌合，制备具有一定含水量的堆石料试样，这种方法适合于堆石料含水量变化范围小于堆石料持水量的情况，否则加入的水会流出。该种方法可应用于低含水量范围。

（2）变干密度法。通过制备不同密度的堆石体后再进行饱和，也可得到具有一定含水量的堆石料试样。将风干状态的堆石料放入制样容器中，击实堆石料至不同的干密度值，然后将试样饱和，开启传感器并读取模拟电压值。该种方法可应用高含水量范围。

进行了变含水量法试验 21 组和变干密度法试验 27 组，共计 48 组 SMCS 土体水分速测仪标定试验。其中在变含水量试验中，试样处于非饱和状态，体积含水量 θ 的变化范围为 0.2%～4.7%；而在变干密度试验中，试样处于饱和状态，体积含水量 θ 的变化范围为 22.1%～41.7%。由于大孔隙非饱和状态无法保持，处于中间含水量 $\theta=4.7\%\sim$ 22.1%范围的堆石料试样无法制备。

图 4-11 给出了标定试验的结果。可见，尽管缺少体积含水量 $\theta=4.7\%\sim22.1\%$ 范围的测点，但总体看堆石料含水量 θ 和 SMCS 模拟电压测值之间存在较好的相关关系，模拟电压随堆石料含水量增加而增加，可用如下的二次曲线进行拟合：

$$\theta=60.35v^2-15.64v+0.094 \tag{4-4}$$

式中，v 为模拟电压测值（V）；θ 为体积含水量（%）。

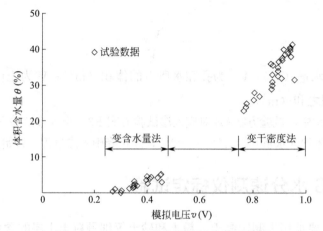

图 4-11　SMCS 水分速测仪标定试验结果

此外，从图 4-11 还可以看出，对相同含水量的堆石料试样，采用水分速测仪测得的模拟电压存在小范围波动的现象。堆石料试样由粒径不同的颗粒构成，本次试验堆石料的最大颗粒直径 $d_{\max}=60\text{mm}$。当 SMCS 传感器测定其周围堆石料的介电常数时，其感应测定的范围是直径为 100mm、体积为 1L 的圆柱形范围。因此，SMCS 传感器周围局部堆石料粗、细颗粒构成以及孔隙大小均会有所不同，从而对测定结果产生一定的影响，这是 SMCS 模拟电压测值存在小范围波动现象的原因。

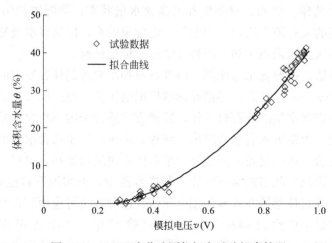

图 4-12　SMCS 水分速测仪标定试验拟合情况

图 4-12 给出了采用式（4-4）的拟合曲线与实测数据的对比情况，可以看出，总体拟合情况良好。传感器的测量范围和测量精度均可以满足试验的要求，表明土体水分速测仪可以应用于堆石料瞬时含水量的测量。

4.5　试验结果

4.5.1　降雨入渗试验结果

共完成了 8 组堆石料降雨入渗试验，其中包括制样干密度 $\gamma_d=1.88\mathrm{g/cm^3}$、不同降雨强度的试验 7 组（试验方案 R1～R7），以及制样干密度 $\gamma_d=1.93\mathrm{g/cm^3}$、小雨强试验 1 组（试验方案 R8）。有关各降雨入渗试验方案的详细情况见表 4-5。

从各试验方案的试验过程发现，尽管试验的最大模拟降雨强度已达特大暴雨的水平，但在试样上表面均未发生积水的情况。表明试验研究的糯扎渡弱风化花岗岩堆石料，由于其透水能力非常强，其试样表面的入渗速率均等于降雨强度。

图 4-13 给出了 8 组降雨入渗试验 6 个传感器测点所测得的体积含水量 θ 的变化过程曲线。总体看，各测点所得的变化曲线变化趋势合理、测值稳定，呈现出了较好的整体规律性，表明所采用的整体测试方案是可靠的。

由试验结果可见，所有试验各测点含水量 θ 尽管数值不同，但却都表现出了相同的变化规律。各条含水量变化曲线均可划分为如下的三个阶段：

（1）初始干燥阶段。该阶段为降雨入渗锋面尚未达到传感器测点的阶段。此时，传感器所测到的含水量值保持稳定不变，测值代表试样的初始体积含水量 θ_0。

（2）含水量增高阶段。该阶段为降雨入渗锋面到达传感器测点初期的阶段。此时，传感器所测到的含水量值 θ 持续增大，测值变化反映入渗水体逐步充填堆石体孔隙并逐步达到平衡的状态。

（3）含水量稳定阶段。该阶段为降雨入渗锋面穿过传感器测点之后的阶段。此时，传感器所测到的含水量值又达到稳定不变的状态，测值代表试样在相应入渗雨强条件下测点所能达到的稳定体积含水量 θ_{rs}。

考察各试验方案 6 个不同测点的含水量变化过程曲线可以发现，对同样一个试验方案，不同测点所得到的试样初始含水量 θ_0 和稳定体积含水量 θ_{rs} 具有一定的离散性。这种离散性是进行堆石料渗透试验的固有属性。如前所述，堆石料作为一种典型的大颗粒、大孔隙材料，其颗粒大小和孔隙大小的分布均具有一定的随机性，这对局部量测的降雨入渗特性会带来一定的影响。此外，堆石体某局部持水能力和该处细颗粒含量也具有密切的关系。因此，传感器周围随机性分布的颗粒或孔隙大小，可造成不同测点初始含水量 θ_0 和稳定体积含水量 θ_{rs} 的离散性。

为了消除上述的离散性，论文采用归一化的方法重新整理了各试验的结果曲线。为此，定义如下的孔隙相对充水度 S_w：

$$S_w=\frac{\theta-\theta_0}{\theta_{rs}-\theta_0} \tag{4-5}$$

式中，θ_0 为测点的初始体积含水量（%）；θ 为测点的过程体积含水量（%）；θ_{rs} 为测点的稳定渗流状态含水量（%）。孔隙相对充水度 S_w 反映了堆石体在入渗过程中孔隙被入渗水体充填的程度。

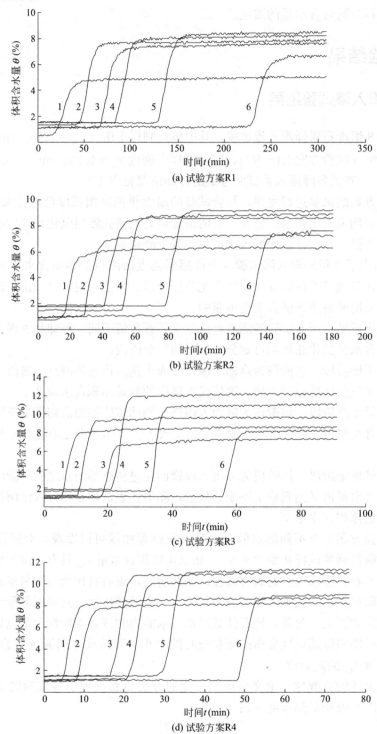

(a) 试验方案R1

(b) 试验方案R2

(c) 试验方案R3

(d) 试验方案R4

图 4-13　降雨入渗试验各测点含水量-时间过程曲线（一）

（图中 1～6 为测点号）

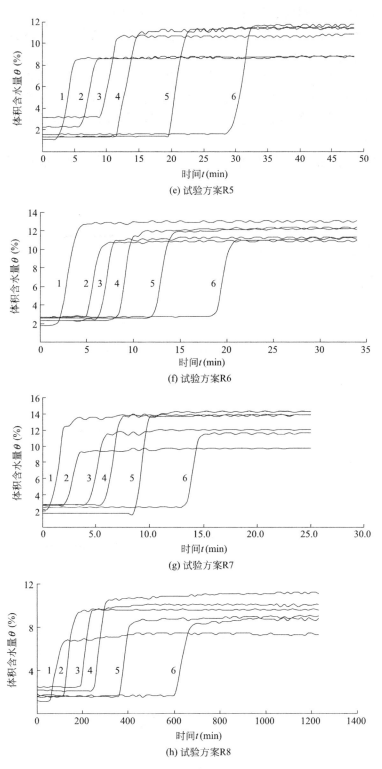

(e) 试验方案R5

(f) 试验方案R6

(g) 试验方案R7

(h) 试验方案R8

图 4-13　降雨入渗试验各测点含水量-时间过程曲线（二）

（图中 1～6 为测点号）

显然，不同的 S_w 值对应了各条含水量变化曲线的不同阶段：

（1）$S_w=0$ 时，测点处于初始干燥阶段，表示降雨入渗锋面尚未达到该测点，该测点孔隙的入渗充水过程尚未开始；

（2）$0<S_w<1$ 时，测点处于含水量发生变化的阶段，表示降雨入渗锋面已经到达该测点，该测点的孔隙正在进行充水，入渗水体正在逐步充填堆石体的孔隙；

（3）$S_w=1$ 时，代表测点处于稳定含水量阶段，表示降雨入渗锋面已通过测点，测点已达到稳定渗流状态。

图 4-14 给出了各测点采用孔隙相对充水度 S_w 归一化后的含水量-时间过程曲线。可见，经归一化后的过程曲线的规律性更加突出。

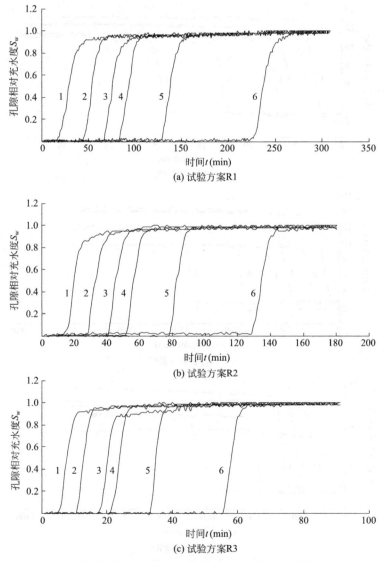

图 4-14　降雨入渗试验各测点孔隙相对充水度归一化曲线（一）

(图中 1~6 为测点号)

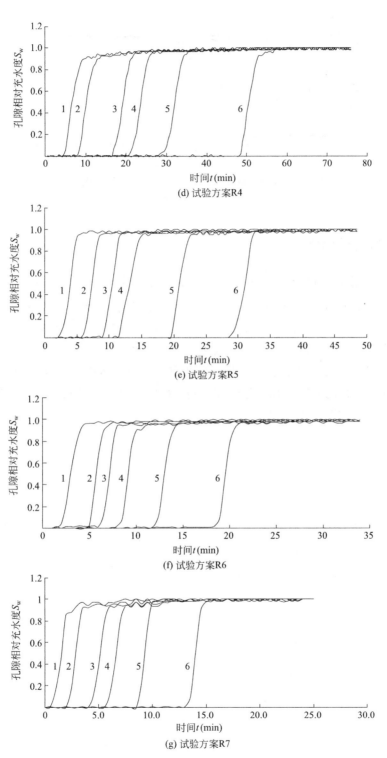

(d) 试验方案R4

(e) 试验方案R5

(f) 试验方案R6

(g) 试验方案R7

图 4-14　降雨入渗试验各测点孔隙相对充水度归一化曲线（二）

（图中 1~6 为测点号）

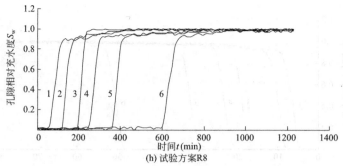

图 4-14 降雨入渗试验各测点孔隙相对充水度归一化曲线（三）

(图中 1~6 为测点号)

4.5.2 排水试验结果

共完成了 4 组堆石料降雨入渗试验，包括制样干密度 $\gamma_d = 1.88 \text{g/cm}^3$ 的试验 3 组（试验方案 D1~D3），以及制样干密度 $\gamma_d = 1.93 \text{g/cm}^3$ 试验 1 组（试验方案 D4）。有关各排水入渗试验方案的详细情况见表 4-6。其中，试验 D3 对应入渗试验 R3。当试验 R3 达到入渗稳定含水量 $\theta = 9.52\%$ 后，停止入渗，开始排水。

图 4-15 给出了 4 组排水试验 6 个传感器测点所测得的体积含水量 θ 的变化过程曲线。总体看，各测点所得的曲线变化趋势合理、测值稳定，呈现出了较好的整体规律性，表明所采用的整体测试方案是可靠的。

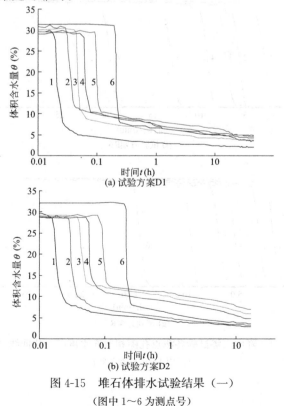

图 4-15 堆石体排水试验结果（一）

(图中 1~6 为测点号)

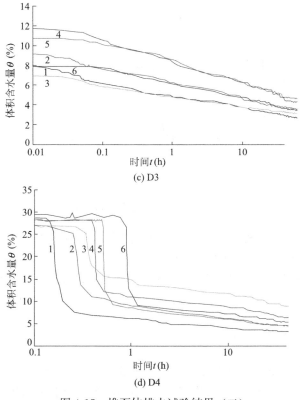

图 4-15　堆石体排水试验结果（二）

（图中 1～6 为测点号）

4.6　堆石体非饱和入渗特性分析

本节依据所取得的堆石料降雨入渗和排水试验成果，分析堆石料的非饱和入渗特性。由于不同方案试验结果的规律性相似，在下述的分析中仅结合典型试验结果展开。

由图 4-13 和图 4-14 所示的入渗试验结果可知，不同雨强条件下，不同位置测点含水量变化过程曲线具有相同的特征。图 4-16 给出了一条典型测点的含水量时间过程线。可以看出，在含水量变化过程线上都存在有两个明显的折点 A 点和 B 点。该两点都具有明确的物理意义，分别对应着堆石体不同含水量状态的转折：（1）折点 A 对应入渗湿润锋到达该测点的时刻。在该点之前，该测点处的堆石体处于初始干燥状态，降雨入渗锋面尚未达到测点，含水量测值是初始含水量 θ_0；（2）折点 B 对应达到入渗稳定含水量的时刻。在该点之前，测点含水量随入渗充水时间逐步增加，并在该时刻达到稳定状态，之后测点含水量保持恒定。

上述的两个特征折点，将含水量过程线划分为三个不同的阶段：（1）初始干燥阶段。该阶段为降雨入渗锋面尚未达到测点的阶段。在该阶段含水量测值保持稳定不变，等于试样的初始含水量 θ_0。（2）含水量增高阶段。该阶段为降雨入渗锋面到达测点后的初期阶段，在该阶段，含水量测值 θ 持续增大，测值变化反映的是入渗水体逐步充填堆石体孔隙的过程。（3）含水量稳定阶段。该阶段为降雨入渗锋面穿过传感器测点之后的阶段，在该

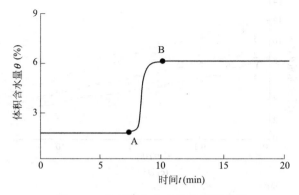

图 4-16 典型测点含水量时间过程线

阶段，堆石孔隙度的充水过程已经完成，含水量测值又达到了稳定的状态，其值即为在相应入渗雨强条件下测点所能达到的稳定含水量 θ_{rs}。

上述的三阶段分别对应了降雨入渗过程的入渗锋面运动速度、堆石体孔隙充水过程和入渗稳定含水量三个基本问题，下面分别进行讨论。

4.6.1 入渗锋面运动速度

如前所述，各测点含水量变化过程曲线上的折点 A 对应入渗湿润锋到达该测点的时刻，折点 A 所对应的时间 t_1 即为入渗湿润锋到达该测点的时间。测点深度 d 和该时间的比值即为入渗湿润锋到达该测点的平均运动速度。图 4-17 给出了试验方案 R1、R2、R3 和 R7 各测点湿润锋到达时间 t_1 和测点深度 d 的关系。可以发现，各试验方案的 6 个测点均大致位于一条直线附近。这说明对于恒定的降雨强度，湿润锋到达测点的时间与其深度成正比关系，即湿润锋在堆石体内的移动速度应大致保持为常数。图中各拟合直线的斜率即为各试验方案入渗锋面运动的平均速度。

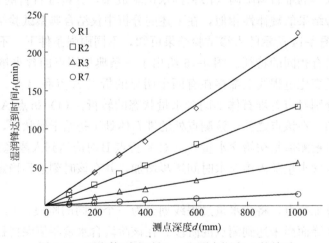

图 4-17 湿润锋到达时间 t_1 和测点深度 d 的关系

表 4-7 给出了各降雨入渗试验方案入渗锋运动的平均速度。由图 4-17 和表 4-7 可以发

现，随着降雨强度的增加，入渗湿润锋到达相同深度测点所需要的时间逐步减小，即湿润锋的移动速度逐步增大。图 4-18 为各试验方案湿润锋平均移动速度和降雨强度的关系，两者可采用如下的指数关系拟合：

$$V = V_0 R^n \tag{4-6}$$

式中，V 为湿润锋平均移动速度（mm/h）；R 为降雨强度（mm/h）；V_0 和 n 均为试验拟合常数，对于本试验，分别有 $V_0 = 26.94$ 和 $n = 0.83$。

降雨入渗试验入渗锋运动的平均速度　　　　表 4-7

试验编号	R1	R2	R3	R4	R5	R6	R7
雨强 R(mm/h)	15.1	32.3	95.7	104.8	146.3	341.4	405.2
入渗锋速度 V(mm/h)	272.2	459.1	1077.2	1214.6	1929.3	3278.7	4081.6

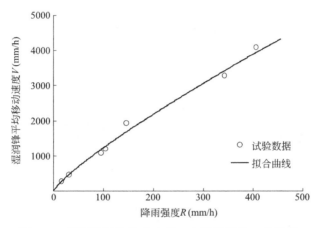

图 4-18　湿润锋平均移动速度 V 和降雨强度 R 的关系

实际上，试验常数 V_0 和 n 都对应一定的物理含义。参数 V_0 等于雨强 $R = 1\text{mm/h}$ 时入渗湿润锋的移动速度。参数 n 则反映了湿润锋移动速度 V 和降雨强度 R 之间的非线性关系。根据水量平衡关系，湿润锋移动速度实际上是由入渗水量（对应降雨强度 R）和堆石料孔隙充填水量（对应入渗稳定含水量 θ_{rs}）之间的平衡关系所决定的。当入渗水量（降雨强度 R）增大或稳定含水量 θ_{rs} 减小时，湿润锋移动速度会随之增加，反之会减小。由此可以推论，如果在各降雨强度情况下，稳定含水量 θ_{rs} 保持为常数，则湿润锋移动速度 V 和降雨强度 R 应成正比关系，即应有 $n = 1$。但是，由图 4-13 和图 4-14 所示的入渗试验结果可知，各试验的稳定含水量 θ_{rs} 随雨强 R 的增大而增大，因此此时应有 $n < 1$。

4.6.2　堆石体孔隙充水过程

在图 4-16 所示的测点含水量时间过程线中，折点 A 对应入渗湿润锋到达该测点的时刻；折点 B 对应达到入渗稳定含水量的时刻。因此，折点 A 和折点 B 之间的部分为堆石体含水量增高阶段。该阶段为降雨入渗锋面到达测点后的初期阶段。在该阶段，含水量测值 θ 随入渗过程持续增大，θ 值变化的过程反映了入渗水体逐步充填堆石体孔隙的过程。

以试验方案 R1 为例,图 4-19 给出了各测点孔隙相对充水度归一化曲线。可见,各测点的孔隙充水过程曲线呈现出十分相似的形状。为了方便比较,以各测点曲线的折点 A 为基准,分别截取 6 个测点相应的孔隙充水过程段,并将它们重叠画在一起,可得如图 4-20 和图 4-21 所示的测点孔隙充水过程对比。

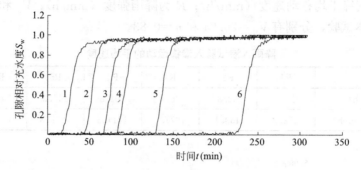

图 4-19 各测点孔隙相对充水度归一化曲线(试验方案 R1)

(图中 1~6 为测点号)

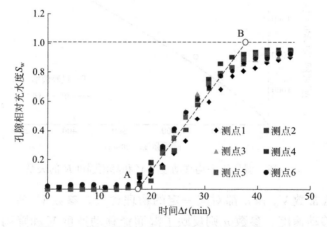

图 4-20 测点孔隙充水过程对比(试验方案 R1)

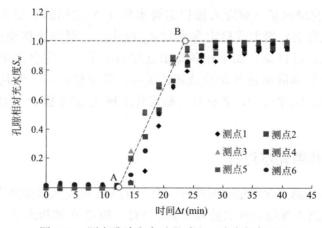

图 4-21 测点孔隙充水过程对比(试验方案 R2)

可见，尽管在堆石体试样中所处的位置不同，但对于相同的降雨强度，各测点却具有基本相同的孔隙充水过程。这个充水过程在开始为一线性过程，孔隙充水度随冲水时间基本呈直线增长。当充水度达到约 90% 后，充水过程逐渐放慢，呈近似对数函数增长，并可持续相对较长的一段时间。由于后段曲线的充水量仅约占总孔隙充水量的 10%，因此，整个充水过程可用图 4-19 和图 4-20 中的直线 AB 来近似。直线 AB 的斜率代表了充水过程的快慢，两个端点 AB 的时间差即为堆石体孔隙充水的时间。

图 4-22 给出了不同降雨强度情况下测点 3 和测点 5 的孔隙充水过程曲线。可见，对同样位置的测点，当模拟降雨强度较大时，充水曲线的斜率越陡，充水时间越短。

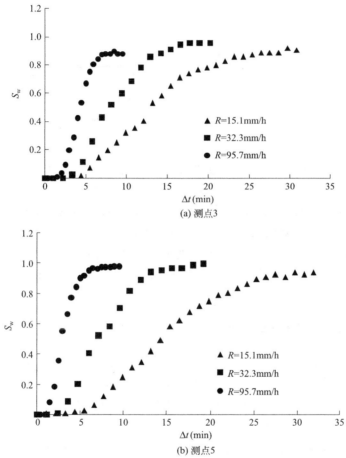

(a) 测点3

(b) 测点5

图 4-22　不同降雨强度下测点的充水过程曲线

表 4-8 给出了不同降雨强度条件下，孔隙充水过程所进行的时间。由表 4-8 和图 4-22 可以发现，随着降雨强度的增加，堆石体测点所需要的孔隙充水时间逐步减小。这种现象实际上同前述的湿润锋移动速度随降雨强度逐步增大的规律是一致的。湿润锋移动和孔隙充水是堆石体非饱和入渗过程中相关联的两个现象。

降雨入渗试验孔隙充水时间　　　　　　　　　　　　　　　　　　　　表 **4-8**

试验编号	R1	R2	R3	R4	R5	R6	R7
降雨强度 q（mm/h）	15.1	32.3	95.7	104.8	146.3	341.4	405.2
孔隙充水时间 Δt（min）	19.7	11.7	5.0	4.5	2.7	1.6	1.2

土石坝渗流和湿化变形特性及计算方法

图 4-23 给出了各试验方案孔隙充水时间和降雨强度的关系，两者可采用如下的负指数关系进行拟合：

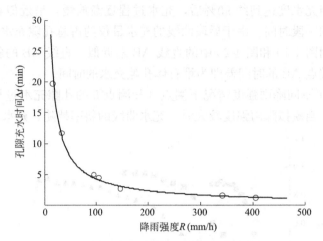

图 4-23　孔隙充水时间和降雨强度的关系

$$\Delta t = t_0 R^{-m} \tag{4-7}$$

式中，Δt 为孔隙充水时间（min）；R 为降雨强度（mm/h）；t_0 和 m 均为试验拟合常数，对于本试验，分别有 $t_0 = 214.23$ 和 $m = 0.84$。

总体看，作为一种典型大颗粒、大孔隙材料，堆石体具有透水能力强和持水能力差的特性，这也使得堆石体在降雨入渗过程中，其孔隙含水量可很快达到平衡的稳定状态，即孔隙充水时间相对较短。例如，对于本次所研究的堆石料，在降雨强度 $R = 15.1$ mm/h 时，孔隙充水时间约需 19.7min；而当降雨强度达到 $R = 95.7$ mm/h 时，孔隙充水时间仅需 5.0min。

4.6.3　堆石体入渗稳定含水量

图 4-16 所示的测点含水量时间过程线中，折点 B 对应堆石体达到入渗稳定含水量的时刻。在折点 B 之后，测点含水量过程曲线进入稳定阶段。在该阶段，堆石孔隙度充水过程已经基本完成，含水量测值又达到了稳定的状态，其值即为在相应入渗降雨强度条件下测点所能达到的稳定含水量 θ_{rs}。

表 4-9 给出了各降雨入渗试验的稳定含水量和饱和度。由于不同测点测值存在一定的波动性，所以表中各试验的 θ_{rs} 值取为 6 个测点的平均值。

表 4-9

降雨入渗试验的稳定含水量和饱和度

试验编号	R1	R2	R3	R4	R5	R6	R7	D1-D3
干密度 γ_d（g/cm³）	1.88	1.88	1.88	1.88	1.88	1.88	1.88	1.88
降雨强度 R（mm/h）	15.1	32.3	95.7	104.8	146.3	341.4	405.2	0.0
稳定含水量 θ_{rs} *（%）	7.35	8.08	9.52	9.80	10.55	11.89	12.61	3.54
稳定饱和度 *（%）	26.63	27.79	32.46	34.49	38.84	40.98	44.49	12.4

注 *：取试样达到稳定入渗状态后，6 个测点的平均值。

从各试验方案的结果可以发现，在所有的模拟降雨强度条件下，堆石体内各测点都远未达到堆石体的饱和状态（试样的饱和含水量 $\theta = 28.5\%$）。这说明对于如堆石料这样的大颗粒、大孔隙材料，由于具有很强的渗透性，所以其降雨入渗过程很难达到饱和状态，一般为非饱和的入渗过程。

图 4-24 给出了堆石料稳定含水量 θ_{rs} 和入渗降雨强度 R 的关系。可见，随模拟降雨强度的增加，堆石料的稳定含水量 θ_{rs} 逐步增大。堆石料稳定含水量 θ_{rs}（或稳定饱和度）其物理本质反映的是在达到稳定渗流状态之后，参加非饱和渗流的那部分孔隙的面积。当模拟降雨强度 R 较小时，入渗稳定含水量的数值相对较小，和其相对应的是堆石体内较小孔隙的填充，降雨强度-稳定含水量曲线增加较为缓慢。但当模拟降雨强度 R 较大时，稳定含水量相对较大，和其相对应的是堆石体内较大孔隙的填充。堆石体内的大孔隙具有很强的渗透性，所以此时随降雨强度的增加，降雨强度-稳定含水量曲线逐渐变陡。

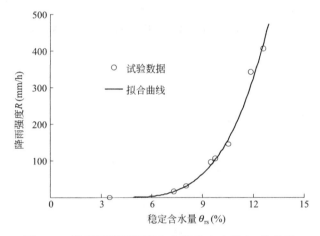

图 4-24　堆石料降雨强度 R 和稳定含水量 θ_{rs} 的关系

根据对试验结果的分析，发现 R 和 θ_{rs} 之间的关系可采用下述的指数函数进行拟合：

$$R = R_s \cdot \left(\frac{\theta_{rs} - \theta_{ds}}{\theta_s - \theta_{ds}} \right)^m \qquad (4-8)$$

式中，θ_s 为饱和含水量（%），这里其值为 28.5%；θ_{ds} 为 R 趋近于 0 时的入渗稳定含水量（%），对应堆石体的持水量，这里可取排水试验的稳定残余含水量，其值为 3.54%；R_s 为特征降雨强度（mm/h），物理含义是可使堆石体达到饱和状态的降雨强度，实际上就是堆石体的饱和渗透系数。根据糯扎渡工程资料，$R_s = 1.875 \times 10^3 \, \text{mm/h}$；$m$ 为拟合常数，所得拟合值为 3.75。

实际上，对于某个固定的 R，在堆石体试样内，开始会发生一个非饱和非稳定的入渗过程。入渗过程的主要表现形式为降雨入渗锋面的逐步下移。在入渗锋面到达的堆石体部位，入渗水体会逐步充填堆石体的孔隙，使其含水量逐步升高，同时会造成堆石体孔隙过水面积的加大，渗透系数随之逐步增大。因此，堆石体的非饱和渗透性 k 是其含水量的函数。

当堆石体的渗透性和降雨强度达到平衡状态时，堆石体的出渗流量等于入渗流量，此时，堆石体的含水量会达到稳定的状态，其值即为在相应入渗降雨强度条件下的稳定含水

量 θ_{rs}。由此可见，θ_{rs} 实质上所反映的就是和 R 相对适应的堆石体的透水能力，即当堆石体的含水量达到 θ_{rs} 时，其透水能力应正好和降雨强度 R 相平衡。因此，可以得出如下结论：降雨强度 R 值即是堆石体在含水量为 θ_{rs} 时的渗透系数 k。

根据上述讨论，式(4-8)实际上也是堆石体非饱和状态渗透系数的表达式。因此，可将其改写为：

$$k = k_s \cdot (S_e)^m \tag{4-9}$$

$$S_e = \frac{\theta - \theta_{ds}}{\theta_s - \theta_{ds}} \tag{4-10}$$

式中，k_s 为堆石料饱和渗透系数（mm/h），根据糯扎渡工程资料，取为 1.875×10^3 mm/h；θ 为堆石料含水量（%）；θ_s 为堆石体饱和含水量（%）；θ_{ds} 为排水稳定含水量（%），也称残余含水量，取 D1、D2 和 D3 试验的平均值为 3.54%；S_e 为有效饱和度（%）；m 为经验常数，拟合值为 3.75。

图 4-25 给出了堆石料渗透系数和有效饱和度关系的试验结果和拟合情况。

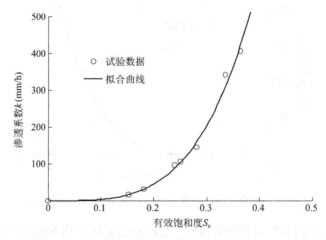

图 4-25　堆石料渗透系数和有效饱和度的关系

4.7　堆石体持水特性分析

图 4-26 给出了堆石料典型排水试验的结果（试验方案 D1）。可以看出，堆石体试样内的水分是从试样的顶部依次向下逐步排出的。各测点排水过程曲线的形状十分相似。

图 4-27 给出了典型测点的排水过程曲线（试验方案 D1，测点 6）。可以看出，在测点的体积含水量变化曲线上，也存在两个明显的折点 A 和 B。两个折点将脱水过程划分为三个阶段：

（1）饱和状态阶段，对应图 4-27 中 A 点之前。在开始排水过程之后，堆石体试样内的水分是从试样的顶部依次向下逐步排出的，因此对堆石体内的某一点，依据其所在的位置的高低，会在一定的时段内仍保持初始的饱和状态。在该时段内，该处孔隙中的入流量和出流量相等。

（2）快速脱水阶段，对应图 4-27 中 A 点和 B 点之间。A 点是测点处孔隙发生排水过

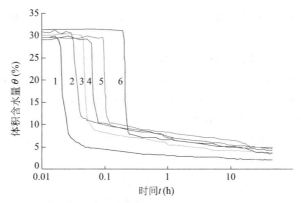

图 4-26　堆石料典型排水试验结果（试验方案 D1）

（图中 1～6 为测点号）

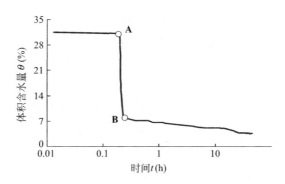

图 4-27　典型测点的排水过程（试验方案 D1，测点 6）

程的真正开始。堆石体在 A 点时仍处于饱和状态，此时在其大孔隙系统中仍充满了不受基质吸力影响的自由水。这些自由水在渗透性非常强的大孔隙系统中的排水过程是十分迅速的，在测点的排水过程曲线上表现为测点含水量的迅速跌落（图 4-27 中的 AB）。因此，快速脱水阶段实质对应的是堆石体大孔隙中自由水的脱水过程。

（3）缓慢脱水阶段，对应图 4-27 中 B 点之后。当大孔隙中的自由水排出之后，堆石体内剩余的水分主要为填充在小孔隙中的水分。由试验结果可见，B 点之后小孔隙中的排水量 $\Delta\theta$ 仅约占 2%～3%。填充在堆石体小孔隙中的水分除受到重力的作用之外，还受到一定的基质吸力的作用，其排出的过程是一个相对缓慢的过程。因此，缓慢脱水阶段实质对应的是堆石体小孔隙中毛细水的脱水过程。

对实际的降雨入渗问题，堆石体在雨水入渗过程中很难达到饱和状态。因此，在降雨结束之后发生的排水过程通常是由非饱和状态开始的，这时的排水过程主要表现为第 3 阶段，即缓慢脱水阶段。图 4-15(c) 所示的脱水试验 D3 即是该种情况。

堆石体缓慢脱水阶段的脱水过程在半对数图上呈现很好的直线关系。这种规律是和堆石体小孔隙系统中孔隙尺寸的分布特点密切相关的。这也表明，从绝对的脱水量来看，小孔隙系统的脱水也主要发生在初期阶段。从图 4-15 所示的试验结果可知，试验主要的脱水过程发生在最初的 10h 之内，之后堆石体含水量的变化幅值很小，从工程应用的角度不再具有意义。因此，定义对应排水 10h 后堆石体的含水量为排水稳定含水量，记为 θ_{ds}。

堆石体的排水稳定含水量具有明确的物理意义：排水稳定含水量在数值上等于堆石料的持水量，即堆石料抵抗重力作用可以吸持的含水量，排水稳定含水量 θ_{ds} 也可称作排水残余含水量，反映了堆石体孔隙系统在重力所用下的持水能力。

排水稳定含水量 θ_{ds} 和前述的入渗稳定含水量 θ_{rs} 两者既有区别，在物理含义上又有一定的相关性。入渗稳定含水量 θ_{rs} 的值取决于降雨强度，且总应有 $\theta_{rs} > \theta_{ds}$；在物理含义上，排水稳定含水量 θ_{ds} 是当降雨强度 R 趋近于 0 时的入渗稳定含水量 θ_{rs}。

堆石体的排水稳定含水量 θ_{ds} 是堆石体降雨入渗计算中的重要参量。在发生降雨时，在堆石体内部首先会发生非饱和入渗的过程。入渗过程中堆石体内部的含水量分布取决于湿润峰入渗速度以及和降雨强度 R 相适应的入渗稳定含水量 θ_{rs}。当降雨停止后，渗入堆石体的水体在重力作用下会继续发生一个排水扩散过程。参与排水扩散过程的总水量即是堆石体内超过排水稳定含水量 θ_{ds} 的那部分水体。在排水过程结束后，受降雨影响区域堆石体的含水量应等于排水稳定含水量 θ_{ds}。因此，可以根据降雨入渗总量和堆石体排水稳定含水量 θ_{ds} 直接估算受降雨影响的堆石体区域的大小。

表 4-10 给出了不同试验测得的排水稳定含水量。由于不同测点测值存在一定的波动性，所以表中各试验的 θ_{ds} 值取为 6 个测点的平均值。由试验结果可见，对具有相同制样密度的试验 D1、D2 和 D3 所得到的排水稳定含水量 θ_{ds} 的值基本相同，其平均值为 $\theta_{ds}=3.54\%$。由于试验 D4 的制样密度较高，所以其排水稳定含水量 θ_{ds} 也相对较大。

排水试验的排水稳定含水量　　　　　　　　　　表 4-10

试验方案	D1	D2	D3	D4
$\theta_{ds}(\%)$	3.88	3.35	3.39	5.38

4.8　堆石体降雨入渗过程的典型阶段和状态

对实际的降雨入渗问题，在降雨的发生时段，堆石体表面为入流边界，雨水会持续不断地渗入堆石体内部，在堆石体内形成非饱和入渗的过程。入渗过程的主要物理表现为湿润峰的逐步下移。当降雨停止后，堆石体表面的入渗过程停止，但堆石体内部渗流的过程不会马上停止，会继续进行一个时段的调整过程，直至达到水分平衡的状态。

为了研究堆石体降雨入渗的全过程，进行了降雨入渗和排水组合试验，即入渗试验 R3 和排水试验 D3。在这组组合试验中，首先在模拟降雨强度的条件下进行降雨入渗试验，待达到稳定渗流状态后，停止降雨进行排水试验，一直等到再次达到稳定状态为止。

图 4-28 给出了这组组合试验的各测点含水量的变化过程曲线。图 4-29 以测点 2 为例给出了其整个含水量变化过程曲线及主要的特征。可以看出，堆石体内测点的含水量变化过程曲线存在 5 个特征点并将测点含水量变化过程曲线划分为 6 个典型阶段。

（1）A 点代表入渗湿润峰到达的时刻，也是测点开始孔隙充水的时间。A 点之前表示入渗湿润锋尚未到达该测点，过程曲线处于初始干燥阶段，测点的含水量为试样的初始含水量 θ_0。

（2）B 点代表测点达到入渗稳定含水量的时刻，也是测点结束孔隙充水的时刻。在 AB 之间，测点含水量逐步增高，并在 B 点达到其入渗稳定含水量 θ_{rs}。

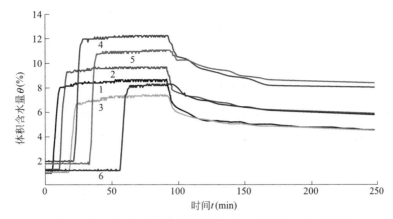

图 4-28　降雨入渗和排水组合试验测点含水量过程曲线（试验方案 R3＋D3）
（图中 1～6 为测点号）

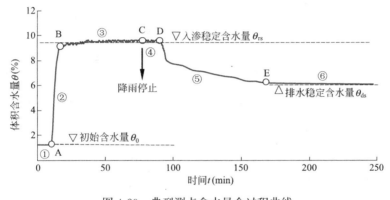

图 4-29　典型测点含水量全过程曲线

（3）C 点代表降雨停止的时刻，即试样排水过程的开始时刻。过程线在 BC 之间表示测点孔隙水的平衡输运过程，即在该阶段孔隙的入流水量等于出流水量，测点含水量继续保持为入渗稳定含水量 θ_{rs}。

（4）D 点代表测点开始发生孔隙排水的时刻。尽管整体试样在 C 点已经开始了排水过程，但试样内部的排水过程却是自上而下逐步开始的。测点在 CD 之间仍处于孔隙水的平衡输运阶段，此时孔隙水的入流量来自上部孔隙的排水。

（5）E 点代表测点结束孔隙排水的时间。在 DE 之间，测点含水量逐步减小，并在 E 点达到其排水稳定含水量 θ_{ds}，之后基本保持不变。

图 4-30 和图 4-31 分别给出了典型入渗试验 R2 和排水试验 D2 不同时刻堆石体试样内含水量的分布。其中，图 4-30 反映的是堆石料试样在降雨入渗过程中自上而下的入渗过程；图 4-31 反映的是堆石料试样在排水试验过程中自上而下的排水过程。

图 4-32（a）和图 4-32（b）分别概化了堆石体试样在降雨入渗和排水过程中断面上含水量变化和分布的特点。可见在降雨入渗和随后的排水过程中，堆石料试样共可出现如下五个区域：

（1）干燥区①。含水量为初始含水量 θ_0，雨水湿润锋尚未到达的区域，该区域堆石料的含水量为原始的风干状态。

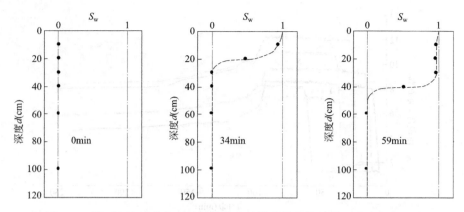

图 4-30　降雨入渗试验典型时刻的含水量分布及变化过程（试验方案 R2）

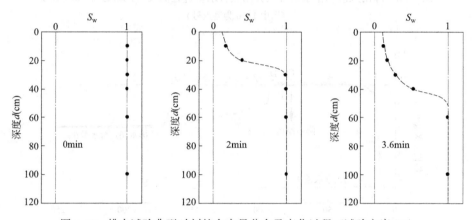

图 4-31　排水试验典型时刻的含水量分布及变化过程（试验方案 D2）

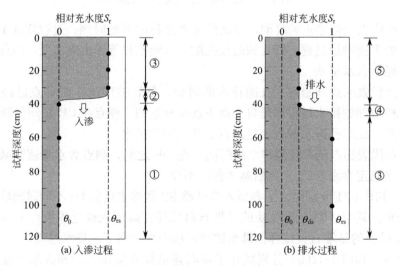

图 4-32　理想化的试样含水量分区

（2）入渗湿润锋区②。含水量随着降雨的持续不断增加，$\theta_0 < \theta_t < \theta_{rs}$，该区域为非稳定渗流状态。对于本试验所用的堆石料试样，②区域高度不大，表明水分填充堆石体孔隙的速度较快。

（3）入渗稳定渗流区③。含水量等于入渗稳定含水量 θ_{rs}。该区的含水量在恒定降雨强度下，随降雨的持续进行，含水量不再发生变化。即该区域的渗流达到稳定状态，雨水的入渗速度与渗出速度相等。

（4）排水锋面区④。含水量随着排水过程不断减少，$\theta_{ds} < \theta_{t} < \theta_{rs}$，该区域的渗流状态为非稳定渗流状态。对于本试验所用的堆石料试样，④区域高度不大，表明堆石体孔隙的排水速度也较快。

（5）残余含水量区⑤。含水量等于排水稳定含水量 θ_{ds}。该区的含水量与降雨强度及历时等条件无关，主要取决于堆石体的孔隙特性。

实际上，作为一种典型的大颗粒、大孔隙材料，堆石体上述的降雨入渗和排水特性是由其所具有的孔隙系统的特点决定的。堆石料的孔隙系统可以划分为小孔隙和大孔隙两套系统（图 4-33）。

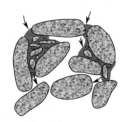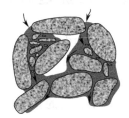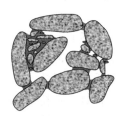

(a) 初始干燥状态　　　(b) 小孔隙吸附阶段　　　(c) 大孔隙渗流阶段　　　(d) 残余含水状态

图 4-33　堆石体的孔隙系统和入渗含水状态

（1）小孔隙系统主要由颗粒接触部位的边角孔隙、细颗粒集中区的细小孔隙以及堆石颗粒表面的裂隙等构成。小孔隙系统由于孔隙尺寸较小，因此具有相对较高的基质吸力。这部分孔隙系统与砂土或者粉土等小颗粒材料的孔隙系统相似，基质吸力在其非饱和渗流过程中会发生较大的作用。堆石体的持水能力主要取决于其小孔隙系统。

（2）大孔隙系统主要包括颗粒间的大孔隙等。由于大孔隙系统的孔隙尺寸较大，基质吸力较低甚至可以忽略不计，因此其透水性很强但持水能力较差。堆石体的渗透性（输水能力）主要取决于其大孔隙系统。

上述两套具有不同功能的大、小孔隙系统相互作用的结果，形成了堆石体降雨入渗和排水特性的不同特点。图 4-33 给出了降雨条件下堆石体非饱和入渗过程孔隙持水和流动的几个典型状态及和堆石体大、小孔隙系统的关系。

（1）初始干燥状态，是处于初始状态的堆石料。

（2）小孔隙吸附阶段，湿润锋到达之后，水分先被小孔隙吸附直至达到堆石料的持水量前，风干状态的堆石料孔隙内没有宏观上的渗流发生。

（3）大孔隙渗流阶段，堆石料内入渗的水量超过持水量后，水分开始在大孔隙系统中流动，随着含水量的增加，参加渗流的孔隙面积增大，渗透系数是含水量的函数。当入渗水量和堆石料的渗透系数达到平衡状态时，即堆石料的渗透系数与降雨强度相等时，堆石料内渗流达到稳定渗流状态。

（4）大孔隙排水阶段，降雨停止后，超过堆石料持水量的孔隙水体在重力作用下逐渐渗出。由于小孔隙系统具有一定的基质吸力，因此堆石体排出的水体主要来自在其大孔隙系统中储存的自由水。

（5）残余含水状态，当含水量和堆石体的持水能力相等时，排水过程停止，堆石体进入残余含水状态。这部分残余水体均储存在堆石体的小孔隙系统之中。这时水的重力和小孔隙的吸力处于平衡状态。如果不考虑水蒸气的运动，这部分残余水体可在堆石体中长期存在。

根据上述分析可知，作为一种典型的大颗粒材料，"大孔隙输水，小孔隙持水"是堆石料降雨条件下非饱和渗流过程的主要特征。对于前者，由于堆石体的大孔隙系统具有较大的尺寸，因此其透水能力很强，且其渗透性是含水量的函数。对于后者，其持水能力可通过排水残余含水量 θ_{ds} 来表述。

4.9 堆石体非饱和渗流过程数值模拟

在本书第 3 章，采用 Richards 方程、范-格努赫滕模型和阿利姆积分模型，推导并建立了模拟非饱和渗流的有限元方法。有关土体基质吸力的研究工作目前多集中于针对细颗粒土或砂土展开。在土石坝尤其是堆石坝工程中，降雨入渗问题的主要介质之一是堆石料。相对细颗粒土或砂土，堆石料的颗粒较大，具有一个大尺度的孔隙系统，基质吸力相对较小。与高堆石坝中堆石料所承受的应力水平相比，基质吸力的作用微乎其微。因而，对于堆石料，当前建立在基质吸力基础上的经典非饱和渗流理论是否适用是一个需要进行论证的问题。

本节根据所进行的堆石料大型降雨入渗试验结果，讨论堆石料非饱和渗流的规律，以及经典土水特征曲线与渗流模型对堆石料非饱和渗流的适用性。

4.9.1 堆石料非饱和渗透系数

本章进行了 7 组不同降雨强度的降雨入渗试验。试验过程中量测了试样中不同深度测点的含水量变化规律。图 4-32(a) 概化了堆石料试样在降雨入渗过程中断面上含水量变化和分布的特点，可见堆石料试样自下而上存在如下的 3 个区域：（1）含水量为制样含水量 θ_0 的干燥区①；（2）含水量 $\theta_0 < \theta_t < \theta_{rs}$ 的入渗湿润锋区②；（3）含水量等于入渗稳定含水量 θ_{rs} 的入渗稳定渗流区③。当入渗过程达到稳定状态时，整个堆石料试样中的体积含水量也会达到稳定含水量 θ_{rs}。稳定含水量 θ_{rs} 值与试验采用的降雨强度 R 有关。表 4-11 给出了根据试验量测得的各降雨强度 R 下的稳定含水量 θ_{rs}。

通过试验发现，堆石料透水能力很强，在试验所进行的各种降雨强度条件下，试样表面均未出现积水的现象。因此，对于每个降雨强度，当入渗过程达到稳定状态时，雨水在堆石料中的渗流速度 v 等于降雨强度 R。此外，当试样达到稳定状态时，试样中各点的吸力相同，水力坡降 $i=1$。在稳定状态下，满足：降雨强度 $R=$ 渗流速度 $v=$ 渗透系数 k。另外，对于本试验用堆石料，饱和体积含水量 $\theta_s=28.5\%$。本节研究堆石料由干变湿的入渗过程，θ_r 取一个小值 0.8%。根据式(3-26)计算了稳定渗流状态的有效饱和度 S_e。据此，可得到各降雨强度 R 情况下，达到稳定入渗状态时的渗透系数 k 以及有效饱和度

S_e，具体见表 4-11。

降雨入渗试验降雨强度与稳定含水量   表 4-11

试验编号	R1	R2	R3	R4	R5	R6	R7
降雨强度 R（mm/h）	15.1	32.3	95.7	104.8	146.3	341.4	405.2
稳定含水量 θ_{rs}（%）	7.35	8.08	9.52	9.80	10.55	11.89	12.61
渗透系数 k（$\times 10^{-2}$ cm/s）	0.042	0.090	0.266	0.291	0.406	0.948	1.126
有效饱和度 S_e（%）	23.6	26.3	31.5	32.5	35.2	40.0	42.6

应用范-格努赫滕模型和阿利姆积分模型，由式（3-10）和式（3-22）可得：

$$k = S_e^{\frac{1}{2}} \cdot [1-(1-S_e^{\frac{1}{m}})^m]^2 k_0 \tag{4-11}$$

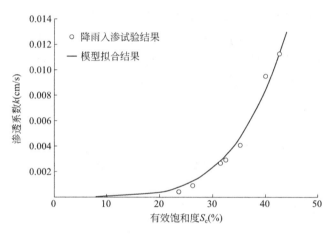

图 4-34 堆石料降雨入渗试验结果的拟合

采用式（4-11）对表 4-11 中的试验结果进行了拟合，得到拟合参数为：$m=0.52$，饱和渗透系数 $k_0=1.53$ cm/s。拟合效果见图 4-34。可见，拟合效果良好，表明用范-格努赫滕模型和阿利姆积分模型很好地反映了堆石料非饱和渗透系数 k 随有效饱和度 S_e 的变化规律。此外，拟合所得该糯扎渡弱风化花岗岩堆石料的饱和渗透系数 $k_0=1.53$cm/s，与文献［30］中对该堆石料实际渗透系数量级的描述相符（不小于 $i \times 10^0$ cm/s）。

4.9.2 堆石料一维入渗过程的模拟计算

在上小节，根据由降雨入渗试验测得的稳定渗流状态下降雨强度 R 和稳定含水量 θ_{rs} 的关系，拟合得到了该堆石料的范-格努赫滕模型和阿利姆积分模型参数（$m=0.52$，饱和渗透系数 $k_0=1.53$cm/s）。但在土水特征曲线范-格努赫滕模型的计算式（3-25）中，另一个参数 u_0 尚没有确定。实际上，参数 u_0 并不能根据降雨入渗试验稳定状态的试验结果直接确定。因此，本节对降雨入渗试验建立了一维有限元计算模型，利用所发展的非饱和降雨入渗计算程序对降雨入渗的过程进行了模拟计算，通过敏感性分析反算得到了参数 u_0，并验证了范-格努赫滕模型对堆石料非饱和渗流的适用性。

图 4-35 给出了降雨入渗的计算模型。试验中堆石料试样的高度为 1.2m。在试样模型

顶面设置降雨可变边界条件。由于试验用堆石料强透水，不会产生积水，因此积水深度设为0。在计算模型的下端设置压力水头为0的定水头边界条件。为了排除下端边界条件对降雨入渗过程的影响，取计算模型的高度大于实际试验中堆石料试样的高度。在试验中，分别在距表面10cm、20cm、30cm、40cm、60cm和100cm处设置了6个测点，图4-35中给出了这些测点的位置。计算初始条件的取法为，假设堆石料初始处于风干状态，体积含水量 $\theta_0 = 1.5\%$，再由范-格努赫滕模型反算得到节点的压力水头值。

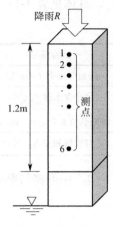

图 4-35 降雨入渗计算模型

计算采用范-格努赫滕模型和阿利姆积分模型。模型参数取 $m = 0.52$，饱和渗透系数 $k_0 = 1.53\text{cm/s}$，$n = 1/(1-m) = 2.08$。对参数 u_0 进行敏感性分析。

图4-36给出了试验R2测点2的体积含水量 θ 时间过程曲线试验与计算结果的对比。可以看出，约20min后降雨入渗的湿润锋到达该测点，测点体积含水量显著增加，逐渐变为稳定体积含水量。测点含水量变化可分为三个阶段：初始干燥阶段、含水量增高阶段以及含水量稳定阶段。

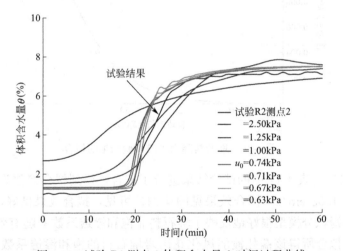

图 4-36 试验 R2 测点 2 体积含水量 θ 时间过程曲线

范-格努赫滕模型参数 u_0 是决定土体基质吸力大小的参数。根据图中的计算结果，u_0 决定了入渗锋平缓的程度。当 u_0 较大时，土体的基质吸力较大，降雨的入渗锋较为平缓；反之，当 u_0 较小时，土体的基质吸力较小，降雨的入渗锋则较陡。由图中可见，当 $u_0 = 0.71\text{kPa}$ 时，计算结果和试验结果符合较好。因此，下面均取该值进行计算分析。

图4-37给出了有限元计算所得试验R2的降雨入渗过程。堆石料试样初始状态处于天然风干状态，体积含水量 $\theta_0 = 1.5\%$。R2试验的降雨强度 $R = 32.3\text{mm/h}$，随着降雨开始，试样自上而下逐渐发生湿化。在达到稳定渗流前的某一时刻，试样顶部含水量最大，下部湿润锋未到达区域仍保持初始的风干状态的含水量。当湿润锋到达试样底部后，试样中形成稳定的非饱和渗流状态，体积含水量为该降雨强度对应下的稳定体积含水量。

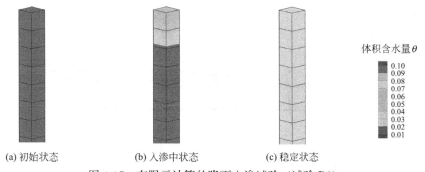

(a) 初始状态　　　　　(b) 入渗中状态　　　　　(c) 稳定状态

图 4-37　有限元计算的降雨入渗试验（试验 R2）

图 4-38 和图 4-39 分别给出了试验 R2 与试验 R5 的 6 个测点含水量随时间变化过程计算与试验结果的对比情况。可见，降雨在堆石料试样中的入渗过程总体可分为初始干燥阶段、含水量增加阶段和稳定渗流 3 个阶段。随降雨强度 R 的增加，入渗湿润锋到达某个测点越快，且入渗稳定状态的体积含水量越高。试验中 6 个测点埋深分别为距表面 10cm、20cm、30cm、40cm、60cm、100cm，入渗湿润锋到达测点的时间基本与测点埋深成正比关系。这说明在一定降雨强度下，入渗湿润锋在堆石料试样中的入渗速度基本为常数。总体看，有限元模型计算结果与试验测定结果符合较好，证明范-格努赫滕模型和阿利姆模型也适用于堆石料，可用来描述堆石料的非饱和渗流过程。

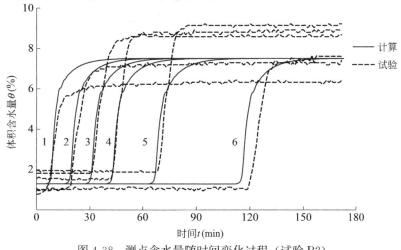

图 4-38　测点含水量随时间变化过程（试验 R2）

(图中 1~6 为测点号)

此外，从图 4-39 中可以看到，在入渗湿润锋的前端，发生了小幅的数值振荡现象。试验 R5 的降雨强度较大，入渗湿润锋很陡，前后数值变化剧烈。在有限元计算中时常会发生数值波动震荡的情况。针对非饱和渗流 Richards 方程数值求解的稳定性问题，陈曦等提出了一种新的短项混合欠松弛法。

表 4-12 给出了根据堆石料试验结果反算得到的范-格努赫滕模型参数。表中也列出了常见土类的范-格努赫滕模型参数的典型值。图 4-40 为这几类土料的土水特征曲线的对比。由于堆石料的基质吸力较黏土有数量级的差异，因而纵坐标采用对数刻度。可见，随饱和度减小，土料的基质吸力增加。但与黏土相比，堆石料在小饱和度时的基质吸力仍然

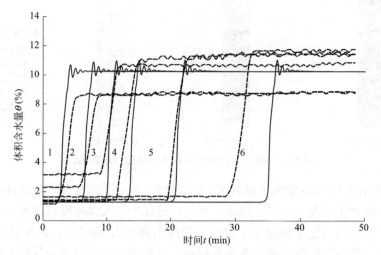

图 4-39　测点含水量随时间变化过程（试验 R5）

（图中 1~6 为测点号）

小很多。

典型土类的范-格努赫滕模型参数　　　　　　　　表 4-12

种类	堆石料	砂土	壤土	黏土
u_0(kPa)	0.71	2.30	35	100
n	2.08	2.86	1.56	1.20

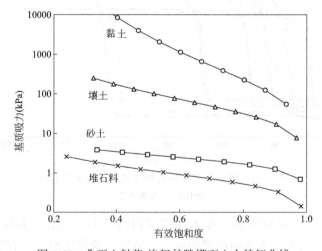

图 4-40　典型土料范-格努赫滕模型土水特征曲线

参考文献

[1]　李广信. 高等土力学 [M]. 2 版. 北京：清华大学出版社，2016.

[2]　黄文熙. 土的工程性质 [M]. 北京：水利电力出版社，1983.

[3]　雷志栋. 土壤水动力学 [M]. 北京：清华大学出版社，1988.

[4] 任树梅，刘洪禄，顾涛. 人工模拟降雨技术研究综述 [J]. 中国农村水利水电，2003，3：73-75.

[5] 孙振. 基于 PCC 的人工模拟降雨系统设计与实现 [D]. 西安：西安理工大学，2006.

[6] 黄毅，曹忠杰. 单喷头变雨强模拟侵蚀降雨装置研究初报 [J]. 水土保持研究，1997，4（4）：105-110.

[7] 刘素媛，韩奇志，聂振刚. SB-YZCP 人工降雨模拟装置特性及应用研究 [J]. 土壤侵蚀与水土保持学报，1998，4（2）：47-53.

[8] 冯绍元，丁跃元，姚彬. 用人工降雨和数值模拟方法研究降雨入渗规律 [J]. 水利学报，1998（1）：17-20.

[9] 陈文亮，唐克丽. SR 型野外人工模拟降雨装置 [J]. 水土保持研究，2000，7（4）：106-110.

[10] 高小梅，李兆麟，贾雪，等. 人工模拟降雨装置的研制与应用 [J]. 辐射防护，2000，20（1-2）：86-90.

[11] 朱伟，陈学东，钟小春. 降雨入渗规律的实测与分析 [J]. 岩土力学，2006，27（11）：1873-1879.

[12] 陈文亮，王占礼. 国内外人工模拟降雨装置综述 [J]. 水土保持学报，1990，4（1）：61-65.

[13] 丁健. 人工模拟降雨装置的试验测试与特性研究 [D]. 北京：北京交通大学，2007.

[14] Ram Gupta，Ramesh Rudra，Trevor Dickinson. Modeling infiltration with varying hydraulic conductivity under simulated rainfall conditions [J]. Journal of the American water resources association. 1998. 34（2）：279-287.

[15] 朱元骏，邵明安. 含砾石土壤降雨入渗过程模拟 [J]. 水科学进展，2010，21（6）：779-787.

[16] 蒋志云，彭红涛，方唐福，等. 砾石覆盖层截留降雨的模拟降雨实验研究 [J]. 中国农学通报，2010，26（18）：410-414.

[17] 古博轩，梁鹏锋，彭红涛，等. 砂田降雨入渗过程的模拟实验研究. 中国农学通报，2011，27（32）：281-286.

[18] 周佩华，王占礼. 黄土高原土壤侵蚀暴雨标准 [J]. 水土保持通报，1987，7（1）：38-44.

[19] M K Magunda，W E Larson，D R Linden，etal. Changes in microrelief and their effects on infiltration and erosion during simulated rainfall. Soil Technology，1997，10：57-67.

[20] 石辉，田均良，刘普灵，等. 小流域侵蚀产沙空间分布的模拟试验研究 [J]. 水土保持研究，1997，4（2）：75-84.

[21] Lorenzo Borselli，Dino Torri，Jean Poesen. Effects of water quality on infiltration，runoff and interrill erosion processes during simulated rainfall [J]. Earth Surf. Process. Landforms，2001，26：329-342.

[22] 徐永年. 土质条件对坡体崩塌的影响 [J]. 中国地质灾害与防治学报，1999，10（4）：7-14.

[23] Okura Y，Kitahara H，Ochiai H，et al. Landslide fluidization process by flume experiments [J]. Engineering Geology，2002，66（1）：65-78.

[24] Ochiai H，Okada Y，Furuya G，et al. A fluidized Landslide on a natural slope by artificial rainfall [J]. Landslides，2004，1（3）：211-219.

[25] Moriwaki H，Inokuchi T，Hattanji T，et al. Failure processes in a full-scale landslide experiment using a rainfall simulator [J]. Landslides，2004，1（4）：277-288.

[26] 林鸿洲. 降雨诱发土质边坡失稳的试验与数值分析研究 [D]. 北京：清华大学，2007.

[27] Take W A，Bolton M D. Tensiometer saturation and reliable measurement of soil suction [J]. Geotechnique，2003，53：159-172.

[28] White D J，Take W A，Bolton M D. Soil deformation measurement using particle image velocimetry（PIV）and photogrammetry [J]. Geotechnique，2003，53：619-631.

［29］ 钱纪芸，张嘎，张建民. 离心场中边坡降雨模拟系统的研制与应用［J］. 岩土工程学报，2010，32（6）：838-842.

［30］ 张宗亮. 200m级以上高心墙堆石坝关键技术研究及工程应用［M］. 北京：中国水利水电出版社，2011.

［31］ 陈曦，于玉贞，程勇刚. 非饱和渗流 Richards 方程数值求解的欠松弛方法［J］. 岩土力学，2012（S1）：7.

第5章
堆石料饱和湿化变形特性及本构模型研究

在水库蓄水过程中，尽管水对心墙坝上游坝壳堆石料有浮力作用，但大坝变形观测资料表明，在蓄水过程中上游坝壳在浮力的作用下一般不发生上抬的现象，而是出现下沉。经过分析，研究人员认识到，堆石料也会发生类似于湿陷性黄土的湿化变形。湿化变形的存在，不仅抵消了浮力作用产生的上抬变形，而且会使上游坝体出现不同程度的下沉。

一般认为，堆石体湿化变形的机理是：堆石体在一定应力状态下浸水，其颗粒之间被水润滑，颗粒矿物发生浸水软化，使颗粒发生相互滑移、破碎和重新排列，从而导致体积缩小的现象。多年来，尽管学者对堆石料的湿化变形特性进行了众多的研究，但当前对堆石料湿化变形规律的认识并不统一，所提出的众多湿化模型也形式各异。

本章采用糯扎渡弱风化花岗岩堆石料，通过不同围压和应力水平条件下的饱和湿化变形三轴试验，探讨了堆石体的湿化变形特性和发生机理，提出了堆石料湿化变形的广义荷载作用模型，并建议了一种两阶段堆石料湿化变形本构模型。

5.1 研究成果综述

5.1.1 堆石料饱和湿化试验研究

堆石料湿化变形指其由干态遇水变成湿态时所发生的变形。水库蓄水、库水位变化、下游尾水位变化以及降雨等均会引起堆石坝湿化变形。

国内外学者围绕堆石料湿化变形性质开展了系列的试验研究工作，取得了丰硕的研究成果。湿化试验使用的试验仪器从最初的单向压缩仪，逐渐发展为大中型三轴试验仪。湿化试验也从单向压缩试验，发展为各向等压下的湿化试验、常规三轴应力条件下的湿化试验等。试验手段的先进性、试验仪器控制的精确性、试验应力状态的复杂性以及试验成果的代表性等均较 20 世纪有了显著的提高。

湿化试验方法有双线法（Nobari 和 Duncan，1972）与单线法（刘祖德，1983）。双线法分别制备饱和试样以及具有一定含水量的试样或干态试样，分别进行常规三轴剪切试验，将两种试样的试验结果之差作为含水量不同造成的性质差别。单线法则使用干态试样进行试验，当试样被加载到一定的应力状态后，再进行堆石料试样的饱和湿化，量测湿化过程中的变形值。由此可见，双线法试验操作简单，但是忽略了应力水平对湿化变形的影响。单线法的试验过程更贴近实际工程中的湿化过程。左元明和沈珠江（1989）、殷宗泽等（1993）、魏松等（2007）和程展林等（2010）学者依据试验成果比较了这两种方法之间的差异，发现双线法与单线法试验所得到的湿化变形量差别较大，单线法的试验结果更为合理，因此目前学者多采用单线法研究堆石料的湿化变形特性。

近年来，随着试验技术不断进步，CT和数值试验技术等也被应用于堆石料湿化变形特性的研究。例如，姜景山和程展林等（2014）利用研发的粗粒土CT三轴仪对双江口变质堆石料进行了CT三轴湿化试验，从细观角度研究了湿化过程中颗粒的变化与运动的规律。Zhao等（2015）利用离散元方法对堆石料干湿变化过程中的变形特性开展了模拟计算研究，并讨论了湿化路径、颗粒形状和材料性质等对湿化变形的影响。

5.1.2　堆石料湿化变形的影响因素

堆石料湿化变形的影响因素众多，与堆石料的颗粒成分、颗粒级配、密实度和含水量等自身性质有关，同时也取决于堆石料的应力状态、应力路径和试验方法等外在条件。堆石料的湿化过程伴随着颗粒软化与破碎。魏松等（2006）通过系列三轴湿化试验，发现湿化会引起粗粒料颗粒级配曲线的显著变化，湿化变形与湿化颗粒破碎近似呈线性关系，颗粒破碎是影响湿化变形最内在的因素之一。

研究表明，堆石料浸水湿化可导致颗粒软化与棱角破碎，叠加水的润滑作用，可使颗粒之间发生滑移与填充等，从而产生相对变形。学者们普遍认为，母岩性质越坚硬、浑圆度越好的堆石料，越不易破碎，湿化变形量越小。当前，堆石料湿化变形与围压和应力水平有关已是共识，许多学者的工作支撑了这一点。但是，这种关系的规律性尚并不清晰。

一般认为，堆石料的湿化轴向应变随湿化应力水平的增加而增大。李广信（1990）和张少宏等（2005）发现，湿化轴向应变与湿化偏差应力关系满足双曲线。赵振梁等（2018）的粗粒料饱和湿化试验结果也存在湿化轴向应变与湿化应力水平的双曲线关系。彭凯等（2010）和赵振梁等（2018）的饱和湿化试验结果均显示，湿化轴向应变与围压呈线性关系。李鹏（2004）和魏松（2006）等学者观察到，当应力水平较高时，湿化轴向应变随着围压增大而减小。程展林（2010）等发现，湿化轴向应变主要与应力水平有关，与围压关系不大。朱红亮等（2018）发现绢云母片岩粗粒料的湿化偏应力-轴向应变曲线存在明显转折点，转折点湿化应变发展较快，转折点后湿化应变趋于平稳，转折点湿化应变随围压增大而减小。

堆石料具有剪胀特性。在堆石料的湿化变形试验中，试样体积变形的量测较为困难，堆石料湿化体应变的规律性也更不明显。部分学者的试验观察到，湿化体应变随围压的增大而增大（程展林等，2010；彭凯等，2010；赵振梁等，2018；李广信，1990；李全明等，2005；张延亿，2018；魏松，2006；朱俊高，2013），随应力水平的增大也增大（程展林等，2010；彭凯等，2010；赵振梁等，2018；张延亿，2018；朱俊高，2013）。左元明等（1989）和沈珠江等（1988）认为，堆石料的湿化体应变近似为常数。张智等（1990）在 p 为常数的三轴湿化试验中发现，随应力水平增高，围压减小，剪胀势增加，湿化体应变减小。王辉（1992）在小浪底堆石料的湿化试验中发现，湿化体变随围压的升高而增加，但在一定程度后，湿化体应变随围压升高而减小。在低围压高应力水平的强剪胀状态下浸水湿化，湿化体应变增大。李鹏等（2004）通过粗粒料试验发现湿化体应变随应力水平的增大而减小。

魏松（2006）的试验结果显示，当湿化应力水平较大时，湿化体应变变化不大；当湿化应力水平较大时，湿化体应变有快速减小的趋势。在魏松所进行的粗粒料湿化试验中，在相对较低围压和较高应力水平下，堆石料湿化出现湿胀现象。在张凤财（2013）进行的堆石料湿化试验中，也在低围压和高应力水平下出现了湿胀现象。王富强等（2009）通过积石峡开挖料的湿化试验发现，开挖料的湿化体应变随应力水平有减小的趋势。保华富等（1989）发现，低应力水平时湿化主要为压缩，随湿化应力水平增加，湿化变形转为以湿化沉降和水平膨胀为主。张少宏等（2005）发现，在小围压和高应力水平下，堆石料湿化出现轴向压缩、侧向膨胀的现象。张延亿等（2018）研究了球应力循环条件下堆石料的变形规律，发现体应变随球应力的减小而增大，随循环周次向体积收缩发展。

另外，堆石料具有流变特性，在应力条件不变的情况下，其应变存在显著的时间效应。目前，对于区分加载瞬时变形与后期流变变形的时间节点并无统一标准。在堆石料单线法湿化试验过程中，在一定应力条件下，堆石料浸水饱和湿化完成后，应力状态虽然不变，但堆石料试样还会有持续的应变发展。这种现象导致产生了一个新的问题，即如何划定湿化变形的范畴。当前对于此问题也不存在统一的标准。程展林等（2010）根据堆石料的蠕变取值原则，将湿化试验中开始通水到通水完成后 1h 内的变形作为堆石料的湿化变形，后期的变形作为堆石料的蠕变变形。张少宏等（2005）在湿化试验中，将轴向应变每小时小于 0.1% 认为湿化结束。丁艳辉等（2019）根据堆石料试样浸水湿化完成前后变形性质的不同，将堆石料自通水至试样饱和出水的变形作为湿化变形，其后的变形认为符合流变变形特征。

魏松（2006）认为，堆石料自通水到"稳定变形阶段"的变形为"湿化变形"，达到"稳定变形阶段"后的变形为"类似"次固结的变形。土料湿化达到"稳定变形阶段"需 20~40min，对应的湿化轴变已完成试验总历时变形的 70%~80%。因此，大多湿化变形在 60min 内可达到稳定变形阶段，60min 或可作为土料湿化轴变达到"稳定变形阶段"的标准。张延亿（2018）根据系列湿化变形试验结果，提出轴向应变在 10min 内不超过 0.001%/min 作为湿化变形的稳定标准，在其试验中最长时间对应近 4h。朱俊高等（2016）对双江口、两河口、小浪底和马吉四座土石坝的粗粒料（最大粒径 60mm）的浸水饱和时间进行了专门研究，发现粗粒料吸水率与粒径和岩性有关，吸水率与浸水历时的关系可用双曲线描述。

由此可见，同一围压、同一应力水平试验条件下，由于湿化变形的取值标准不同，会导致出现不同的湿化变形试验结果与规律，这也许是堆石料湿化变形特性规律不统一的原因之一。

5.1.3 堆石料饱和湿化本构模型

在 20 世纪 70 年代初，国外学者 Nobari 和 Duncan（1972）便研究了土石坝湿化变形的计算方法。在国内,湿化变形的研究起步于"七五"期间,主要结合小浪底斜墙堆石坝进行。经过多年的研究,提出过多种湿化变形计算模型与方法。

基于双线法试验,Nobari 和 Ducan(1972)提出可用土料的干和湿两套参数进行湿化变形的计算,并提出了湿化变形计算的"初应力法",实现了湿化变形的有限元计算。由于应力变形均是全量形式,存在无法应用于增量本构等问题。殷宗泽和赵航(1990)在此基础上提出了改进的"增量型初应力法"。

李广信(1990)提出了湿化的割线模型与弹塑性模型。其中,后者又被归入考虑湿化变形的清华弹塑性模型中,认为干土与饱和土的屈服轨迹形状相同,只是硬化参数中的试验常数不同。湿化变形由湿化前后土体的硬化参数的变化所产生。殷宗泽等(1990)提出了一种椭圆-抛物线双屈服面弹塑性模型,能较好地反映堆石体浸水时的变形特性。

左元明和沈珠江等(1989)在堆石料单线法湿化试验的基础上,提出了著名的 C_{w}-D_{w} 湿化模型。该模型认为,湿化剪应变 $\Delta\gamma_{\mathrm{s}}$ 与应力水平 S_l 之间满足双曲线关系,而湿化体应变 $\Delta\varepsilon_{\mathrm{vs}}$ 为常数。该模型的主要表达式为:

$$\Delta\gamma_{\mathrm{s}}=d_{\mathrm{w}}\frac{S_l}{1-S_l} \tag{5-1}$$

$$\Delta\varepsilon_{\mathrm{vs}}=c_{\mathrm{w}} \tag{5-2}$$

式中,d_{w} 和 c_{w} 为试验常数。

基于上述湿化模型,沈珠江进一步提出了在有限元中基于"初应变法"计算湿化变形的方法。目前,在我国土石坝工程实践中,湿化变形多采用上述的沈珠江湿化模型进行计算。

在沈珠江 C_{w}-D_{w} 湿化模型中,湿化剪应变和应力水平之间呈式(5-1)所示的双曲线关系。该种关系得到了较多试验数据支持和众多学者的广泛认可。图 5-1 给出了糯扎渡花岗岩堆石料和双江口花岗岩堆石料,在不同围压和应力水平条件下湿化试验的结

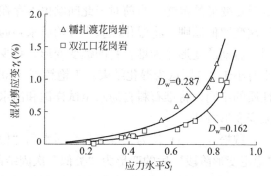

图 5-1　湿化剪应变试验结果及拟合

果,以及采用式(5-1)进行拟合的情况。可见,拟合情况良好,很好地反映了湿化剪应变的变化规律。根据试验结果,湿化剪应变随着应力水平的增加而增大。当应力水平趋向于 1 时,湿化剪应变趋于无穷大。这个试验规律是符合堆石料湿化变形机理的。

对于湿化体应变,不同学者给出的研究成果具有较大的差异。大量试验结果表明,不同围压和应力水平条件下湿化体应变并不为常数。有些试验湿化体应变随应力水平的增加而减小,有些随应力水平的增加而增大,也有些随应力水平的增加开始时增大之后又减小。表 5-1 给出了部分学者针对湿化体应变所提出的一些计算公式。魏松(2006)、张智等(1990)、王辉(1992)、张凤财(2013)及本章的试验表明,在围压较低且湿化应力水平较高时,试样湿化体应变甚至可为负值,即试样在湿化的过程中,会产生体积膨胀的所谓"湿胀"现象。综上所述,湿化体应变可能并不存在同应力状态之间的固有关系,很难建立一个通用的拟合公式。

部分学者提出的湿化体应变公式　　　　　　　　　　　表 5-1

作者	拟合公式
左元明,沈珠江(1989)	$\Delta\varepsilon_{vs}=c_w$
李国英等(2004)	$\Delta\varepsilon_{vs}=c_w(\sigma_3/p_a)^{n_w}$
李全明等(2005)	$\Delta\varepsilon_{vs}=\sigma_3/(a+b\sigma_3)$
程展林(2010)	$\Delta\varepsilon_{vs}=(f\sigma_3+g)S_l+(k\sigma_3+h)$
彭凯(2010)	$\Delta\varepsilon_{vs}=[c(\sigma_3/p_a)+d]S_l^w+[f\ln(\sigma_3/p_a)+g]$

赵振梁等（2018）通过粗粒料饱和湿化试验发现，湿化轴向应变与湿化应力水平和围压分别呈双曲线与线性关系，湿化体积应变与湿化应力水平和围压均为线性关系，据此建立了一个适用于计算堆石料湿化变形的数学模型。张延亿等（2018）根据球应力偏应力下堆石料湿化变形规律，建立了湿化应变数学模型。

迟世春和周雄雄（2017）在前人湿化试验基础上，对湿化轴向应变与湿化应力水平的双曲函数形式和指数函数形式进行了对比，并均引入围压的影响，发现双曲线函数参数意义更加明确，拟合效果更加准确。经过对湿化单线法试验数据的大量分析，发现湿化体变与湿化轴变呈线性关系，二者比值为常数，直线的斜率随湿化应力水平的增加而减小。根据上述规律，基于非线性弹性理论的框架，提出了堆石料湿化 E_w-V_s 模型。周雄雄等（2019）在认为湿化体变与湿化轴向应变的比值、平均主应力和广义剪应力三者满足扭面关系的基础上，改进了湿化体变与湿化轴变比值的计算公式，使湿化变形计算方法可描述堆石料湿化体胀的现象。

此外，在堆石料的湿化变形试验中，堆石料湿化体应变的量测涉及非饱和试样体积变形的量测。非饱和体变量测技术难度大，量测精度相对较差，是堆石料湿化变形试验技术的难点问题。

5.2　饱和湿化三轴试验方法和试验方案

5.2.1　试验用料和制样方法

试验采用取自糯扎渡高心墙堆石坝的弱风化花岗岩堆石料。糯扎渡筑坝堆石料最大粒径约 800mm。受试样尺寸的限制，采用等量替代法对原级配进行了缩尺。堆石料粒径进行缩尺后，最大粒径为 30mm，是试样直径的 1/5。试验用堆石料的颗粒级配组成由大小不同的 5 个粒组：30～20mm、20～10mm、10～5mm、5～2mm 和＜2mm，混合而成。图 5-2 和图 5-3 分别给出了堆石料级配曲线和各粒组堆石颗粒的形态。表 5-2 给出了堆石料级配。

制样堆石料初始处于天然风干状态，其初始含水量为 1.5％。为保证试样的均匀性，试样分 5 层分别击实，每层厚度为 60mm。本试验干态试样、饱和试样的制备与常规三轴试验均参照《土工试验规程》SL 237—1999 的要求进行。

堆石料级配　　　　　　　　　　　　　　　　　　　表 5-2

颗粒直径(mm)	30	20	10	5	2
小于某直径百分比(%)	100	81	51	20	7

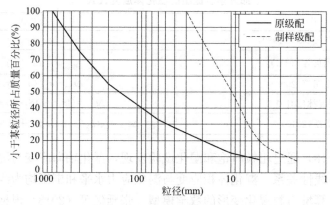

图 5-2　堆石料级配曲线

图 5-3　堆石料粒径分组及形态

具体试样的制备主要包括如下步骤：（1）对处于天然风干状态的试验用堆石料，分别按照 30~20mm、20~10mm、10~5mm、5~2mm 和＜2mm 共 5 个粒组进行筛分和备料；（2）根据试验要求的级配和制样干密度，分 5 层分别称取所需的各粒组堆石料的质量，并混合均匀；（3）固定制样模，绑扎橡皮膜。在制样模与橡皮膜之间施加负压，使二者紧密贴合；（4）用长柄小勺将混合均匀的堆石料分层，小心装入橡皮膜中，振捣至该层所要求的高度。如此重复，直至完成 5 层的制样；（5）安装顶帽，绑扎橡皮膜，并装入压力室。

在本章进行的各类试验中，包括饱和试样的常规三轴压缩试验。在这种试验中，试验用试样要求是饱和的。为提高饱和试样的饱和度，减少气泡阻滞现象，饱和试样的制备采用了二氧化碳（CO_2）饱和法。在按照上述步骤完成干态试样制备之后，抽真空，再通入二氧化碳气体。当试样孔隙充满二氧化碳气体后，控制预先制备的无气水自试样底部缓慢进入试样，用水头饱和法进行低水头饱和。饱和过程中控制试样中液面缓慢逐级上升，直至试样顶帽无气泡冒出，流入水量与溢出水量相等。采用该种方法可使试样达到充分的饱和。

5.2.2　试验仪器和方案

饱和湿化三轴试验分两批进行。第一批试验在英国 WYKEHAM 公司生产的中型高压三轴仪上进行，如图 5-4(a) 所示。该仪器原设计在轴向采用应变控制式加载，利用调速马达控制加载的速率，可按照等应变速率进行加载。围压由 WYKEHAM 公司生产的油压稳压器提供。试验的最大围压为 2.5MPa。试样尺寸 $\phi150mm\times300mm$。

　　在进行湿化变形试验时，一个关键问题是轴向荷载的稳定控制。试验时，需要首先将干态试样加载至一定的应力状态，然后在保持应力状态不变的条件下，对试样进行浸水湿化。浸水湿化通常需要较长的时间。此外，在浸水湿化过程中，试样在轴向也会产生湿化变形，造成轴向荷载条件的改变。原有三轴仪所采用的轴向应变式控制方式很难保证浸水湿化过程中试样轴向荷载的稳定。为此，专门研制了应力控制式轴向荷载稳压器，其采用稳压油缸的工作方式，主体结构为一个可放置在三轴仪压力室底座上的油缸，该油缸连接一个油压稳压器。当通过油压稳压器输入一个稳定的压力时，油缸可将其转换为一个稳定的三轴轴向应力，并保持稳定不变（图 5-4b）。

 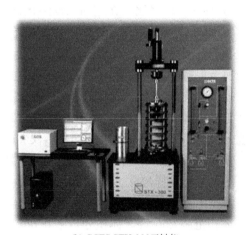

(a) WYKEHAM高压三轴仪　　　　　　　　　　(b) GCTS STX-300三轴仪

图 5-4　高压三轴仪和轴向荷载稳压器

　　研制的轴向荷载稳压器和原三轴仪的马达应变控制加载方式可以联合使用，相互切换方便，丰富了原三轴仪的控制方式。在本章进行的堆石料湿化试验中，上述两种加载方式进行了联合应用。先采用应变控制式加载方式进行干态试样的三轴加载。在到达所要求的应力状态后，切换成轴向荷载稳压器工作模式，在保持轴向荷载稳定不变的条件下，进行流变和湿化试验。之后，又可切回至应变控制式加载方式，继续进行湿态试样的三轴剪切。

　　三轴湿化试验的另一个难题是干态试样体积变形的测量。本次试验中采用体变及围压控制器测量进入三轴压力室水量的方法，进行试样体积变形的测量。根据需要，第一批试验进行了干态试样常规三轴压缩试验、饱和试样常规三轴压缩试验、饱和试样循环加载三轴试验、三轴饱和湿化试验和三轴快速湿化试验等多项试验，共完成试验 19 个。试验方案的汇总见表 5-3。

各组三轴试验的试验方案（第一批）　　　　　　　　　　　　　表 5-3

三轴试验类型	围压 σ_3(kPa)与应力水平 S_l
干态常规三轴试验	$\sigma_3=400,600$
饱和常规三轴试验	$\sigma_3=200,400,600,800,1000$
饱和循环加载三轴试验	$\sigma_3=400,1000$

三轴试验类型	围压 σ_3（kPa）与应力水平 S_l
饱和三轴湿化试验	$\sigma_3=400, S_l=0.40、0.55、0.77$ $\sigma_3=600, S_l=0.38、0.62、0.79$ $\sigma_3=800, S_l=0.43、0.67、0.81$
快速湿化试验	$\sigma_3=600, S_l=0.62$

在表 5-3 中，S_l 为剪应力水平，即广义剪应力 $(\sigma_1-\sigma_3)$ 和相同围压条件下相应破坏广义剪应力 $(\sigma_1-\sigma_3)_f$ 之比。在饱和三轴湿化试验中，表中所给的应力水平 S_l 为预设值，是按照相应围压 σ_3 下常规三轴试验的破坏偏差应力 $(\sigma_1-\sigma_3)_f$ 计算的应力水平值。在进行相应的饱和三轴湿化试验时，当偏差应力 $(\sigma_1-\sigma_3)$ 达到表中所给出的相应预设值时，需将试验切换至保持轴向应力恒定不变的状态，进行相应的湿化试验。

第二批试验在清华大学的 GCTS STX-300 三轴仪上进行，如图 5-4（b）所示。该仪器系统包括轴向加载系统、压力室、围压加载系统、反压加载系统、数据采集和控制系统、高频电液伺服阀、液压泵、软件等部分。仪器的主要性能如下：

（1）轴向加载，采用电液伺服控制，动态加载力±250kN，最大频率 20Hz。

（2）压力室和试样尺寸，压力室最大压力 3.5MPa，试样尺寸 ϕ150mm×300mm。

（3）围压压力和体积控制器，采用电液伺服控制，压力范围 3500kPa，压力分辨率 0.1kPa；体积范围 2000cc，体积分辨率 0.05cc；动态加载频率 2Hz。

（4）孔压压力和体积控制器，采用电液伺服控制，压力范围 3500kPa，压力分辨率 0.1kPa；体积范围 2000cc，体积分辨率 0.05cc。

该三轴仪控制软件包括标准饱和固结试验、标准三轴试验、应力路径试验、高级加载试验以及动三轴试验等模块，可全面实现对试验加载条件和应力路径等全过程的自动控制以及试验数据的自动采集功能。

第二批试验分别进行了干态试样常规三轴压缩试验、饱和试样常规三轴压缩试验以及饱和湿化三轴试验。表 5-4 分别给出了各组试验的具体试验方案。

各组三轴试验的试验方案（第二批）   表 5-4

三轴试验类型	围压 σ_3（kPa）与应力水平 S_l
饱和常规三轴试验	$\sigma_3=200,400,600,800$
干态常规三轴试验	$\sigma_3=200,400,600,800$
饱和三轴湿化试验	$\sigma_3=200, S_l=0.39、0.57、0.78$ $\sigma_3=600, S_l=0.36、0.57、0.79$ $\sigma_3=800, S_l=0.41、0.64、0.84$

5.2.3 试验方法概述

1. 饱和常规三轴试验

使用饱和试样进行试验。首先，使试样在设定的围压下进行固结；然后，当固结排水

量稳定后，进行应变控制式加载，加载速率为 0.02%/min。当试样的轴向应变达到 15%
时结束试验。

2. 干态常规三轴试验

使用干态试样进行试验。首先，使试样在设定的围压下进行固结；然后，当试样体积
变形稳定后，进行应变控制式加载，加载速率为 0.02%/min。当试样的轴向应变达到
15%时结束试验。

3. 饱和湿化三轴试验

采用应变控制进行轴向加载和应力控制进行稳压湿化的联合控制模式进行试验。图
5-5 给出了具体的试验过程和方法。该种试验主要包括如下的步骤：

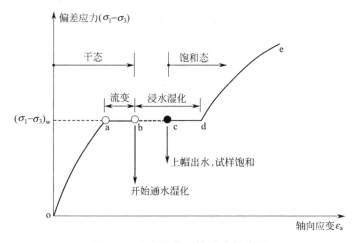

图 5-5　饱和湿化三轴试验的步骤

（1）干态三轴剪切，对应图 5-5 中的 oa 段。进行饱和湿化三轴试验时，试样的初始
状态是干态。该阶段的试验按干态试样常规三轴压缩试验方法进行，采用应变控制式加
载，加载速率为 0.02%/min。加载至试验预设应力水平 S_l 所对应的偏差应力 $(\sigma_1-\sigma_3)_w$
为止。

（2）干态流变，对应图 5-5 中的 ab 段。将试验的控制方式切换为应力控制式，进行
恒载流变，即让堆石体试样在干态下发生流变。

进行该阶段干态流变的主要目的是给之后的湿化过程提供一个相对统一和稳定的操作
条件。由于在试样的轴向应力保持不变的情况下，试样会发生流变变形；因此，如果此时
直接进行试样的湿化，试样发生的湿化变形和同时发生的流变变形会交织在一起，两者很
难区分，对试验结果分析造成困难。在文献中，一些学者称该段的干态流变变形为停机变
形。对于停机变形目前尚没有统一的规定。在本章进行的第一批试验中，采用流变 3d 的
标准。后续研究发现流变稳定较快，第二批试验统一取 30min 作为停机变形的标准。

（3）浸水湿化，对应图 5-5 中的 bcd 段。该步试验总体又可分为两个阶段：

① 试样浸水饱和阶段，对应图 5-5 中的 bc 段。在该阶段试验开始之前，试样尚处于
干燥的状态。从 b 点开始通过试样底部的进水孔向堆石料试样内进行通水饱和。为了使通
水饱和过程中所产生的孔隙水压力不对试样的应力状态发生显著的影响，对饱和过程中的

通水压力大小进行了控制。在通水的开始阶段，通水压力采用10kPa，当试样接近全部饱和时，进一步降低该压力至5kPa。在该种的控制条件下，由于试样密度和通水管路通畅情况不同等，各试样完成通水饱和的时间也有所不同，一般需要10～25min。在对试样进行浸水饱和的过程中，试样发生湿化变形。

② 试样饱和后变形阶段，对应图5-5中的cd段。在c点，试样顶帽上的排水孔出水，表明充水已经充满试样中的孔隙，可认为此时试样的饱和湿化过程完成，试样的含水状态已经由风干状态变化为饱和状态。但试验结果表明，此后试样在应力状态和含水状态均不变的情况下，其变形还会继续增加。由于该阶段的变形也是试样的充水湿化过程造成的，因此，从变形机理上讲，本阶段堆石料试样的变形仍属于湿化变形的范畴。

（4）湿态三轴剪切，将三轴仪切换为应变控制的加载方法，进行轴向加载剪切，直至试验结束。该阶段的试验按饱和试样常规三轴压缩试验的方法进行，采用应变控制式加载，加载速率为0.02%/min。

4. 快速湿化三轴试验

该组试验和前述的"饱和湿化三轴试验"相似，所不同的是取消了"干态流变"和"湿态流变"两个步骤。图5-6给出了具体的试验过程和方法。该种试验的主要步骤如下：

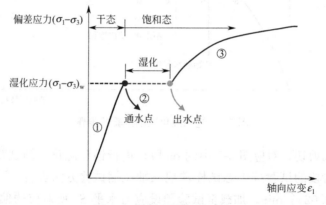

图5-6　快速湿化三轴试验

（1）干态三轴剪切，装样后保持试样处于干态，进行固结后，采用应变控制式进行剪切，一直加载剪切至所要求的应力水平或偏差应力$(\sigma_1-\sigma_3)_w$；

（2）浸水湿化，启用轴向荷载稳压器使得轴向荷载保持$(\sigma_1-\sigma_3)_w$稳定不变，并立即快速通过试样底部的进水孔向试样进行快速通水饱和，试样发生湿化变形；

（3）湿态三轴剪切，当试样顶帽的排水孔出水后认为饱和湿化过程完成，重新转换为应变控制的加载方法，并立即进行轴向加载剪切，直至试验结束。

由上面的介绍可见，"饱和湿化三轴试验"和"快速湿化三轴试验"的主要差别为在对试样进行通水饱和前后，是否允许试样发生流变变形，前者让试样充分流变，而后者则相反。

5.2.4　堆石料试样体积变形的量测

在堆石料湿化试验开始以及试样通水饱和的过程中，堆石料试样是非饱和的。非饱和试样体积变形的量测无法采用在饱和试样三轴试验中惯常所采用的试样排水量量测法。因而，湿化试验过程中，堆石料的体积量测一直是一个关键的技术难题。

目前，在堆石料湿化试验中，常采用测量三轴仪压力室进水量和排水量的方法计算得出非饱和堆石料试样的体积变形。应用这种方法的关键问题包括进出三轴压力室水量的精确量测以及三轴压力室的严格密封等。本次试验在清华大学的 GCTS STX-300 三轴仪上进行。该仪器压力室的密封性能很高，围压力采用电液伺服控制，量测压力室进出水量的体积分辨率可达 0.05cc。这为堆石料湿化试验中试样体积变形的量测提供了一个非常可靠的方法。

在所进行的干态常规三轴试验和湿化三轴试验中，采用量测进出三轴压力室水量并校正活塞杆进出体积的方法量测堆石料试样的体积变形（以下称为压力室进出水量法）。为了验证压力室进出水量法的可靠性，在进行饱和试样不同围压的常规三轴试验中，同时采用量测试样内部排水量（以下称排水管法）和压力室进出水量两种方法，量测试验过程中试样的体积应变。

图 5-7 给出了堆石料试样体积变形量测结果对比。图中实线为常用的排水管法量测的结果，虚线为采用压力室进出水量法量测的结果。可见，由压力室进出水量法量测的体积变形结果略大一些，说明压力室总会存在一定的渗漏现象。但总体看，两种方法量测得到的体积变形值十分相近，变化规律也一致。表明采用 GCTS STX-300 三轴仪，压力室进出水量法也是一种可靠的量测堆石料试样体积变形的方法。在本章所进行的干态常规三轴试验和湿化三轴试验中，堆石料非饱和试样的体变，均是应用压力室进出水量法测得的。

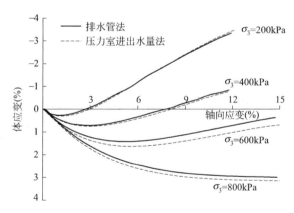

图 5-7　堆石料试样体积变形量测结果对比

5.3　试验结果

5.3.1　第一批试验结果

图 5-8、图 5-9 和图 5-10 分别为干态试样常规三轴试验、饱和试样一次加载常规三轴试验和饱和试样循环加载三轴试验的结果。可见，上述试验结果符合堆石体的一般变形特性。

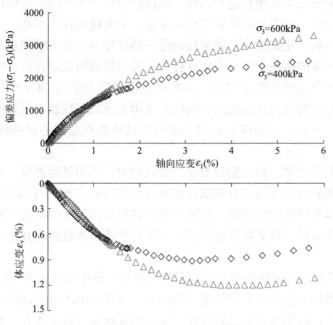

图 5-8　干态试样常规三轴试验结果

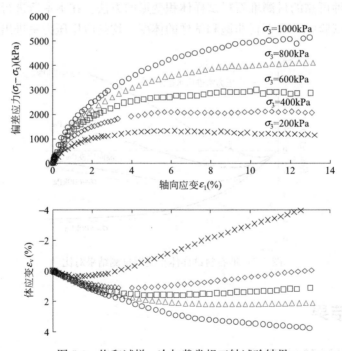

图 5-9　饱和试样一次加载常规三轴试验结果

图 5-11、图 5-12 和图 5-13 分别给出了 $\sigma_3 = 400\text{kPa}$，$S_l = 0.40$、0.55 和 0.77 的饱和湿化试验结果。该 3 组试验的湿化偏差应力 $(\sigma_1 - \sigma_3)_w$ 分别为 859kPa、1245kPa 和 1676kPa。其中，试验 $(\sigma_3 = 400\text{kPa}，S_l = 0.40)$ 在饱和湿化后还进行了二次饱和流变过程。

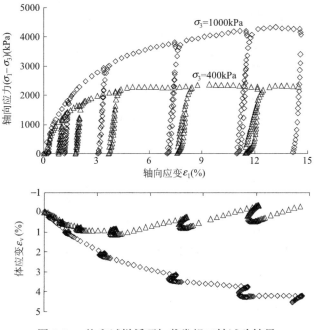

图 5-10 饱和试样循环加载常规三轴试验结果

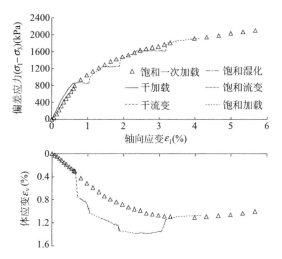

图 5-11 饱和湿化试验结果（$\sigma_3 = 400\text{kPa}$，$S_l = 0.40$）

图 5-14、图 5-15 和图 5-16 分别给出了 $\sigma_3 = 600\text{kPa}$，$S_l = 0.38$、0.62 和 0.79 的饱和湿化试验结果。该 3 组试验的湿化偏差应力 $(\sigma_1 - \sigma_3)_w$ 分别为 1179kPa、1763kPa 和 2389kPa。

图 5-17、图 5-18 和图 5-19 分别给出了 $\sigma_3 = 800\text{kPa}$，$S_l = 0.43$、0.67 和 0.81 的饱和湿化试验结果。该 3 组试验的湿化偏差应力 $(\sigma_1 - \sigma_3)_w$ 分别为 1647kPa、2465kPa 和 3398kPa。其中，试验（$\sigma_3 = 800\text{kPa}$，$S_l = 0.43$）在饱和湿化后还进行了一次饱和流变过程。

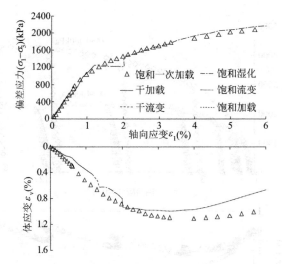

图 5-12　饱和湿化试验结果（$\sigma_3 = 400\text{kPa}$，$S_l = 0.55$）

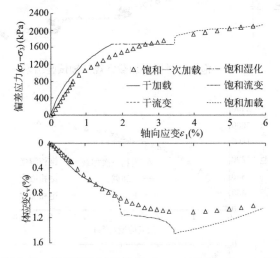

图 5-13　饱和湿化试验结果（$\sigma_3 = 400\text{kPa}$，$S_l = 0.77$）

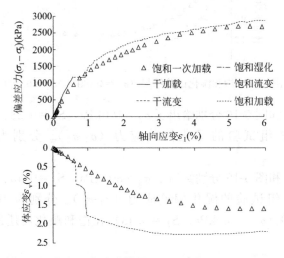

图 5-14　饱和湿化试验结果（$\sigma_3 = 600\text{kPa}$，$S_l = 0.38$）

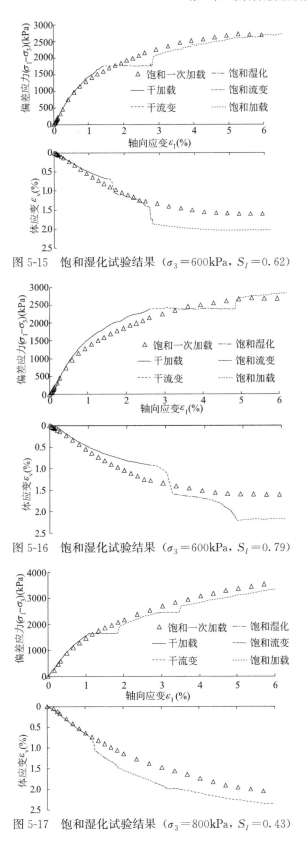

图 5-15　饱和湿化试验结果（$\sigma_3 = 600\text{kPa}$，$S_l = 0.62$）

图 5-16　饱和湿化试验结果（$\sigma_3 = 600\text{kPa}$，$S_l = 0.79$）

图 5-17　饱和湿化试验结果（$\sigma_3 = 800\text{kPa}$，$S_l = 0.43$）

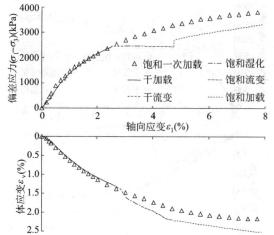

图 5-18 饱和湿化试验结果（$\sigma_3 = 800\text{kPa}$，$S_l = 0.67$）

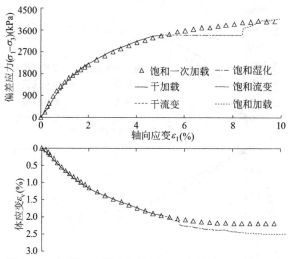

图 5-19 饱和湿化试验结果（$\sigma_3 = 800\text{kPa}$，$S_l = 0.81$）

进行了（$\sigma_3 = 600\text{kPa}$，$S_l = 0.62$）的快速湿化试验，试验结果见图 5-20。

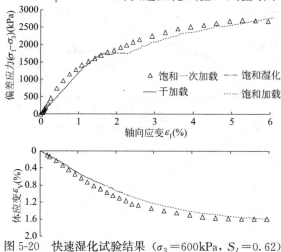

图 5-20 快速湿化试验结果（$\sigma_3 = 600\text{kPa}$，$S_l = 0.62$）

5.3.2 第二批试验结果

分别进行了 $\sigma_3=200$kPa、400kPa、600kPa 和 800kPa 共 4 个围压的饱和常规三轴压缩试验,试验结果如图 5-21 所示。

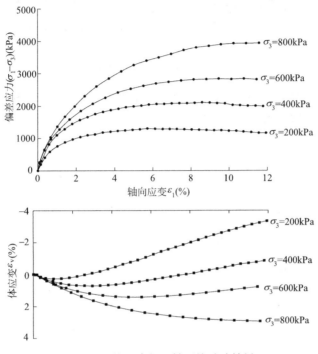

图 5-21 饱和常规三轴压缩试验结果

分别进行了 $\sigma_3=200$kPa、400kPa、600kPa 和 800kPa 共 4 个围压的干态常规三轴压缩试验,试验结果如图 5-22 所示。

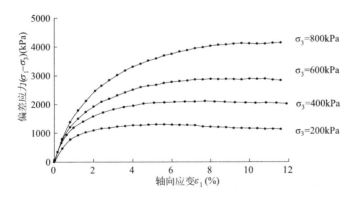

图 5-22 干态常规三轴压缩试验结果(一)

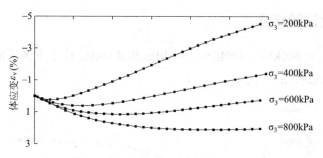

图 5-22　干态常规三轴压缩试验结果（二）

对围压 $\sigma_3 = 200\text{kPa}$ 的情况，分别进行了应力水平 $S_l = 0.39$、0.57 和 0.78 共 3 个饱和湿化三轴试验，试验结果如图 5-23 所示。

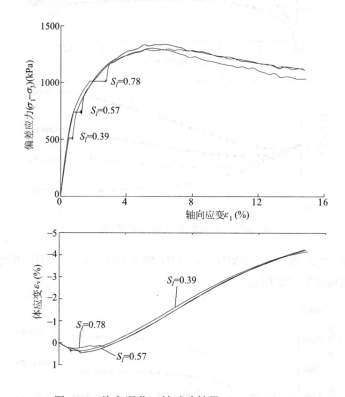

图 5-23　饱和湿化三轴试验结果（$\sigma_3 = 200\text{kPa}$）

对围压 $\sigma_3 = 600\text{kPa}$ 的情况，分别进行了应力水平 $S_l = 0.36$、0.57 和 0.79 共 3 个饱和湿化三轴试验，试验结果如图 5-24 所示。

对围压 $\sigma_3 = 800\text{kPa}$ 的情况，分别进行了应力水平 $S_l = 0.41$、0.64 和 0.84 共 3 个饱和湿化三轴试验，试验结果如图 5-25 所示。

由上述试验结果可见，其变形特性符合堆石料的一般规律。

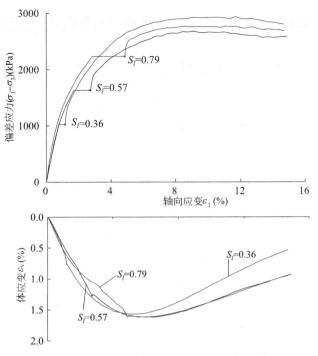

图 5-24　饱和湿化三轴试验结果（$\sigma_3 = 600\text{kPa}$）

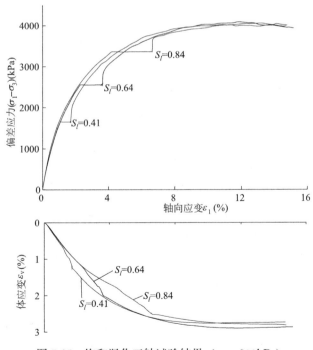

图 5-25　饱和湿化三轴试验结果（$\sigma_3 = 800\text{kPa}$）

5.4 堆石料湿化变形的广义荷载模型及两个发展阶段

5.4.1 饱和湿化三轴试验不同的变形阶段及特性

由上一节可知，各组饱和湿化试验的结果具有十分相似的规律性，下面分别以 $\sigma_3 =$ 200kPa，$S_l = 0.57$ 和 0.78 的两个饱和湿化三轴试验结果为例进行分析。

图 5-26 给出了 ($\sigma_3 = 200$kPa，$S_l = 0.57$) 饱和湿化三轴试验的结果曲线，划分为如下阶段：

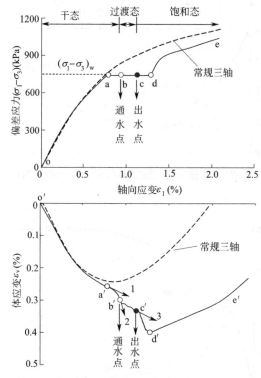

图 5-26 饱和湿化三轴试验曲线的特性 ($\sigma_3 = 200$kPa，$S_l = 0.57$)

(1) 干态常规三轴加载阶段，对应图 5-26 中的 oa 和 o′a′ 段

试样在该阶段进行干态堆石料的三轴应力加载，其偏差应力-轴向应变曲线以及体应变-轴向应变曲线的特征与常规三轴试验相同。当剪切达到预设的偏差应力 $(\sigma_1 - \sigma_3)_w$ (对应应力水平 $S_l = 0.57$，图中 a 和 a′点) 时，停止剪切。

(2) 干态流变阶段，对应图 5-26 中的 ab 和 a′b′ 段

在该阶段，将试验的控制方式切换为应力控制式，并保持试样的偏差应力不变，让堆石体试样在干态下发生流变变形。由于堆石料试样在该阶段发生的是流变变形，由图 5-26 可见，在其体应变-轴向应变曲线上，表现出了同前阶段常规剪切段明显不同的特征。

如果试样在图中的 a′点继续进行剪切，其应变将会沿着箭头 1 的方向继续发展。由于

堆石料试样在该阶段发生的是流变，因此，其实际的应变为 a′b′。可以发现，和箭头 1 的方向相比，在 a′b′ 上所对应的体积应变分量相对更大，这种特征符合一般堆石料流变的特性。许多学者的堆石料流变试验结果表明，流变应变总是具有相对较大的体积应变分量，在应力水平较小时尤其如此。

（3）浸水湿化变形阶段，对应图 5-26 中的 bcd 和 b′c′d′ 段

该步骤的试验又可分为如下两个阶段：

①试样浸水饱和阶段，对应图 5-26 中的 bc 和 b′c′ 段。在该阶段试验开始之前，试样尚处于完全干燥的状态。通过试样底部的进水孔开始向堆石料试样内充水，试样随之发生自下而上的逐渐浸水饱和过程，即发生由干态到饱和湿态的过渡。当充水至从试样顶帽上的排水孔出水（图中的 c 和 c′ 点）时，试样达到全部饱和，该阶段结束。

在试样的浸水饱和阶段，试样的应力状态保持不变，试样发生的变形主要是堆石料试样干湿状态发生变化所导致的变形，因而是湿化变形。在体应变-轴向应变图中，出水点 c′ 点前后应变增量的方向也发生了明显偏转。如果试样在图中的 b′ 点继续发生流变，其应变将会沿着图中箭头 2 的方向继续发展。但由于堆石料试样在该阶段发生的是湿化，因此，其实际的应变为 b′c′。可以发现，与箭头 2 的方向相比，在 b′c′ 上所对应的体积应变分量相对更小。通过进一步对比可以发现，堆石料试样在该阶段所发生的应变增量的方向与图 5-26 中箭头 1 所示的方向大致平行。关于应变增量方向的平行特性将在 5.6 节进行更加详细的讨论。

②试样饱和后变形阶段，对应图 5-26 中的 cd 和 c′d′ 段。在 c 和 c′ 点，充水至从试样顶帽上的排水孔出水，表明水已经充满试样中的全部孔隙，试样的含水状态已经由风干状态变化为饱和状态。但试验结果表明，此后试样在应力状态和含水状态均不变的情况下，其变形还会继续增加。该阶段的变形也是由于试样的充水湿化过程所造成的，因此，从变形机理上讲，本阶段堆石料试样的变形仍属于湿化变形的范畴。

由图 5-26 可见，试样的体应变-轴向应变曲线，在图中的试样顶帽出水点 c′ 处发生了明显的转折，表明该阶段试样发生的应变表现出了同前阶段的湿化变形明显不同的特征。如果试样在图中的 c′ 点继续发生同样的浸水湿化，其应变将会沿着箭头 3 的方向继续发展。但堆石料试样在该阶段发生的实际应变为 c′d′。可以发现，与箭头 3 的方向相比，在 c′d′ 上所对应的体积应变分量相对更大，表现出了某种符合堆石料流变的特性。

（4）湿态三轴剪切阶段，对应图 5-26 中的 de 和 d′e′ 段

在该阶段，重新将三轴仪切换为应变控制的加载方法，进行轴向加载剪切，直至试验结束。试样在该阶段进行饱和堆石料试样的三轴应力加载，其偏差应力-轴向应变曲线以及体应变-轴向应变曲线的特征与常规三轴试验相同。

图 5-27 给出了（$\sigma_3=200$kPa，$S_l=0.78$）饱和湿化三轴试验曲线。该试验结果和前面分析的（$\sigma_3=200$kPa，$S_l=0.57$）饱和湿化三轴试验的结果具有类似的特性，同样可按照试验的不同阶段划分为干态常规三轴加载阶段、干态流变阶段、浸水湿化变形阶段和湿态三轴剪切阶段，且各阶段的应力应变曲线和体积变形曲线也表现出了类似的分段特性。因此，这里不再进行详细的讨论。

但是，对照图 5-26 和图 5-27，也可以发现两试验结果存在一定的差别。

对于图 5-26 所示的（$\sigma_3=200$kPa，$S_l=0.57$）饱和湿化三轴试验，当试样剪切到图

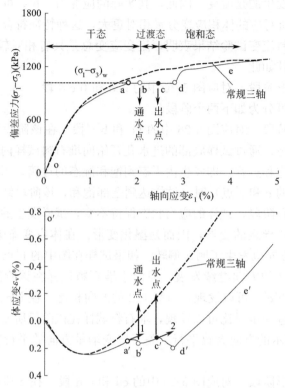

图 5-27　饱和湿化三轴试验曲线（$\sigma_3=200\text{kPa}$，$S_l=0.78$）

中的 a 或 a′点进行浸水湿化时，由于应力水平相对较低，试样尚处在体积收缩阶段。在该种条件下，在随后的试样浸水饱和阶段（对应图 5-26 中的 bc 和 b′c′段），堆石料试样同样发生了体积的收缩，且其应变增量的方向和图 5-26 中箭头 1 所示的方向大致平行。

对于图 5-27 所示的（$\sigma_3=200\text{kPa}$，$S_l=0.78$）饱和湿化三轴试验，当试样剪切到图中的 a 或 a′点进行浸水湿化时，应力水平已经相对较高，试样在三轴剪切情况下已经处于体积膨胀阶段。在该种条件下，在随后的试样浸水饱和阶段（对应图 5-27 中的 bc 和 b′c′段），堆石料试样随之发生了体积的膨胀，且其应变增量的方向和图 5-27 中箭头 1 所示的方向大致平行。

上述试验结果表明，在围压较低且湿化应力水平较高的情况下，对堆石料试样进行湿化时，试样的湿化体应变甚至可为负值，即试样在湿化的过程中，会产生体积膨胀的所谓"湿胀"现象。在魏松（2006）、张智（1990）、王辉（1992）和张凤财（2003）等所进行的堆石料湿化变形三轴试验中，也发生了这种所谓的"湿胀"的现象。

5.4.2　湿化变形的广义荷载作用模型

一般认为，堆石体湿化变形的机理是，堆石体在一定应力状态下浸水，其颗粒之间被水润滑、颗粒矿物发生浸水软化，而使颗粒发生相互滑移、破碎和重新排列，从而导致体积缩小的现象。堆石料湿化变形的发生可通过如图 5-28 所示的所谓"物态弱化"模型来进行解释。首先，堆石体在干燥状态下达到某个应力状态，此时堆石体试样与作用的荷载处于平衡状态。之后，对堆石体试样进行浸水湿化，由于堆石料颗粒间会发生润滑等作用，浸水湿化的结果会使堆石体的承载能力被"弱化"，堆石体试样与作用的荷载不再处于平衡状态。因此，堆石体试样在作用荷载保持不变的情况下，发生湿化变形。该湿化变形发生的结果，会补偿强化试样的刚度重新恢复到被浸水"弱化"前的水平，以使得它能与作用的荷载达到平衡状态。

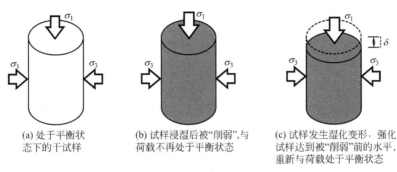

(a) 处于平衡状态下的干试样　　(b) 试样浸湿后被"削弱"，与荷载不再处于平衡状态　　(c) 试样发生湿化变形，强化试样达到被"削弱"前的水平，重新与荷载处于平衡状态

图 5-28　堆石体试样湿化过程的"物态弱化"模型

由上述分析可见，在湿化前，干态堆石料试样在某种应力状态下与外荷载处于平衡状态。在浸水湿化过程中，试样的物态弱化，造成其承载能力与外荷载不再平衡，因此，弱化后的试样在外荷载不变的情况下产生了湿化变形，堆石料颗粒发生重新排列，被弱化的承载能力得到补强，重新与作用的外荷载达到平衡状态。可见，浸水湿化变形本质上是弱化后的堆石料在原荷载作用下产生的附加变形。

根据前述对图 5-26 和图 5-27 所示试验结果的分析可以发现，对堆石体试样进行浸水饱和以后，试样实际上发生了性质不同两个阶段的变形：一是伴随堆石料试样浸水饱和过程瞬时发生的变形（对应图 5-26 和图 5-27 中的 bc 和 b'c'段）；二是在堆石料试样饱和后状态不变的情况下，随时间所发生的变形（对应图 5-26 和图 5-27 中的 cd 和 c'd'段）。尽管这两种变形的特性具有明显不同的特征，但都是由于堆石料浸水饱和所产生的变形。因此，从变形机理上讲，都应属于湿化变形的范畴。基于上述的堆石料湿化"物态弱化"模型，进一步提出了堆石料湿化变形的广义荷载作用模型。

如图 5-29 所示，根据广义荷载作用模型，堆石料湿化变形也是由堆石料浸水所引起的"物态弱化"所导致的。当堆石料试样在某应力状态下浸水湿化时，试样的承载能力被弱化，此时不变的荷载对于弱化后的堆石料相当于加载。因此，可将堆石料的湿化看作是一种广义荷载。堆石料由干变湿的物态变化可看作是此广义荷载的加载过程。像一般的应力加载一样，在这种广义荷载的作用下，堆石料试样会发生相应的瞬时变形和随时间的流变变形。

5.4.3　湿化变形的两个发生阶段

上述湿化变形广义荷载作用模型可以很好地解释堆石料湿化试验中所表现出的湿化变形的分段特性。如前所述，如果将堆石料的湿化看作是一种广义荷载，则在这种广义荷载的作用下，堆石料试样会发生相应的瞬时变形和随时间的流变变形。在湿化试验中，伴随堆石料浸水湿化过程所发生的瞬时湿化变形对应该种广义荷载作用下的瞬时变形；试样饱和后所发生的随时间过程的变形则对应该广义荷载作用下的流变变形。

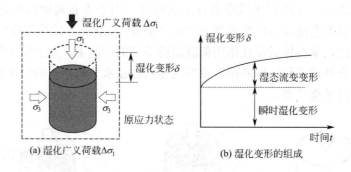

图 5-29 堆石料湿化的广义荷载作用模型

图 5-30 给出的是试验（$\sigma_3 = 400\text{kPa}$，$S_l = 0.40$）和试验（$\sigma_3 = 800\text{kPa}$，$S_l = 0.43$）在试样充水饱和过程中与之后一段时间内，试样轴向应变的发展过程。可以看出，当试样的顶帽排水孔出水时，即堆石体试样饱和时，在轴向应变随时间的变化曲线上同时会出现明显的拐点，轴向变形的发展速度发生突然性的减低。这可以看作是试样变形性质发生了改变的标志，即可将试样顶帽排水孔的出水点作为湿化变形的结束。

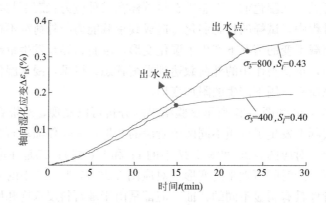

图 5-30 试样充水过程中的轴向应变发展过程

另外，从许多试验的 ε_v-ε_1 关系曲线上可以发现，在试样顶帽排水孔的出水点，即堆石体试样饱和时，试样变形增量的方向大多伴随有明显的转折。转折后变形增量的方向和前面的干流变变形具有相似的特点，具有了流变变形的特征。这也可看作是湿化变形已在试样饱和时刻完成的一个佐证。

下面结合湿化试验的具体结果来讨论湿化变形的这两个发展阶段。为了更清楚地表达堆石料试样湿化变形的时间发展过程，以饱和湿化试验（$\sigma_3 = 600\text{kPa}$，$S_l = 0.79$）为例，图 5-31 给出了以进水点为坐标原点（时间起点）的湿化轴向应变和体应变随时间变化的过程。在图中，b、c 和 d 点的位置和图 5-5、图 5-26 以及图 5-27 中 b、c 和 d 点的位置是完全对应的。

可以看出，以试样顶部出水点为界，湿化轴向应变和体应变变化的时间过程可划分为直线段和曲线段两个阶段。从试样底部进水开始，到试样顶部出水，试样由干态逐渐变为湿态饱和。因为在本章进行的每个湿化试验中，保持了充水压力基本不变，大致是匀速进

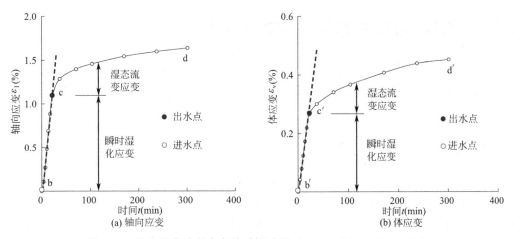

图 5-31　饱和湿化阶段应变的时间过程（$\sigma_3 = 600\text{kPa}$，$S_l = 0.79$）

行充水饱和的，因此该阶段湿化应变随时间也基本呈线性增加。该阶段的湿化应变是随充水饱和的过程瞬时发生的，故称之为瞬时湿化应变。

在出水点 c 点之后，试样达到了饱和湿化的状态。之后，试样处于干湿状态和应力状态均不变的情况，该阶段试样发生的湿化应变符合流变的定义。从图 5-31 中该阶段湿化应变的时间过程曲线的形式上看，开始阶段湿化应变发展较快，之后其应变变化的速率逐渐减小，这也符合流变变形的基本特征。因此，称该阶段发生的湿化应变为湿态流变应变。

上述以试样顶部出水点 c 点为界，将整体湿化应变划分为瞬时湿化应变和湿态流变应变的做法也符合图 5-26 和图 5-27 中所示的湿化变形的分段特性。如在前面讨论的，堆石体试样的整体浸水湿化变形过程可划分为试样浸水饱和阶段（对应图 5-26 和图 5-27 中的 bc 和 b′c′ 段）以及试样饱和后变形阶段（对应图 5-26 和图 5-27 中的 cd 和 c′d′ 段）。其中，前者对应瞬时湿化应变发生阶段。由于瞬时湿化变形是试样在该广义湿化荷载作用下发生的瞬时变形，其变形增量的方向与相同应力水平下原三轴加载作用下变形的增量方向相同；后者对应湿化湿态流变应变发生阶段。该阶段的湿化变形具有相对更大的体积应变分量，这也与堆石料应力加载产生的流变特性类似。

另外，湿态流变变形是在堆石料应力状态与干湿状态均不变的情况下随时间推移发生的变形，具有与堆石料应力加载产生的流变变形相似的性质。但是，在堆石料饱和湿化过程中，孔隙水逐渐渗入堆石体颗粒，会对流变变形产生一定影响，因此，湿化湿态流变与应力加载流变不同，会受堆石料颗粒岩性、渗透性和软化系数等复杂因素影响，是需要进一步展开研究的课题。

此外，由图 5-26、图 5-27 和图 5-31 可以看出，湿化瞬时应变和湿化湿态流变的特性存在较大的差异。因此，对湿化变形建立一个整体和统一的计算模型往往会存在较大的困难。这也是前述对湿化体应变很难找到一个合适的拟合公式的根本原因。基于上述的认识，根据湿化瞬时变形和湿态流变变形的特性，分阶段建立堆石料湿化变形的计算模型，应该是一种更好的建模思路。

5.5 瞬时湿化应变的特性与本构模型

本节首先研究瞬时湿化应变的特性，并据此建立其本构模型。瞬时湿化应变指以开始对试样充水为起点、以从试样顶帽出水为终点，试样随充水饱和湿化过程发生的湿化应变。

5.5.1 瞬时湿化应变的特性

瞬时湿化应变是指伴随堆石料浸水湿化过程所发生的湿化变形。根据对试验结果的分析，发现堆石体瞬时湿化应变具有如下的重要性质：（1）从时间效应看，堆石料瞬时湿化应变是瞬时变形，即它在堆石料发生湿化的瞬时发生，不存在时间效应；（2）从变形方向看，堆石料瞬时湿化应变的方向平行该应力状态下的加载变形，称为瞬时湿化应变方向的平行特性；（3）从变形性质看，堆石料瞬时湿化应变是物态弱化变形，它是堆石体发生干湿状态变化后，由于内部被弱化导致的变形。尽管湿化变形是不可恢复的变形，但同一般的塑性变形不同，不会引起堆石体试样的硬化或软化，这称为瞬时湿化应变的非硬化特性。下面结合相关试验成果，对瞬时湿化应变方向的平行特性和非硬化特性进行进一步的分析讨论。

1）瞬时湿化应变方向的平行特性

瞬时湿化应变方向的平行特性是指瞬时湿化应变增量的方向平行于相应应力状态下加载变形增量的方向。图 5-32(a)～(c)给出了（$\sigma_3 = 400\text{kPa}$，$S_l = 0.77$）、（$\sigma_3 = 600\text{kPa}$，$S_l = 0.79$）和（$\sigma_3 = 800\text{kPa}$，$S_l = 0.81$）几组典型饱和湿化三轴试验的结果。图中，箭头 1 给出的是对堆石料试样进行湿化时，在相应应力状态下应力加载应变增量的方向；箭头 2 给出的是相应瞬时湿化应变的方向。可见，对于不同围压和应力水平的情况，箭头 1 和箭头 2 均大致平行。

图 5-33(d)～(f)给出了（$\sigma_3 = 200\text{kPa}$，$S_l = 0.78$）、（$\sigma_3 = 600\text{kPa}$，$S_l = 0.36$）和（$\sigma_3 = 800\text{kPa}$，$S_l = 0.64$）几组典型的试验结果。同样，图中箭头 1 给出的是对堆石料试样进行湿化时，在相应应力状态下应力加载应变增量的方向；箭头 2 给出的是相应瞬时湿化应变的方向特性。可见，试验结果同样证明了湿化瞬时应变增量方向平行特性的正确性。

特别需要指出的是，对图 5-32(d) 所示（$\sigma_3 = 200\text{kPa}$，$S_l = 0.78$）的试验，当试样进行浸水湿化时，由于其应力水平已经相对较高，试样在三轴剪切情况下已经处于体积膨胀阶段。而试验结果表明，在该种条件下，在试样的饱和湿化过程中，堆石料试样所发生的瞬时湿化体积变形也为体胀，且其应变增量的方向和应力加载变形增量的方向也大致平行。这表明，湿化瞬时应变增量方向的平行特性不仅适用于堆石料发生体缩的情况，对于发生体胀的情况同样适用。

图 5-32 的试验结果表明，湿化瞬时应变增量方向的平行特性是一个普遍存在的试验规律。

瞬时湿化应变方向的平行特性也可以通过图 5-28 所示的堆石体试样的"物态弱化"模型来进行解释。对于假设处于某应力状态的堆石体试样，可以采用两种不同的方法让其

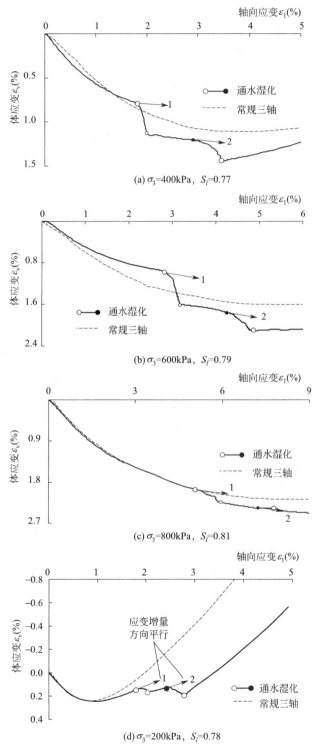

图 5-32　瞬时湿化应变的方向特性（一）

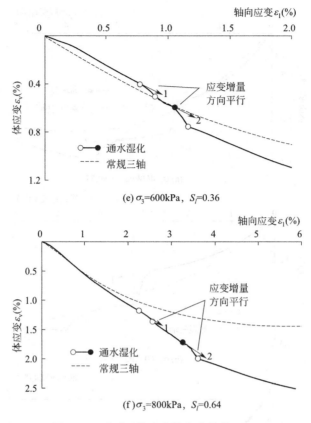

图 5-32　瞬时湿化应变的方向特性（二）

产生方向相同的应变增量。方法一是保持试样的状态不变，沿原应力路径加载一个应力增量；方法二是保持应力状态不变，而对试样进行某种"弱化"。当堆石体发生湿化时，由于会发生堆石料颗粒间的润滑等作用，实质上就是一个对堆石料进行"弱化"的过程。

　　李广信（1990）首次研究了湿化应变的方向性，认为湿化变形为塑性变形，并通过试验结果证实了湿化应变方向的正交性，即湿化应变增量的方向和当前应力状态处的屈服面正交，据此在清华弹塑性模型的框架内，发展了可计算湿化变形的弹塑性模型。

　　在实际应用中，湿化瞬时应变增量方向的平行特性可为堆石料的湿化变形试验和计算分析提供很大的便利。在堆石料湿化试验中，由于试样存在由干到湿的非饱和态，堆石料试样体积变形的测量一般较为困难，规律性也很不明显。湿化瞬时应变增量的平行特性实际上是规定了湿化瞬时体应变与湿化瞬时轴向应变的比例关系。因此，根据湿化瞬时应变方向的平行特性，试验中只需量测湿化瞬时轴向应变，相应体积应变则可以根据上述的平行特性来确定。在湿化变形计算分析中，在已经确定堆石料本构模型的条件下，只需确定瞬时湿化变形的一个分量增量，如轴向应变增量，就可利用已知的本构模型确定瞬时湿化变形增量的其他分量和整体增量。这也就避免了在堆石料湿化试验中，量测非饱和试样体积变形的困难。

　　2）瞬时湿化应变的非硬化特性

　　堆石料瞬时湿化应变的非硬化特性是指，尽管湿化应变是不可恢复的应变，但它和一般的塑性应变不同，不会引起堆石体试样的硬化或软化。

如图 5-33 所示为一典型饱和湿化试验的结果。从试验结果的$(\sigma_1-\sigma_3)\sim\varepsilon_1$关系曲线可以发现，在经过试验中的流变和湿化过程后，后续的饱和加载段存在一个明显的再加载"陡坎"段。该"陡坎"段的斜率明显高于三轴一次加载应力-应变关系曲线的斜率，却基本等同于在卸载或再加载段的斜率。其他饱和湿化试验的结果也存在相同的现象。这种现象表明，经过前面的流变和湿化过程后，尽管试样在历史上并未承受过更大的荷载，但堆石体却具有了一定程度的类似"超固结"的特性。显然，之前发生的流变或湿化是引起试样发生这种硬化的原因。

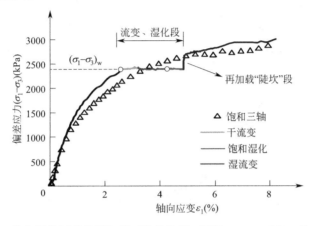

图 5-33　饱和湿化试验的再加载"陡坎"段（试验 $\sigma_3=600\mathrm{kPa}$，$S_l=0.79$）

为了进一步探讨产生上述现象的原因，进行了快速湿化三轴试验。在试验中，当轴向荷载达到所要求的 $(\sigma_1-\sigma_3)_w$ 后，保持其稳定不变，并立即快速对试样进行通水饱和，让试样发生湿化应变。之后一旦试样顶帽的排水孔出水，立即进行后续的加载剪切。可见，同饱和湿化三轴试验不同，在快速湿化三轴试验中未允许试样发生流变应变，试样在浸水饱和过程中只发生了瞬时湿化应变。

图 5-34 给出了快速湿化三轴试验的结果。可以看出，在该种试验的$(\sigma_1-\sigma_3)\sim\varepsilon_1$关系曲线上，饱和湿化后的后续三轴加载过程没有出现前述的再加载"陡坎"段。图中还给出了经平移后的后续三轴加载曲线，可以发现该段曲线和饱和试样的一次加载三轴曲线基本重合。此外，对于 $\varepsilon_v\sim\varepsilon_1$ 关系曲线，也可以发现，曲线在湿化变形段前后均不存在转折点，整条曲线光滑连续。

上述的试验结果表明，在饱和湿化三轴试验的应力-应变曲线中出现的再加载"陡坎"段或者类似"超固结"特性，是由前阶段试样发生的流变应变导致的，与前阶段试样发生的瞬时湿化应变无关。这也证明，堆石体流变应变和瞬时湿化应变尽管都为堆石体在荷载不变条件下发生的不可恢复的非加载应变，但二者在性质方面却存在着重要差别。堆石体流变可引起堆石体的强化，其特性和由荷载增加所产生的塑性变形类似。在弹塑性模型中，应在硬化参数中引入流变应变的影响，以考虑由流变应变导致的后续"超固结"特性。相反，堆石体瞬时湿化应变不会引起堆石体的强化，其特性和由荷载增加产生的塑性变形不同。由于瞬时湿化应变不会导致堆石体后续发生"超固结"现象，因此在塑性模型的硬化参数中不必考虑瞬时湿化应变的影响。

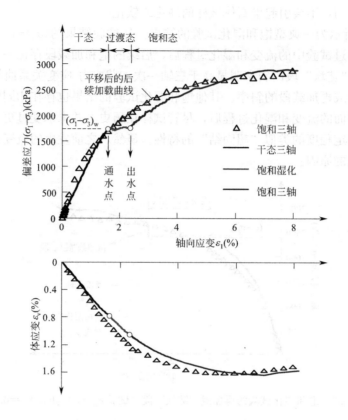

图 5-34　快速湿化三轴试验结果（试验 $\sigma_3=600\text{kPa}$，$S_l=0.56$）

瞬时湿化应变的非硬化特性也可通过图 5-28 所示的"物态弱化"模型来进行解释。堆石体试样在干燥状态下达到某个应力状态，试样和作用的荷载处于平衡状态。对试样进行浸水湿化后，由于堆石颗粒间会发生润滑等作用，浸水湿化的结果会使堆石体的承载能力被"弱化"，试样和作用的荷载不再处于平衡状态。因此，试样在作用荷载保持不变的情况下，发生瞬时湿化应变，会补偿强化试样的刚度重新恢复到被浸水"弱化"前的水平，使得它能和作用的荷载达到平衡状态。

比较图 5-28(a)、(c)堆石体试样所处的两个状态可以发现，作为一种不可恢复的应变，该湿化应变对堆石体试样实质上起到了内在的强化作用，但这是一种被"弱化"后的补偿强化，作用的总体结果正好可使试样恢复到浸水湿化前的承载状态。但从外在整体看，湿化应变并未引起堆石体试样的强化。

5.5.2　瞬时湿化剪应变（或轴向应变）计算公式

沈珠江根据堆石料湿化三轴试验成果提出，湿化剪应变可用应力水平的双曲函数来表示［式(5-1)］。需要进一步说明的是，本书将湿化剪应变等价为瞬时湿化剪应变。关于在湿化第二阶段所发生的湿态流变剪应变，本书将采用另外的方法进行计算。

式(5-1)得到了较多试验数据的支持和众多学者的广泛认可。为了便于应用，建议将式(5-1)写为如下湿化轴向应变的形式：

$$\Delta\varepsilon_{1s}=d_w\frac{S_l}{1-S_l} \tag{5-3}$$

本章第一批共完成了 9 组流变-湿化组合三轴试验，根据试验结果可得到相应围压力 σ_3 和应力水平 S_l 下的湿化剪应变 $\Delta\gamma_s$、湿化轴向应变 $\Delta\varepsilon_1$ 和湿化体应变 $\Delta\varepsilon_{vs}$。表 5-5 列出了相应的试验结果。

湿化变形试验结果（本章第一批试验结果）　　　　　　表 5-5

σ_3(kPa)	S_l	$\Delta\varepsilon_{1s}$(%)	$\Delta\varepsilon_{vs}$(%)	$\Delta\gamma_s$(%)
400	0.40	0.100	0.074	0.075
400	0.55	0.410	0.071	0.386
400	0.77	0.830	0.045	0.815
600	0.38	0.150	0.078	0.124
600	0.62	0.560	0.173	0.502
600	0.79	1.060	0.147	1.011
800	0.43	0.310	0.203	0.242
800	0.67	0.670	0.281	0.576
800	0.81	1.280	0.120	1.240

图 5-35 给出了试验瞬时湿化剪应变 $\Delta\gamma_s$ 与应力水平 S_l 关系的试验结果。可以看出，瞬时湿化剪应变随着应力水平的增加而快速增加，当应力水平趋于 1 时，瞬时湿化剪应变趋于无穷大。这个试验规律是符合堆石体湿化变形机理的。当应力水平 S_l 的值接近 1 时，试样已接近破坏状态，这时对试样进行浸水"弱化"，显然会使试样发生很大的湿化剪应变。此外，不同围压下的瞬时湿化剪应变随应力水平的变化趋势一致且相互重合，说明该组试验 $\Delta\gamma_s\sim S_l$ 关系基本不受围压的影响。

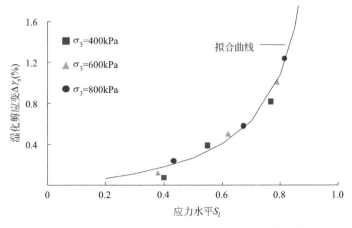

图 5-35　瞬时湿化剪应变试验结果及拟合情况（本章试验结果，拟合值 $d_w=0.271$）

上述瞬时湿化剪应变 $\Delta\gamma_s$ 与应力水平 S_l 关系的试验规律同沈珠江提出的式（5-1）相

一致。图 5-35 中也给出了式(5-1) 对试验结果的拟合曲线，可见拟合情况良好。

图 5-36 给出了试验湿化轴向应变 $\Delta\varepsilon_{1s}$ 与应力水平 S_l 关系的试验结果和采用式(5-3)拟合的情况。可见 $\Delta\varepsilon_{1s}\sim S_l$ 关系和 $\Delta\gamma_s\sim S_l$ 关系十分类似，采用式(5-3) 拟合试验结果的情况也十分理想。在堆石料的湿化变形试验中，由于涉及非饱和试样体积变形的量测，所以湿化体积应变的量测是一个非常困难的技术难题。因此，直接使用轴向湿化应变的式(5-3) 原则上可不再需要进行湿化体应变的量测，这十分利于堆石料湿化试验的开展。但是应当注意，对于式(5-3)，当应力水平 $S_l=0$ 时，即当试样处于等向固结状态时，所得湿化轴向应变 $\Delta\varepsilon_{1s}=0$，此时会忽略试样在等向固结状态下的湿化轴向应变。

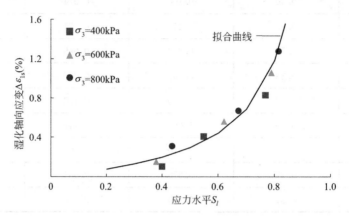

图 5-36　瞬时湿化轴向应变试验结果及拟合情况（本章试验结果，拟合值 $d_w=0.295$）

表 5-6～表 5-8 分别给出了糯扎渡高心墙堆石坝角砾岩堆石料、花岗岩堆石料和泥质砂岩堆石料大型三轴湿化试验的成果（张宗亮，2011），这些试验是由南京水利科学研究院（简称"南科院"）的李国英博士等完成的。

糯扎渡角砾岩堆石料湿化变形试验结果（南科院）　　　　表 5-6

σ_3(kPa)	S_l	$\Delta\varepsilon_{vs}(\%)$	$\Delta\gamma_s(\%)$
500	0.35	0.050	0.180
500	0.50	0.027	0.282
500	0.85	0.006	1.098
1000	0.36	0.150	0.252
1000	0.49	0.108	0.348
1000	0.80	0.036	0.971
1500	0.28	0.260	0.342
1500	0.52	0.324	0.454
1500	0.77	0.445	0.737
2500	0.35	0.345	0.501
2500	0.48	0.484	0.600
2500	0.81	0.805	0.854

σ_3(kPa)	S_l	$\Delta\varepsilon_{vs}$(%)	$\Delta\gamma_s$(%)
500	0.35	0.181	0.244
500	0.50	0.099	0.403
500	0.80	0.028	1.405
1000	0.35	0.243	0.241
1000	0.50	0.202	0.309
1000	0.80	0.084	1.215
1500	0.33	0.328	0.230
1500	0.50	0.401	0.406
1500	0.80	0.620	0.615
2500	0.34	0.381	0.505
2500	0.50	0.583	0.613
2500	0.80	0.923	1.027

糯扎渡泥质砂岩堆石料湿化变形试验结果（南科院）　　　　表 5-8

σ_3(kPa)	S_l	$\Delta\varepsilon_{vs}$(%)	$\Delta\gamma_s$(%)
500	0.41	1.810	1.498
500	0.51	1.623	2.704
500	0.80	1.154	5.266
1000	0.33	2.013	1.596
1000	0.48	1.207	3.325
1000	0.79	1.036	6.088
1500	0.36	2.328	1.739
1500	0.55	2.435	3.614
1500	0.81	2.801	6.881
2500	0.37	3.002	2.134
2500	0.50	3.201	4.337
2500	0.80	3.635	7.581

　　图 5-37～图 5-39 分别给出了糯扎渡高心墙堆石坝角砾岩堆石料、花岗岩堆石料和泥质砂岩堆石料大型三轴湿化试验湿化剪应变 $\Delta\gamma_s$ 与应力水平 S_l 关系的试验结果及采用式（5-1）对试验结果的拟合情况。可见，拟合情况良好，可以满足工程应用的要求。

　　有时当试验结果与围压相关时，可考虑围压影响进行模拟：

$$\Delta\gamma_s = d_w \frac{S_l}{1-S_l} (\frac{\sigma_3}{p_a})　　　　　　(5-4)$$

式中，p_a 为大气压。

　　根据本章所进行的糯扎渡弱风化花岗岩堆石料饱和湿化三轴试验结果，将试样在充水饱和过程中发生的湿化应变作为湿化瞬时变形（对应图 5-26、图 5-27 和图 5-31 中的 bc

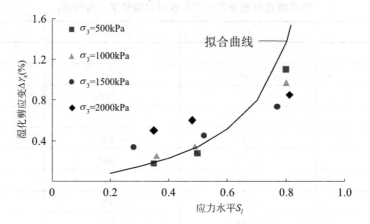

图 5-37　湿化剪应变试验结果及公式拟合情况（角砾岩堆石料）

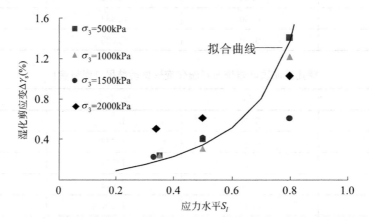

图 5-38　湿化剪应变试验结果及公式拟合情况（花岗岩堆石料）

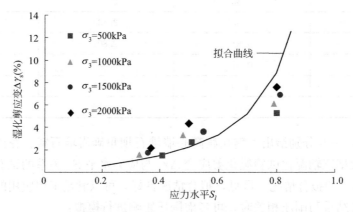

图 5-39　湿化剪应变试验结果及公式拟合情况（泥质砂岩堆石料）

段），计算整理了不同围压和应力水平情况下瞬时湿化剪应变的大小。图 5-40 给出了相应瞬时湿化剪应变试验结果与采用式(5-4)进行拟合的情况。可见，拟合情况良好，表明式(5-4)对本章所进行的湿化试验是适用的，且根据拟合结果，可得 $d_w = 0.038$。根据式(5-4)，瞬时湿化剪应变随着应力水平的增加而增大，当应力水平趋于 1 时，湿化剪应变

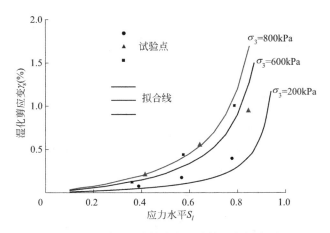

图 5-40 瞬时湿化剪应变试验结果与拟合图

趋于无穷大,该规律符合堆石料湿化变形的机理。

5.5.3 基于变形方向平行特性的瞬时湿化体应变计算方法

大量试验结果表明,不同围压和应力水平条件下湿化体应变并不为常数,且试验结果似乎也不存在统一的规律。对湿化体应变与应力水平的关系,一些试验是湿化体应变随应力水平的增加而增大,一些试验是随应力水平的增加而减小,也有的试验结果是,先随应力水平的增加而增大,之后又减小。甚至在围压较低且湿化应力水平较高时,湿化体应变可为负值,即会产生体积膨胀的所谓"湿胀"现象。上述情况说明,湿化体应变和应力水平等这些应力状态变量之间可能并不存在固有的关系,很难通过一个通用公式进行拟合。

实际上,瞬时湿化应变增量方向的平行特性为湿化体应变的拟合计算提供了一种新的方法。在体应变-轴向应变关系曲线中,所谓的瞬时应变增量的方向实际上就是瞬时湿化体应变增量和瞬时湿化轴向应变增量之比。瞬时湿化应变增量方向的平行特性表明,瞬时湿化应变增量各分量间的比例关系和相同应力状态下三轴加载的应变增量各分量间的比例关系是相同的。

利用堆石料瞬时湿化应变增量方向的平行特性,可以方便地根据瞬时湿化剪应变 $\Delta\gamma_s$ 或瞬时湿化轴向应变 $\Delta\varepsilon_{1s}$,直接计算相对应的瞬时湿化体应变 $\Delta\varepsilon_{vs}$,不必再建立相应的计算公式。图 5-41 给出了相应计算方法的原理。

在某应力状态下,可将堆石料试样应力加载变形增量的方向系数 μ_t 写为:

$$\mu_t = \frac{\Delta\varepsilon_v}{\Delta\varepsilon_1} \qquad (5-5)$$

则根据瞬时湿化变形的平行特性,相同应力状态下瞬时湿化体应变与湿化轴应变的比例关系也应与之相同。若瞬时湿化轴向应变增量 $\Delta\varepsilon_{1s}$ 已知,则相对应的瞬时湿化体应变增量 $\Delta\varepsilon_{vs}$ 可由下式直接计算得到:

$$\Delta\varepsilon_{vs} = \mu_t \Delta\varepsilon_{1s} \qquad (5-6)$$

若瞬时湿化剪应变 $\Delta\gamma_s$ 已知,则根据三轴条件下 $\Delta\varepsilon_{1s} = \Delta\gamma_s + \Delta\varepsilon_{vs}/3$,相对应的湿化体应变增量 $\Delta\varepsilon_{vs}$ 可由下式直接计算得到:

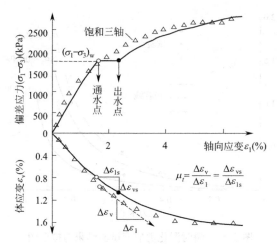

图 5-41　湿化变形方向的平行特性和湿化体应变计算

$$\Delta\varepsilon_{vs}=\frac{3\mu_t}{3-\mu_t}\Delta\gamma_s \qquad (5-7)$$

由图 5-41 和式（5-6）可以发现，堆石料瞬时湿化体应变和相应应力状态下应力加载体变具有相同的特性。在应力加载条件下，堆石料的体变特性和堆石料的密实度、围压、剪应力水平等复杂因素相关，是无法仅用应力状态的简单函数来进行表述和拟合的。例如，在密实度较高、围压较小和剪应力水平较大的情况下，堆石料容易发生剪胀；在相同状态下，堆石料瞬时湿化也会容易发生所谓的"湿胀"。

需要说明的是，在式（5-6）和式（5-7）中，μ_t 为某应力状态下加载变形的方向系数，在计算分析中可利用堆石料的本构模型（如沈珠江双屈服面模型、邓肯-张 EB 模型等）直接确定，不必引入任何的计算参数。据此，堆石料瞬时湿化变形计算方法主要包括如下的步骤和要点：

（1）分别进行干态试样和饱和试样的常规三轴试验，确定堆石料的本构模型参数（说明：目前对许多工程问题，在进行湿化变形计算时，对于浸水前的堆石料，也常常直接采用饱和参数进行计算，这时可不进行干态试样的常规三轴试验）。

（2）进行堆石料湿化变形常规三轴试验。根据所研究的实际工程问题，选取若干个围压力和应力水平，进行单线法湿化变形试验。如果采用湿化轴向应变的式（5-3），则在湿化三轴试验中，原则上只需量测相应的瞬时湿化轴向应变。

（3）利用式（5-1）、式（5-3）或式（5-4）等建立瞬时湿化剪应变 $\Delta\gamma_s$ 或瞬时湿化轴向应变 $\Delta\varepsilon_{1s}$ 与应力水平 S_l 之间的拟合关系。

（4）利用所采用的本构模型（如邓肯-张 EB 模型等）确定待求应力状态下的变形增量方向系数 μ_t，再由瞬时湿化剪应变 $\Delta\gamma_s$ 或瞬时湿化轴向应变 $\Delta\varepsilon_{1s}$，根据式（5-6）或式（5-7）计算相应的湿化体应变增量 $\Delta\varepsilon_{vs}$。

在上述建议的瞬时湿化变形计算方法中，直接利用堆石料加载变形增量的方向确定瞬时湿化变形增量各分量间的比例关系。利用这种方法，可以有效地避免非饱和试样湿化体积应变难以量测和合理的湿化体积应变的拟合公式难以建立这两大难题。此外，该模型应用简便，只需测定有关湿化变形的一个参数 d_w 即可。

5.5.4　瞬时湿化体应变计算方法 1：邓肯-张 EB 模型

根据瞬时湿化应变增量的平行特性，在已知瞬时湿化剪应变（或轴向应变）的前提下，可采用堆石料本构模型直接计算相应的瞬时湿化体应变。本小节结合邓肯-张 EB 模型讨论具体的计算步骤。

1. 邓肯-张 EB 模型简介

邓肯-张 EB 模型（Duncan & Chang，1970）是一个典型的非线性弹性模型，其加载条件下的切线模量 E_t 和体积模量 B_t 计算公式分别为：

$$E_t = k \left(\frac{\sigma_3}{p_a} \right)^n \left[1 - \frac{R_f (1 - \sin\varphi)(\sigma_1 - \sigma_3)}{2c\cos\varphi + 2\sigma_3\sin\varphi} \right]^2 \tag{5-8}$$

$$B_t = k_b \left(\frac{\sigma_3}{p_a} \right)^m \tag{5-9}$$

卸载和再加载模量 E_{ur} 用下式表示：

$$E_{ur} = k_{ur} p_a \left(\frac{\sigma_3}{p_a} \right)^n \tag{5-10}$$

对堆石体摩擦角常采用下述的非线性强度计算公式，并取 $c = 0$：

$$\varphi = \varphi_0 - \Delta\varphi \lg(\sigma_3/p_a) \tag{5-11}$$

邓肯-张 EB 模型有 φ_0，$\Delta\varphi$，k，n，k_b，m，R_f 和 k_{ur} 共 8 个参数，可通过一组常规三轴压缩试验结果求取。

在三轴应力状态下，体应变和轴向应变的关系可以用下式表示：

$$\mu_t = \frac{\Delta\varepsilon_v}{\Delta\varepsilon_1} = \frac{E_t}{3B_t} \tag{5-12}$$

2. 邓肯-张 EB 模型参数确定

分别根据所进行的饱和堆石体试样和风干堆石体试样的常规三轴一次加载试验和循环加载试验成果，求取了邓肯-张 EB 模型的参数，具体数值见表 5-9。

邓肯-张 EB 模型参数　　　　　　　　　　　　　　　　　　　表 5-9

堆石料类型	φ_0 (°)	$\Delta\varphi$ (°)	k	n	k_b	m	R_f	k_{ur}
干态堆石料	51.55	6.35	1650	0.21	740	0.12	0.84	3400
饱和堆石料	50.16	5.39	1213	0.20	420	0.12	0.84	3300

图 5-42 和图 5-43 分别是采用表 5-9 中的模型参数对饱和、风干堆石体试样常规三轴试验结果的拟合情况。可见，模型参数对试验结果的拟合情况良好。

3. 基于邓肯-张 EB 模型的瞬时湿化体应变计算

（1）瞬时湿化剪应变或瞬时湿化轴向应变计算公式及参数拟合。

对于糯扎渡弱风化花岗岩堆石料，根据所进行的饱和湿化三轴试验结果，分别采用式（5-1）和式（5-3）拟合得到了瞬时湿化剪应变和瞬时湿化轴向应变的模型参数为：$d_w = 0.271$ 和 $d_w = 0.295$。图 5-35 和图 5-36 分别显示了拟合结果与试验结果的对比，可见两者的拟合效果均较好。

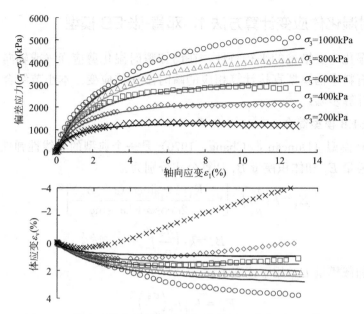

图 5-42　饱和试样常规三轴试验拟合结果（邓肯-张 EB 模型）

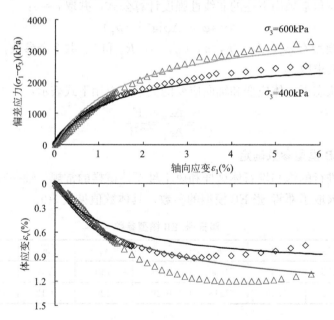

图 5-43　干态试样常规三轴试验拟合结果（邓肯-张 EB 模型）

（2）确定饱和湿化三轴试验进行湿化时具体的应力状态。据此根据邓肯-张 EB 模型式(5-8) 和式(5-9)计算该应力状态对应的模量 E_t 和 B_t，再根据式(5-12)计算该应力状态下应力加载变形增量的方向系数 μ_t。

（3）根据式(5-6)计算相应的瞬时湿化体应变 $\Delta\varepsilon_{vs}$。

采用邓肯-张 EB 模型和上述计算步骤，对所进行的快速湿化三轴试验（$\sigma_3 = 600\text{kPa}$，$S_l = 0.62$）结果进行了模拟计算，图 5-44 给出了模拟计算结果，可见模拟计算结果体现了试验结果的主要变形特征。

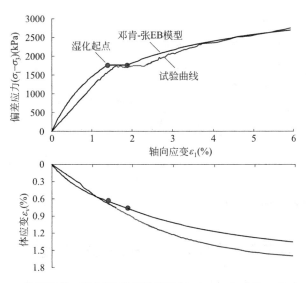

图 5-44　快速湿化三轴试验模拟计算结果（$\sigma_3 = 600\text{kPa}$，$S_l = 0.62$）

采用邓肯-张 EB 模型和上述计算步骤，对饱和湿化三轴试验结果进行了模拟计算，表 5-10 给出了试验结果与计算结果的对比。图 5-35 给出了瞬时湿化体应变试验结果与计算结果的对比。图 5-45 给出了瞬时湿化体应变模拟计算结果与试验结果的对比。

饱和湿化试验试验结果与计算结果的对比（邓肯-张 EB 模型）　　表 5-10

σ_3（kPa）	S_1	试验 $\Delta\varepsilon_{vs}$（%）	试验 $\Delta\gamma_s$（%）	计算 $\Delta\varepsilon_{vs}$（%）	计算 $\Delta\gamma_s$（%）
400	0.40	0.074	0.075	0.094	0.165
400	0.55	0.071	0.386	0.113	0.321
400	0.77	0.045	0.815	0.133	0.932
600	0.38	0.078	0.124	0.094	0.149
600	0.62	0.173	0.502	0.124	0.440
600	0.79	0.147	1.011	0.140	1.056
800	0.43	0.203	0.242	0.105	0.192
800	0.67	0.281	0.576	0.131	0.559
800	0.81	0.120	1.240	0.148	1.242

由计算结果可见，由于计算中瞬时湿化剪应变直接采用拟合公式进行计算，所以瞬时湿化剪应变的计算结果比较理想。而对于瞬时湿化体应变，是根据湿化应变增量方向的平行特性由本构模型计算得到。因此，瞬时湿化体应变模拟计算结果的理想程度主要取决于本构模型对堆石体体应变的计算精度。对于本节所采用的邓肯-张 EB 模型，由于不能反映堆石体的剪胀和剪缩特性，其在计算堆石体体应变方面存在明显缺陷，因此也使得湿化体应变的计算效果总体不甚理想。

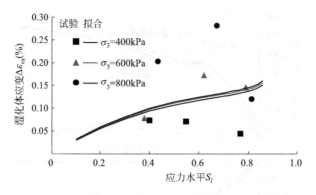

图 5-45　饱和湿化试验瞬时湿化体应变模拟计算结果与试验结果的对比（邓肯-张 EB 模型）

5.5.5　瞬时湿化体应变计算方法 2：一般弹塑性模型

尽管瞬时湿化变形是不可恢复的变形，但同应力加载导致的塑性变形不同，不会引起堆石料试样的硬化或软化，称为瞬时湿化变形的非硬化特性。因此，在弹塑性模型中，不必在硬化参数中引入瞬时湿化变形的影响。

利用式(5-5)计算堆石料试样变形增量的方向系数 μ_t 时，可不计弹性变形的影响。假设弹塑性模型的屈服面方程为 f，塑性势面函数为 g。则根据塑性理论：

$$\begin{cases} d\varepsilon_v^p = d\lambda\, \dfrac{\partial g}{\partial p} \\[2mm] d\gamma^p = d\lambda\, \dfrac{\partial g}{\partial q} \end{cases} \tag{5-13}$$

三轴应力状态下，剪应变的计算公式：$\Delta\gamma = \Delta\varepsilon_1 - \Delta\varepsilon_v/3$，将式(5-12)代入得：

$$\mu_t = \frac{\Delta\varepsilon_v^p}{\Delta\varepsilon_1^p} = \frac{3\partial g/\partial p}{3\partial g/\partial q + \partial g/\partial p} \tag{5-14}$$

当采用相适应的流动法则时，$f = g$，此时瞬时湿化变形的方向垂直于屈服面。可根据下式计算：

$$\mu_t = \frac{\Delta\varepsilon_v^p}{\Delta\varepsilon_1^p} = \frac{3\partial f/\partial p}{3\partial f/\partial q + \partial f/\partial p} \tag{5-15}$$

5.5.6　瞬时湿化体应变计算方法 3：沈珠江双屈服面模型

1. 沈珠江双屈服面模型简介

沈珠江双屈服面模型（沈珠江，1990；张丙印等，2003）将应变增量分成弹性应变和塑性应变，即：

$$\{\Delta\varepsilon\} = \{\Delta\varepsilon^e\} + \{\Delta\varepsilon^p\} \tag{5-16}$$

式中，弹性应变按胡克定律计算，塑性应变一般写成下列形式：

$$\{\Delta\varepsilon^p\} = \Delta\lambda\{n\} \tag{5-17}$$

式中，$\Delta\lambda$ 为塑性乘子，代表塑性应变增量的大小；$\{n\}$ 为应变增量的方向；$\{n\}$ 垂直于

塑性势面 g，因此，塑性应变增量的方向可以表示为：

$$\{n\} = \frac{1}{N} \left\{ \frac{\partial g}{\partial \sigma} \right\} \tag{5-18}$$

式中，参数 N 为法向矢量的模，表达式为：

$$N = \left[\left\{ \frac{\partial g}{\partial \sigma} \right\}^{\mathrm{T}} \left\{ \frac{\partial g}{\partial \sigma} \right\} \right]^{1/2} \tag{5-19}$$

式中，屈服面 f 与塑性势面 g 一致的时候，称屈服准则为相适应的流动法则，反之称为不相适应的流动法则。

在沈珠江双屈服面模型中没有使用硬化参数的概念，而是采用塑性系数 A 来进行计算，$\Delta\lambda$ 可以写为：

$$\Delta\lambda = A \left\{ \frac{\partial g}{\partial \sigma} \right\}^{\mathrm{T}} \{\Delta\sigma\} \tag{5-20}$$

沈珠江双屈服面模型有两个屈服面，这时式（5-15）可以写为：

$$\{\Delta\varepsilon\} = \{\Delta\varepsilon^{\mathrm{e}}\} + \{\Delta\varepsilon^{\mathrm{p}}\}_1 + \{\Delta\varepsilon^{\mathrm{p}}\}_2 \tag{5-21}$$

沈珠江双屈服面模型采用相适应的流动法则，因此有：

$$\{\Delta\varepsilon\} = \{\Delta\varepsilon^{\mathrm{e}}\} + \sum_{i=1}^{2} A_i \frac{1}{N} \left\{ \frac{\partial f_i}{\partial \sigma} \right\} \left\{ \frac{\partial f_i}{\partial \sigma} \right\}^{\mathrm{T}} \{\Delta\sigma\} \tag{5-22}$$

或者写为：

$$\{\Delta\varepsilon\} = \{\Delta\varepsilon^{\mathrm{e}}\} + A_1 \left\{ \frac{\partial f_1}{\partial \sigma} \right\} \Delta f_1 + A_2 \left\{ \frac{\partial f_2}{\partial \sigma} \right\} \Delta f_2 \tag{5-23}$$

式中，f_i 为第 i 屈服面；A_i 为塑性系数，卸载和中性变载时等于零。

如图 5-46 所示是沈珠江模型采用的屈服面的形式，分体积屈服面和剪切屈服面，两个屈服面的方程分别为：

$$f_1 = p^2 + r^2 q^2$$
$$f_2 = q^s / p \tag{5-24}$$

式中，r 和 s 是经验参数，一般情况下堆石料均可取 2；p 和 q 分别为广义平均应力和剪应力。

在沈珠江双屈服面模型中，假定塑性系数 A_1 和 A_2 为应力状态的函数，且与应力路径无关。这样，A_1 和 A_2 可以通过室内简单应力路径（如常规三轴压缩试验的试验结果）来确定。

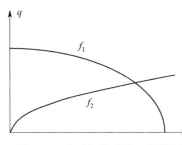

图 5-46　沈珠江模型的双屈服面

在常规三轴压缩应力路径上有：$\Delta\varepsilon_2 = \Delta\varepsilon_3$，$\Delta\varepsilon_{\mathrm{v}} = \Delta\varepsilon_1 + 2\Delta\varepsilon_3$，$\Delta p = \Delta\sigma_1 / 3$，$\Delta q = \Delta\sigma_1$。据此由式（5-24）可算出 Δf_1、Δf_2、$\{\partial f_1/\partial\sigma\}$ 和 $\{\partial f_2/\partial\sigma\}$，代入式（5-23），可得常规三轴压缩应力路径下轴向应变和体应变的表达式：

$$\frac{\Delta\varepsilon_1}{\Delta\sigma_1} = \frac{1}{E} + \frac{4}{9}(p + 3r^2 q)^2 A_1 + \frac{1}{9}\left(\frac{1}{p} - \frac{3s}{q}\right)^2 \frac{q^{2s}}{p^2} A_2 \tag{5-25}$$

$$\frac{\Delta\varepsilon_v}{\Delta\sigma_1}=\frac{1-2\nu}{E}+\frac{4}{3}p(p+3r^2q)A_1+\frac{1}{3p}\left(\frac{1}{p}-\frac{3s}{q}\right)\frac{q^{2s}}{p^2}A_2 \tag{5-26}$$

在常规三轴试验中，$E_t=\Delta\sigma_1/\Delta\varepsilon_1$，$\mu_t=\Delta\varepsilon_v/\Delta\varepsilon_1$，由上两式可解出 A_1、A_2 的表达式：

$$A_1=\frac{1}{4p^2}\frac{\eta\left(\dfrac{9}{E_t}-\dfrac{3\mu_t}{E_t}-\dfrac{3}{G}\right)+3s\left(\dfrac{3\mu_t}{E_t}-\dfrac{1}{B}\right)}{3(1+3r^2\eta)(r^2\eta^2+s)} \tag{5-27}$$

$$A_2=\frac{p^2q^2}{q^{2s}}\frac{\left(\dfrac{9}{E_t}-\dfrac{3\mu_t}{E_t}-\dfrac{3}{G}\right)-3r^2\eta\left(\dfrac{3\mu_t}{E_t}-\dfrac{1}{B}\right)}{3(3s-\eta)(s+r^2\eta^2)}$$

式中，$\eta=q/p$。对常规三轴试验，假定偏差应力（$\sigma_1-\sigma_3$）与轴向应变 ε_1 关系仍然采用邓肯-张模型的双曲线关系，则切线变形模量 E_t 的表达式仍为式(5-8)。

弹性体积和剪切模量则按下式计算：

$$B=\frac{E_{ur}}{3(1-\nu)},\ G=\frac{E_{ur}}{3(1+\nu)} \tag{5-28}$$

其中，弹性泊松比可取 0.3，卸载再加载模量 E_{ur} 的计算公式见式(5-10)。

为了描述堆石体的剪胀特性，沈珠江双屈服面模型采用如图 5-47 所示的抛物线来描述体应变和轴向应变的关系。则可得 μ_t 的表达式为：

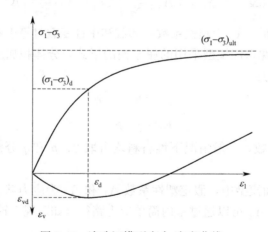

图 5-47　沈珠江模型应力-应变曲线

$$\mu_t=2c_d\left(\frac{\sigma_3}{p_a}\right)^{n_d}\frac{E_iR_f}{(\sigma_1-\sigma_3)_f}\frac{1-R_d}{R_d}\left(1-\frac{R_fS_l}{1-R_fS_l}\frac{1-R_d}{R_d}\right) \tag{5-29}$$

式中，c_d、n_d 和 R_d 为试验参数，分别由下列公式决定：

$$\varepsilon_{vd}=c_d\left(\frac{\sigma_3}{p_a}\right)^{n_d} \tag{5-30}$$

$$R_d=\frac{(\sigma_1-\sigma_3)_d}{(\sigma_1-\sigma_3)_{ult}} \tag{5-31}$$

沈珠江双屈服面模型有 φ_0、$\Delta\varphi$、R_f、k、n、c_d、n_d、R_d 和 k_{ur} 共 9 个参数，均可

通过一组常规三轴压缩试验确定，并且除了 c_d、n_d 和 R_d 外，其余参数均同邓肯-张模型的参数相同。

沈珠江双屈服面模型采用如图 5-47 所示的抛物线描述体积变形，可以反映堆石体的剪胀（缩）特性，一般情况下可较好地拟合试验结果。但是，在高压应力状态或者是在较大的剪应变条件下，该模型有时计算的土体剪胀性偏大。

张丙印等（2007）建议采用如下 Rowe 剪胀方程的修正形式代替式（5-29）：

$$\mu_t = 1 - \left(\frac{R}{R_u}\right)^\alpha \quad \text{或} \quad \mu_t = d_0\left(1 - \frac{R}{R_u}\right) \tag{5-32}$$

式中，α 或 d_0 为试验参数，可通过常规三轴压缩试验结果拟合得到。

由上面推导过程可知，对沈珠江双屈服面模型，三轴应力状态下，体应变和轴向应变的关系 $\mu_t = \Delta\varepsilon_v/\Delta\varepsilon_1$，即为式(5-29)或式(5-32)。

2. 沈珠江双屈服面模型参数

分别根据所进行的饱和堆石体试样和风干堆石体试样的常规三轴一次加载试验和循环加载试验成果，求取了沈珠江双屈服面模型的参数，具体见表 5-11。

沈珠江双屈服面模型参数　　　　表 5-11

堆石料类型	φ_0 (°)	$\Delta\varphi$ (°)	k	n	k_b	m	R_f	c_d	n_d	R_d
干态堆石料	51.55	6.35	1650	0.21	740	0.12	0.84	0.0011	1.40	0.75
饱和堆石料	50.16	5.39	1213	0.20	420	0.12	0.84	0.0012	1.46	0.75

图 5-48 和图 5-49 分别是表 5-11 中的模型参数对饱和堆石体试样和风干堆石体试样常规三轴试验结果的拟合情况。可见，模型参数对试验结果的整体拟合情况良好。

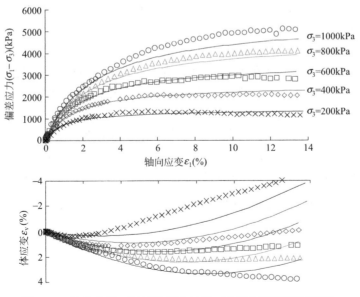

图 5-48　饱和常规三轴试验拟合结果（沈珠江双屈服面模型）

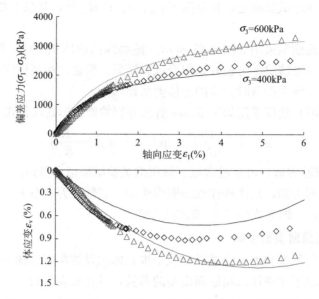

图 5-49　干态常规三轴试验拟合结果（沈珠江双屈服面模型）

3. 基于沈珠江双屈服面模型的瞬时湿化体应变计算

（1）瞬时湿化剪应变或瞬时湿化轴向应变计算公式及参数拟合。

对于糯扎渡弱风化花岗岩堆石料，根据所进行的饱和湿化三轴试验结果，分别采用式（5-1）和式（5-3）拟合得到了瞬时湿化剪应变和瞬时湿化轴向应变的模型参数：d_w＝0.271 和 d_w＝0.295。图 5-35 和图 5-36 分别显示了拟合结果和试验结果的对比，可见两者的拟合效果均较好。

（2）确定饱和湿化三轴试验进行湿化时具体的应力状态。据此根据沈珠江双屈服面模型式（5-29）或式（5-32）计算该应力状态对应的应力加载变形增量的方向系数 μ_t。

（3）根据式（5-5）计算相应的瞬时湿化体应变 $\Delta\varepsilon_{vs}$。

采用沈珠江双屈服面模型和上述计算步骤，对所进行的快速湿化三轴试验（σ_3＝600kPa，S_l＝0.62）结果进行了模拟计算。图 5-50 给出了模拟计算结果，可见模拟计算结果体现了试验结果的主要变形特征。

采用沈珠江双屈服面模型和上述计算步骤，对饱和湿化三轴试验结果进行了模拟计算，表 5-12 给出了试验结果与计算结果的对比。图 5-35 给出了瞬时湿化剪应变试验结果与计算结果的对比。图 5-51 给出了瞬时湿化体应变模拟计算结果与试验结果的对比。

饱和湿化试验结果与计算结果的对比（沈珠江双屈服面模型）　　　　表 5-12

σ_3(kPa)	S_l	试验 $\Delta\varepsilon_{vs}$(%)	试验 $\Delta\gamma_s$(%)	计算 $\Delta\varepsilon_{vs}$(%)	计算 $\Delta\gamma_s$(%)
400	0.40	0.074	0.075	0.072	0.204
400	0.55	0.071	0.386	0.094	0.329
400	0.77	0.045	0.815	0.135	0.896
600	0.38	0.078	0.124	0.085	0.165
600	0.62	0.173	0.502	0.182	0.442
600	0.79	0.147	1.011	0.209	1.013

σ_3(kPa)	S_l	试验 $\Delta\varepsilon_{vs}$（%）	试验 $\Delta\gamma_s$（%）	计算 $\Delta\varepsilon_{vs}$（%）	计算 $\Delta\gamma_s$（%）
800	0.43	0.203	0.242	0.135	0.204
800	0.67	0.281	0.576	0.267	0.554
800	0.81	0.120	1.240	0.091	1.186

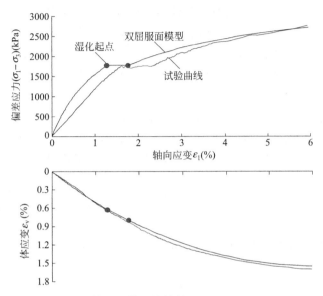

图 5-50　快速湿化三轴试验模拟计算结果（$\sigma_3 = 600$kPa，$S_l = 0.62$）

由计算结果可见，由于计算中瞬时湿化剪应变直接采用拟合公式进行计算，所以瞬时湿化剪应变的计算结果同样比较理想。对于湿化体应变，是根据瞬时湿化应变增量方向的平行特性由本构模型计算得到。因此，瞬时湿化体应变模拟计算结果的理想程度主要取决于本构模型对堆石体体应变的计算精度。沈珠江双屈服面模型相比邓肯-张 EB 模型，在合理描述堆石体体应变特性方面已有了很大的改进。沈珠江双屈服面模型为弹塑性模型，在体积变形方面可以反映堆石体的剪胀和剪缩特性。对比图 5-45 和图 5-51 可以发现，沈珠江双屈服面模型对于瞬时湿化体应变的计算效果已有了明显的改善。

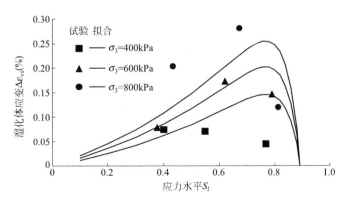

图 5-51　饱和湿化试验瞬时湿化体应变模拟计算结果与试验结果的对比（沈珠江双屈服面模型）

5.5.7　瞬时湿化体应变计算方法 4：剪胀方程

　　根据瞬时湿化应变增量的平行特性，在已知瞬时湿化剪应变（或轴向应变）的前提下，讨论了采用堆石料本构模型直接计算相应瞬时湿化体应变的方法。但是，上述方法对瞬时湿化体应变的模拟精度，直接取决于相应本构模型对堆石料体积变形模拟的精度。经验表明，该方法在一些情况下对瞬时湿化体应变的模拟效果不甚理想。例如，表 5-6 给出了采用邓肯-张 EB 模对饱和湿化三轴试验模拟计算的结果。图 5-44 给出了采用邓肯-张 EB 模型对快速湿化三轴试验模拟计算的结果。可见，邓肯-张 EB 模型不能反映堆石体的剪胀和剪缩特性，其在计算堆石体体应变方面存在明显缺陷，使得湿化体应变的计算效果总体不甚理想。

　　堆石料瞬时湿化应变增量的方向具有平行特性，实际上也表明，堆石料在浸水饱和过程中的瞬时湿化变形和常规三轴应力加载情况下的应力加载变形具有相同的剪胀特性，即两者应满足相同的剪胀方程。根据这种特性，建议可直接采用堆石料的剪胀方程来描述堆石料的瞬时湿化变形特性。

　　土体具有剪胀性，剪应力会引起土体的体积变化。对密砂或强超固结黏土，剪应力可引起体胀。对松砂或软土，剪应力可引起体缩。Rowe（1962）用两块刚性楔体在其分隔面上发生偏离原分隔面的滑动，来模拟紧密粒状集合模型的剪胀关系，并利用最小比能原理推导出经典的 Rowe 剪胀方程：

$$\mu_t = \frac{\Delta\varepsilon_v^p}{\Delta\varepsilon_1^p} = 1 - \frac{\sigma_1}{\sigma_3 K_u} \tag{5-33}$$

式中，μ_t 为剪胀比；K_u 为材料常数。

$$K_u = \tan^2\left(\frac{\pi}{4} + \frac{\varphi_{cv}}{2}\right) = \frac{1 + \sin\varphi_{cv}}{1 - \sin\varphi_{cv}} \tag{5-34}$$

式中，φ_{cv} 为土体在临界状态时的极限摩擦角。

　　但是，土体在变形过程中的体积是不断变化的。因此，用一个常数 K_u 来描述并不合适。为了更好地模拟堆石体在变形过程中的剪胀特性，张丙印和贾延安等（2007）根据堆石料常规压缩试验成果，提出了如下的修正 Rowe 剪胀方程：

$$\mu_t = \frac{\Delta\varepsilon_v}{\Delta\varepsilon_1} = 1 - \left(\frac{R}{R_u}\right)^\alpha \tag{5-35}$$

式中，α 为试验修正参数，当 $\alpha = 1$ 时，上式退化为原始 Rowe 剪胀方程；$R = \sigma_1/\sigma_3$ 为应力比；R_u 为极限应力比，对应堆石料体积不变的临界破坏状态。试验参数 R_u 和 α 可通过常规三轴压缩试验结果求出。由式(5-35) 可得：

$$\left(\frac{R}{R_u}\right)^\alpha = 1 - \mu_t = 1 - \frac{\Delta\varepsilon_v}{\Delta\varepsilon_1} \tag{5-36}$$

　　式(5-36) 取对数可得：

$$\alpha\lg R - \alpha\lg R_u = \lg\left(1 - \frac{\Delta\varepsilon_v}{\Delta\varepsilon_1}\right) \tag{5-37}$$

　　因此，在双对数图中式(5-37) 为直线关系，可依此求取式中的参数 α 与 R_u。

　　图 5-52 在双对数坐标系中显示了不同围压常规三轴压缩试验的结果。图中直线是采

用式(5-37)拟合得到,可见拟合归一情况良好,表明修正 Rowe 剪胀方程可以较好地反映常规三轴试验中堆石料的剪胀特性。根据图 5-52 中拟合直线的截距和斜率可求得糯扎渡弱风化花岗岩堆石料修正 Rowe 剪胀方程试验参数为:$R_u = 5.41$,$\alpha = 1.26$。

根据前述的堆石料瞬时湿化应变增量方向的平行特性,瞬时湿化应变增量各分量间的比例关系应和相同应力状态下三轴加载的应变增量各分量间的比例关系相同。即瞬时湿化应变增量和相同应力状态下三轴加载应变增量应满足相同的剪胀方程式(5-35)。对于糯扎渡弱风化花岗岩堆石料饱和湿化三轴试验,其瞬时湿化体应变 $\Delta\varepsilon_{vs}$ 与瞬时湿化轴向应变 $\Delta\varepsilon_{1s}$ 应满足相同堆石料应力加载下的修正 Rowe 剪胀方程:

$$\mu_t = \frac{\Delta\varepsilon_{vs}}{\Delta\varepsilon_{1s}} = 1 - \left(\frac{R}{R_u}\right)^\alpha = 1 - \left(\frac{R}{5.41}\right)^{1.26} \tag{5-38}$$

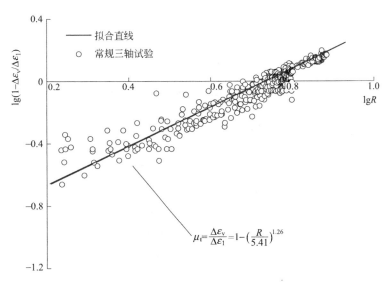

图 5-52 常规三轴试验结果和修正 Rowe 剪胀方程

本章共进行了 18 个不同应力状态的饱和湿化三轴试验。为验证式(5-38)是否成立,依据试验中量测的瞬时湿化体应变与瞬时湿化轴向应变,整理了 $\lg(1 - \Delta\varepsilon_{vs}/\Delta\varepsilon_{1s})$ 与 $\lg R$,并和前述的常规三轴试验结果点绘在一起,见图 5-53。可以看出,饱和湿化试验点与常规三轴试验点的分布范围高度重叠,分布规律相似。饱和湿化试验结果与利用常规三轴试验应力加载结果拟合的修正 Rowe 剪胀方程吻合情况良好。上述结果表明,瞬时湿化应变和应力加载应变满足同样的剪胀方程。因此,建议直接采用堆石料剪胀方程来描述瞬时湿化应变的方法是可行的。

根据上述结果,通过瞬时湿化轴向应变 $\Delta\varepsilon_{1s}$,利用式(5-35)直接计算相对应的瞬时湿化体应变 $\Delta\varepsilon_{vs}$,不再需要建立独立的计算公式。此外,式(5-35)中的试验参数 R_u 和 α 也可以根据饱和试样的常规三轴压缩试验结果确定,不再需要在湿化试验过程中量测湿化瞬时体应变 $\Delta\varepsilon_{vs}$,因而可以避免非饱和试样湿化体积应变较难量测的技术难题。

下面以瞬时湿化剪应变 $\Delta\gamma_s$ 采用式(5-4)进行拟合为例,推导瞬时湿化模型的具体表达式并讨论模型参数的确定方法。在常规三轴条件下有:

$$\Delta\gamma_s = \Delta\varepsilon_{1s} - \frac{1}{3}\Delta\varepsilon_{vs} \tag{5-39}$$

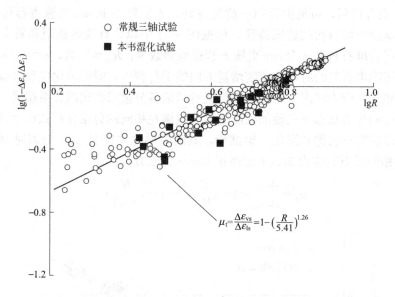

图 5-53　饱和湿化试验修正 Rowe 剪胀方程

将式(5-35) 代入式(5-39)，可得：

$$\Delta\gamma_s = \frac{1}{3}\left[2 + \left(\frac{R}{R_u}\right)^\alpha\right]\Delta\varepsilon_{1s} \tag{5-40}$$

将式(5-4) 代入上式，整理得：

$$\Delta\varepsilon_{1s} = 3d_w \frac{1}{2 + \left(\dfrac{R}{R_u}\right)^\alpha} \cdot \frac{S_l}{1 - S_l} \cdot \left(\frac{\sigma_3}{p_a}\right) \tag{5-41}$$

将式(5-35) 代入上式，并进行整理得：

$$\Delta\varepsilon_{vs} = 3d_w \cdot \frac{1 - (R_s/R_u)^\alpha}{2 + (R_s/R_u)^\alpha} \cdot \frac{S_l}{1 - S_l} \cdot \left(\frac{\sigma_3}{p_a}\right) \tag{5-42}$$

式(5-4) 和式(5-42) 即为本章所建议的堆石料瞬时湿化应变的计算模型。该模型包括 d_w、R_u 和 α 共 3 个试验参数。这些模型参数的确定方法为：

(1) R_u 和 α。所需试验为饱和试样的常规三轴试验。具体可根据式(5-35)、式(5-37) 和图 5-52 所示的方法确定。

(2) d_w。需进行不同围压和应力水平的常规三轴饱和湿化变形试验。试验中原则上只需量测相应的湿化瞬时轴向应变，再根据式 (5-41) 确定 d_w。根据此方法，可避免在湿化试验过程中，非饱和状态下堆石料试样体应变难以量测的问题。当然，也可在饱和湿化试验过程中同时量测瞬时湿化体应变与轴向应变，根据公式(5-4)、式(5-39) 拟合求取试验参数 d_w。

依据上述方法，本章确定的模型参数分别为：$R_u = 5.41$、$\alpha = 1.26$ 和 $d_w = 0.038$。采用上述的模型参数分别根据式(5-41) 和式(5-42) 计算了本次三轴湿化试验对应应力状态下的瞬时湿化轴向应变 $\Delta\varepsilon_{1s}$ 和瞬时湿化体应变 $\Delta\varepsilon_{vs}$，具体数值以及和试验结果的对比见表 5-13。可见，式(5-41) 和式(5-42) 较好地拟合了试验结果。

三轴湿化瞬时应变试验与修正 Rowe 剪胀方程计算结果对比　　表 5-13

σ_3(kPa)	S_l	试验 $\Delta\varepsilon_{1s}$(%)	试验 $\Delta\varepsilon_{vs}$(%)	计算 $\Delta\varepsilon_{1s}$(%)	计算 $\Delta\varepsilon_{vs}$(%)
	0.39	0.08	0.03	0.06	0.02
200	0.57	0.19	0.03	0.10	0.02
	0.78	0.38	−0.04	0.25	−0.04
	0.36	0.16	0.09	0.16	0.09
600	0.57	0.53	0.26	0.34	0.13
	0.79	1.10	0.26	0.87	0.14
	0.41	0.28	0.18	0.26	0.13
800	0.64	0.69	0.39	0.59	0.16
	0.84	1.07	0.12	1.28	0.14

5.6　湿态流变变形

根据本章所提出的湿化变形广义荷载作用模型，可将堆石料的湿化看作是一种广义荷载。在这种广义荷载的作用下，堆石料试样会发生相应的瞬时变形和随时间逐步发展的流变变形。在湿化试验中，堆石料浸水湿化过程所发生的瞬时湿化变形对应该种广义荷载作用下的瞬时变形。5.6 节讨论了瞬时湿化变形的特性和计算方法。

根据上述湿化变形广义荷载作用模型，堆石料试样在浸水完成后发生的随时间变化的变形，是试样在该种广义荷载作用下发生的流变变形。由于堆石料试样在浸水完成后处于湿态，故称为湿态流变变形。下面基于这种思路讨论湿态流变的特性并建立其计算模型。

本节假设以从试样顶帽出水 c 点为起点（图 5-26、图 5-27 和图 5-31），试样充水饱和后发生的湿化变形为湿态流变变形。关于在充水饱和湿化过程中，堆石料试样是否会发生湿化湿态流变的问题，将在 5.8 节进行详细讨论。

5.6.1　湿态流变的时间过程

在饱和湿化三轴试验中，对试样的充水过程是自底座上的充水孔自下而上进行的。当从试样顶冒出水以后，则表明对试样的充水过程已经完成，之后试样一直会处于饱和状态。但是试验结果证实，即使试样达到饱和之后，试样的变形仍未停止，而是随时间推移有一个较长的变形过程。

图 5-54 给出了本章所进行的饱和湿化试验，在试样顶帽出水以后轴向应变和体应变随时间发展的过程。图中的时间原点对应的是试样顶帽出水的时刻。可见堆石料湿化过程完成后，轴向应变和体积应变都仍在发展，且在初始时段增长的速率较快，之后逐渐变慢并趋向一个稳定值。这种应变增长速率随时间递减的特性符合流变应变的基本特点。

沈珠江等（1991，1994）提出了堆石料流变经验模型，很多学者对堆石料的流变特性进行了广泛和深入的研究（王勇，2000；李国英等，2004；王海俊等，2008；李海芳等，2010；程展林等，2004）。目前，堆石料流变经验模型一般包括流变的时间过程曲线以及最终流变量表达式两部分。本小节讨论湿态流变的时间过程。

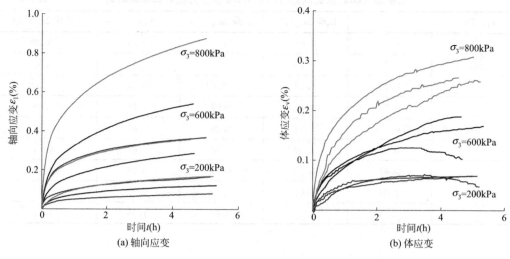

图 5-54　试样顶帽出水后湿化应变随时间的过程曲线

在一般的堆石料流变经验模型中，流变应变的时间过程通常采用指数衰减模型或双曲函数模型等经验函数关系来表达。下面采用王勇（2000）和 Feda（1992）等建议的双曲函数模型来进行具体模拟：

$$\varepsilon^{c}(t)=\frac{t}{c+bt} \tag{5-43}$$

式中，$\varepsilon^{c}(t)$ 为 t 时刻的流变应变；c 和 b 为模型参数。对上述的双曲函数显然有：

$$\frac{t}{\varepsilon^{c}(t)}=c+bt \tag{5-44}$$

因此，可通过 $t/\varepsilon^{c}(t)$ 与 t 的线性关系非常容易地确定模型参数 c 和 b。其中，$1/b$ 为 $t\rightarrow\infty$ 时双曲线渐近线的极限值，也就是最终流变量 ε_{f}^{c}。对本章进行的饱和湿化三轴试验，由于发生湿态流变的时间并不是特别长，因此，最终流变量 ε_{f}^{c} 的值均是通过对每条曲线进行双曲线拟合求得的，即最终流变量 $\varepsilon_{f}^{c}=1/b$。

以围压 $\sigma_3=600$kPa 的三个应力水平的饱和湿化试验为例，图 5-55 给出了这些试验所得湿态轴向流变应变的时间过程在双曲线转换坐标系中的拟合。可见每个应力水平的试验结果均呈线性关系。这表明，湿态流变的时间过程和一般应力加载流变时间过程的规律相同，均可用类似式（5-43）的经验函数关系来描述。此外，根据图中各应力状态下拟合直线的斜率 b 还可求得其相应的湿态最终流变量。

根据上述拟合直线求得的最终流变量 ε_{f}^{c}，可以采用下式对各试验曲线进行归一化处理：

$$\hat{\varepsilon}^{c}(t)=\frac{\varepsilon^{c}(t)}{\varepsilon_{f}^{c}}=\frac{t}{\hat{c}+t} \tag{5-45}$$

并有：

$$\frac{t}{\hat{\varepsilon}^{c}(t)}=\hat{c}+t \tag{5-46}$$

式中，$\hat{\varepsilon}^{c}(t)$ 为归一化的湿态流变应变；$\hat{c}=c/b$，为一个反映湿态流变速度快慢的参数。

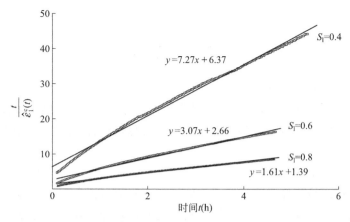

图 5-55　湿态轴向流变应变的拟合（$\sigma_3 = 600\mathrm{kPa}$）

各围压和应力水平下归一化后的湿态流变时间过程曲线如图 5-56 所示。图中同时包括了归一化后的湿态流变轴向应变以及湿态流变体应变的时间过程曲线。对图中所示的所有归一化试验结果，按式（5-46）进行拟合，可得 $\hat{c} = 0.81$。因此，湿态流变的归一化时间过程方程为：

$$\varepsilon^{\mathrm{c}}(t) = \frac{t}{0.81+t}\varepsilon_{\mathrm{f}}^{\mathrm{c}} \tag{5-47}$$

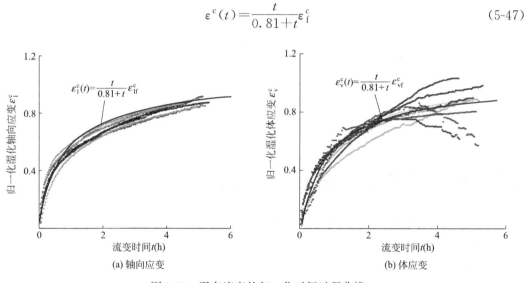

图 5-56　湿态流变的归一化时间过程曲线

在图 5-56 中，同时也给出了由式（5-47）所表示的拟合曲线及与试验结果的对比情况。可以看出，拟合曲线总体能够较好地模拟本章饱和湿化试验所得湿态流变的结果。

5.6.2　湿态流变最终流变量

在堆石料的流变模型中，最终流变量 $\varepsilon_{\mathrm{f}}^{\mathrm{c}}$ 包括最终体应变 $\varepsilon_{\mathrm{vf}}^{\mathrm{c}}$ 和最终剪应变 $\gamma_{\mathrm{f}}^{\mathrm{c}}$，一般均假定为应力状态的函数。具体形式可根据试验结果进行拟合得到。采用如下改进的沈珠江三参数模型进行模拟（沈珠江，1994）：

$$\varepsilon_{\mathrm{vf}}^{\mathrm{c}} = b\left(\frac{\sigma_3}{p_{\mathrm{a}}}\right) \tag{5-48}$$

$$\gamma_{\mathrm{f}}^{\mathrm{c}} = d\left(\frac{S_l}{1-S_l}\right) \tag{5-49}$$

式中，b 和 d 是试验拟合参数。

如前所述，利用公式(5-43)的拟合双曲线，通过确定双曲线渐近线的极限值近似确定相应应力状态下的湿态流变最终流变应变量。对每条拟合双曲线，相应的最终流变应变量 $\varepsilon_{\mathrm{f}}^{\mathrm{c}} = 1/b$。

将求得的最终流变应变量再分别利用式(5-48)和式(5-49)进行拟合，图 5-57 分别给出了湿态流变的最终流变体应变和流变剪应变的试验值与拟合值的对比结果，可见二者总体符合，这从另一个角度也证明了将堆石料湿化变形划分为瞬时湿化应变和湿态流变应变两个阶段的合理性。由此可得，对于糯扎渡弱风化花岗岩堆石料，拟合得到的模型参数分别为：$b=0.036$，$d=0.149$。

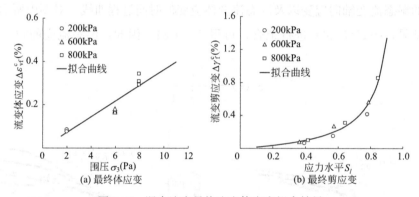

(a) 最终体应变　　　　　　(b) 最终剪应变

图 5-57　湿态流变最终流变体应变拟合结果

5.7　堆石料饱和湿化试验过程分析

前面分别分析了堆石料试样的瞬时湿化应变和湿态流变的特性。假设以从试样顶帽出水为分界点，将该时刻之前试样发生的湿化变形均作为湿化瞬时变形，而之后试样发生的湿化变形均作为是湿态流变变形。

但是，在三轴湿化试验中，堆石料试样的充水饱和过程一般是以相对较慢的速度进行的，即通常会持续一定长的时间。因此，在这个充水饱和湿化的过程中，堆石料试样会发生一定大小的湿化湿态流变。本节将从堆石料试样饱和湿化的过程分析入手，进行相关问题的详细讨论。

5.7.1　堆石料试样的饱和湿化过程

下面对饱和湿化试验中堆石料试样充水饱和的过程以及发生的各类变形进行分析。

如图 5-58 所示，假定图中的堆石料试样正处在充水饱和的过程中。自 $t \sim t+\Delta t$ 时刻，水面由 1-1 断面上升到 2-2 断面。在此过程中，由于试样中的水面上升，使得处于

1-1 断面和 2-2 断面之间的部分试样，其物态由干态变化为饱和湿态，这部分的堆石料发生瞬时湿化变形 $\Delta\varepsilon_s$；在 1-1 断面以下的试样部分，在 t 时刻之前已经处于饱和湿态的状态。该部分的堆石体试样发生湿态流变变形 $\Delta\varepsilon^c$；而在 2-2 断面以上的堆石料试样部分，其仍处于干态。试样的该部分基本不发生变形。因此，在 $t\sim t+\Delta t$ 时刻，试样发生的总变形包括瞬时湿化变形 $\Delta\varepsilon_s$ 和湿态流变变形 $\Delta\varepsilon^c$ 两部分。

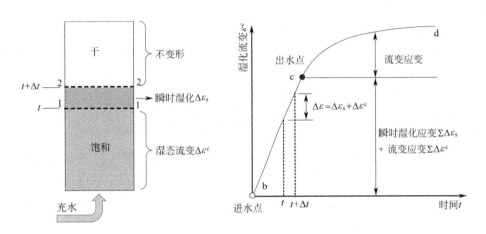

图 5-58　堆石料试样的饱和湿化过程

由上面的分析可知，以从试样的顶帽出水为分界点，划分湿化瞬时变形和湿态流变变形的做法是存在一定误差的。实际上，在出水点前发生的变形中会包括一定大小的湿态流变变形。据此，发展了一种考虑试样湿化过程中流变变形的迭代方法。

如图 5-59 所示，将试样自下向上划分为若干单元。当开始从堆石料试样底部充水时，堆石体试样会依次发生如下的过程和变形：

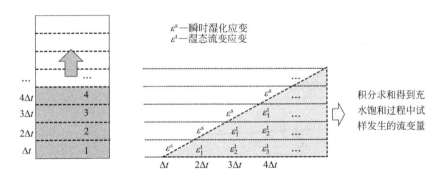

图 5-59　湿化饱和过程中流变量的计算

（1）在 $0\sim\Delta t$ 时刻：水由试样底部进入并充满第 1 个单元。单元 1 发生瞬时湿化变形 ε^s。其余单元保持干态，不发生任何的变形；

（2）在 $\Delta t\sim 2\Delta t$ 时刻：水由第 1 个单元进入并充满第 2 个单元。单元 2 发生瞬时湿化变形 ε^s，单元 1 发生 $0\sim\Delta t$ 时段的湿态流变变形 ε_1^t；

（3）在 $2\Delta t\sim 3\Delta t$ 时刻：水由第 2 个单元进入并充满第 3 个单元。单元 3 发生瞬时湿

化变形 ε^s；在刚刚 $\Delta t \sim 2\Delta t$ 时段饱和的单元 2 发生湿态流变变形 ε_1^t；在 $0 \sim \Delta t$ 时段饱和的单元 1 继续发生 $\Delta t \sim 2\Delta t$ 时段的湿态流变变形 ε_2^t；

（4）以此类推，通过积分求和可得到在整个充水饱和过程中，试样所发生的湿态流变的总和。

需要说明的是，在上述计算中，每个单元在某个时间段所发生的湿态流变变形是通过 5.7 节所述的流变模型和计算参数计算得到的。但是，5.7 节所得到的流变模型和计算参数，是在假设试样充水饱和过程中，堆石料试样不发生湿态流变的前提下求得的。因而，该种流变模型计算参数存在误差。为了校正这种误差，需要进行若干次的迭代计算分析。

按上述方法，经过迭代分析，可将饱和湿化试验过程中，堆石料试样所发生的湿态流变量从瞬时湿化变形中分离出去，进而获得真正的瞬时湿化变形。此外，由上述对饱和湿化试验中堆石料试样充水饱和过程的分析可知，湿态流变变形的开始点也并非是堆石料试样顶帽的出水点，而是自充水湿化开始就已经发生的。

图 5-60 给出了迭代过程中的瞬时湿化剪应变及拟合曲线。图 5-61 给出了迭代过程中的瞬时湿化应变和剪胀方程的拟合关系。图 5-62 给出了迭代过程中的湿态流变最终体变与拟合曲线。图 5-63 给出了迭代过程中湿态流变最终剪应变与拟合曲线。可见，经上述两次迭代后，实际的瞬时湿化变形和湿态流变变形点的位置已基本不再发生改变，拟合得到的瞬时湿化和湿态流变模型参数也均已达到了稳定，说明这种迭代方法收敛的速度是非常快的。

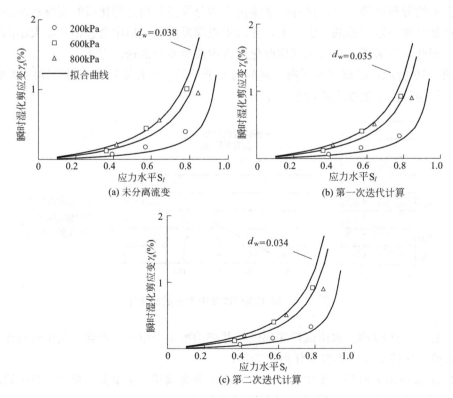

图 5-60　迭代过程中的瞬时湿化剪应变及拟合曲线

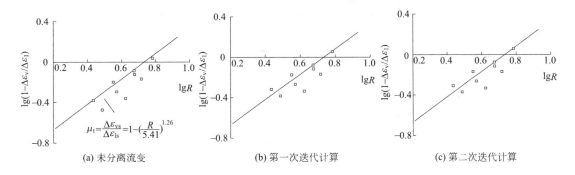

图 5-61　迭代过程中的瞬时湿化应变和剪胀方程的拟合关系

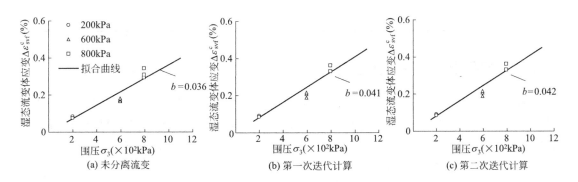

图 5-62　迭代过程中的湿态流变最终体应变与拟合曲线

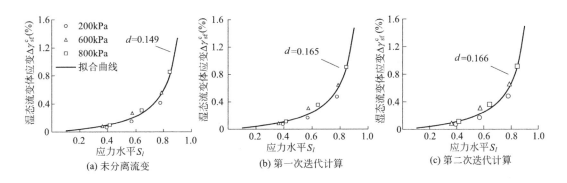

图 5-63　迭代过程中湿态流变最终剪应变与拟合曲线

对于糯扎渡弱风化堆石料的饱和湿化三轴试验，经迭代后得到的最终的瞬时湿化模型参数分别为：$R_u = 5.41$，$\alpha = 1.26$，$d_w = 0.034$；湿态流变模型参数分别为：$\hat{c} = 0.81$、$b = 0.042$，$d = 0.166$。

根据上述求得的模型参数，对所进行的饱和湿化三轴试验，分别计算了堆石料试样充水饱和过程中所发生的湿态流变。表 5-14 整理了该阶段湿态流变占总应变的比例。可见，在充水时间 $7.53 \sim 27.93\text{min}$ 情况下，充水期流变所占的比重可达 $6\% \sim 26\%$。

饱和湿化三轴试验充水期湿态流变占总应变的比例 　　表 5-14

围压 σ_3(kPa)	应力水平 S_l	充水饱和时间 T(min)	充水期流变所占比例(%)	
			轴向应变	体积应变
200	0.39	11.67	14	25
	0.57	10.27	11	21
	0.78	14.07	18	26
600	0.36	8.90	8	20
	0.57	27.93	11	18
	0.79	21.97	10	15
800	0.41	16.80	10	23
	0.64	26.20	11	15
	0.84	7.53	6	6

5.7.2　饱和湿化变形的全过程模拟

根据上述瞬时湿化与湿态流变模型，采用迭代后参数，对饱和湿化试验进行了全过程计算。图 5-64～图 5-66 分别给出了 $\sigma_3 =$ 200kPa、600kPa 和 800kPa 饱和湿化试验与模拟计算结果的对比。图中的模拟计算结果曲线仅对饱和湿化及湿态流变部分进行了模型计算，其余部分只是照搬了试验的结果。

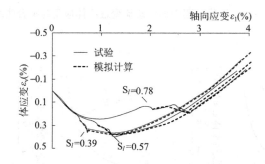

图 5-64　饱和湿化试验与模拟计算结果对比（$\sigma_3 =$ 200kPa）

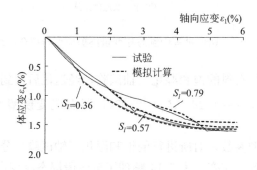

图 5-65　饱和湿化试验与模拟计算结果对比（$\sigma_3 =$ 600kPa）

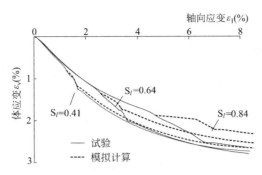

图 5-66　饱和湿化试验与模拟计算结果对比（$\sigma_3 = 800\text{kPa}$）

图 5-67 给出了典型试验轴向应变与体应变饱和湿化过程试验与模拟计算结果的对比。可见，采用本章的堆石料湿化模型，不仅很好地反映了堆石料试样在充水饱和湿化过程中瞬时湿化应变的平行特性，也较好地反映了试样充水饱和完成后所发生的湿态流变的时间过程。特别是，采用修正剪胀方程式(5-38)，既可模拟湿化体缩，又可以反映堆石料湿化体胀的现象。

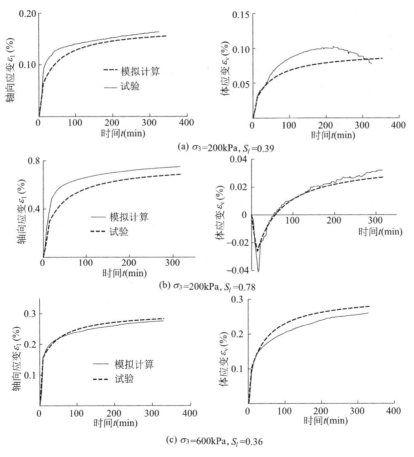

(a) $\sigma_3 = 200\text{kPa}$，$S_l = 0.39$

(b) $\sigma_3 = 200\text{kPa}$，$S_l = 0.78$

(c) $\sigma_3 = 600\text{kPa}$，$S_l = 0.36$

图 5-67　饱和湿化过程试验与模拟计算结果对比（一）

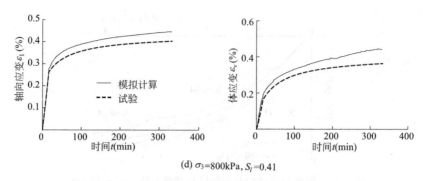

(d) σ_3=800kPa，S_l=0.41

图 5-67　饱和湿化过程试验与模拟计算结果对比（二）

参考文献

［1］　黄文熙. 土的工程性质［M］. 北京：水利电力出版社，1983.

［2］　张丙印，于玉贞，张建民. 高土石坝的若干关键技术问题［C］. 中国土木工程学会第九届土力学及岩土工程学术会议论文集. 北京：清华大学出版社，2003：163-186.

［3］　张宗亮. 200m 级以上高心墙堆石坝关键技术研究及工程应用［M］. 北京：中国水利水电出版社，2011.

［4］　丁艳辉. 堆石体降雨入渗及湿化变形特性试验研究［D］. 北京：清华大学，2012.

［5］　殷殷. 堆石料饱和非饱和湿化变形特性研究［D］. 北京：清华大学，2019.

［6］　Nobari E S，Duncan J M. A closed-form equation for predicting the hydraulic：Performance of Earth and Earth-supported structures［J］. New York：ASCE，1972：797-815.

［7］　刘祖德. 土石坝变形计算的若干问题［J］. 岩土工程学报，1983，5（1）：1-13.

［8］　左元明，沈珠江. 坝壳砂砾料浸水变形特性的测定［J］. 水利水运科学研究，1989（1）：107-113.

［9］　殷宗泽，费余绮，张金富. 小浪底土坝坝料土的湿化变形试验研究［J］. 河海科技进展，1993，13（4）：73-76.

［10］　魏松，朱俊高. 粗粒土料湿化变形三轴试验研究［J］. 岩土力学，2007，28（8）：1609-1614.

［11］　程展林，左永振，丁红顺，等. 堆石料湿化特性试验研究［J］. 岩土工程学报，2010，32（2）：243-247.

［12］　姜景山，程展林，卢文平. 粗粒土 CT 三轴湿化变形试验研究［J］. 人民长江，2014，45（7）：94-97.

［13］　Zhao Z，Song E. Particle mechanics modeling of creep behavior of rockfill materials under dry and wet conditions［J］. Computers and Geotechnics，2015，68：137-146.

［14］　魏松，朱俊高. 粗粒料三轴湿化颗粒破碎试验研究［J］. 岩石力学与工程学报，2006，25（6）：1252-1258.

［15］　李广信. 堆石料的湿化试验和数学模型［J］. 岩土工程学报，1990，12（5）：58-64.

［16］　张少宏，张爱军，陈涛. 堆石料三轴湿化变形特性试验研究［J］. 岩石力学与工程学报，2005，（S2）：5938-5942.

［17］　赵振梁，朱俊高，杜青，等. 粗粒料湿化变形三轴试验研究［J］. 水利水运工程学报，2018，172（6）：84-91.

［18］　彭凯，朱俊高，王观琪. 堆石料湿化变形三轴试验研究［J］. 中南大学学报（自然科学版），2010，41（5）：1953-1960.

[19] 李鹏, 李振, 刘金禹. 粗粒料的大型高压三轴湿化试验研究 [J]. 岩石力学与工程学报, 2004, 23 (2): 231-234.

[20] 朱红亮, 许锡昌, 肖衡林. 绢云母片岩粗粒料湿化变形规律研究 [J]. 湖北工业大学学报, 2018, 33 (5): 78-82.

[21] 李全明, 于玉贞, 张丙印, 等. 黄河公伯峡面板堆石坝三维湿化变形分析 [J]. 水力发电学报, 2005, 24 (3): 24-29.

[22] 张延亿. 浸水湿化和水位升降条件下堆石材料变形特性研究 [D]. 北京: 中国水利水电科学研究院, 2018.

[23] 魏松. 粗粒料浸水湿化变形特性试验及其数值模型研究 [D]. 南京: 河海大学, 2006.

[24] 朱俊高, Mohamed, A ALsakran, et al. 某板岩粗粒料湿化特性三轴试验研究 [J], 岩土工程学报, 2013, 35 (1): 170-174.

[25] 左元明, 沈珠江. 坝料土的浸水变形特性研究 [R]. 南京: 南京水利科学研究院, 1989.

[26] 沈珠江, 王剑平. 土质心墙坝填筑及蓄水变形的数值模拟 [J]. 水利水运科学研究, 1988 (4): 47-64.

[27] 张智, 屈智炯. 粗粒土湿化特性的研究 [J]. 成都科技大学学报, 1990, 53 (5): 51-56.

[28] 王辉. 小浪底堆石料湿化变形特性及初次蓄水时坝体湿化计算研究 [D]. 北京: 清华大学, 1992.

[29] 张凤财. 基于单线法的堆石料湿化变形特性试验研究 [D]. 北京: 清华大学, 2013.

[30] 王富强, 郑瑞华, 张嘎, 等. 积石峡面板堆石坝湿化变形分析 [J]. 水力发电学报, 2009, 28 (2): 56-60.

[31] 保华富, 屈智炯. 粗粒料的湿化特性研究 [J]. 成都科技大学学报, 1989, 43 (1): 23-30.

[32] 丁艳辉, 张丙印, 钱晓翔, 等. 堆石料湿化变形特性试验研究 [J]. 岩土力学, 2019, (08): 1-8.

[33] 朱俊高, 李翔, 徐佳成, 等. 粗粒土浸水饱和时间试验研究 [J]. 重庆交通大学学报 (自然科学版), 2016, 35 (1): 85-89.

[34] 殷宗泽, 赵航. 土坝浸水变形分析 [J]. 岩土工程学报, 1990, 12 (2): 1-8.

[35] 李国英, 王禄仕, 米占宽. 土质心墙堆石坝应力和变形研究 [J]. 岩石力学与工程学报, 2004, 23 (8): 1363-1369.

[36] 迟世春, 周雄雄. 堆石料的湿化变形模型. 岩土工程学报 [J], 2017, 39 (1): 48-55.

[37] 周雄雄, 迟世春, 贾宇峰. 粗粒料湿化变形特性研究 [J]. 岩土工程学报, 2019: 1-6.

[38] Duncan J M, Chang C. Nonlinear analysis of stress and strain in soils [J]. Journal of the soil mechanics and foundations division, 1970, 96 (5): 1629-1653.

[39] 沈珠江. 土体应力应变分析中的一种新模型 [C]. 第五届土力学及基础工程学术讨论会论文集. 北京: 中国建筑工业出版社, 1990.

[40] Rowe P W. Stress-dilatancy relation for static equilibrium of an assembly of particles in contact [C]. Proceedings of the Royal Society of London Series A-mathematical and Physical Sciences, 1962, 269 (1339): 500-527.

[41] 张丙印, 贾延安, 张宗亮. 堆石体修正 Rowe 剪胀方程与南水模型 [J]. 岩土工程学报, 2007, 29 (10): 1443-1448.

[42] 周墨臻, 张丙印, 钱晓翔, 孙逊. 堆石料流变应变的硬化特性试验研究 [J]. 岩土工程学报, 2020, 42 (04): 688-695.

[43] 沈珠江, 左元明. 堆石料的流变特性试验研究 [C]. 中国土木工程学会第六届土力学及基础工程学术会议论文集. 上海: 同济大学出版社, 1991: 443-446.

[44] 沈珠江. 土石料的流变模型及其应用 [J]. 水利水运科学研究，1994（4）：335-342.

[45] 王勇. 堆石流变的机理及研究方法初探 [J]. 岩石力学与工程学报，2000，19（4）：526-530.

[46] 王海俊，殷宗泽. 堆石流变试验及双屈服面流变模型的研究. 岩土工程学报，2008，30（7）：959-963.

[47] 李海芳，徐泽平，温彦锋，等. 九甸峡堆石料蠕变特性试验研究 [J]. 水力发电学报，2010，29（6）：166-171.

[48] 程展林，丁红顺. 堆石料蠕变特性试验研究 [J]. 岩土工程学报，2004，26（4）：473-476.

[49] Feda J. Creep of soils and related phenomena, developments in geotechnical engineering [M]. New York：Elsevier Science Publishing Company. 1992，68.

第6章
堆石料降雨非饱和湿化变形特性研究

工程经验表明，降雨也会引起堆石坝发生变形。当降雨发生时，雨水沿坝体堆石料的孔隙系统渗入坝体的内部，使得坝体堆石料的含水量提高，导致堆石坝坝体产生湿化变形。由此可见，由降雨入渗所导致的堆石料含水率增大是堆石坝发生降雨湿化变形的根本原因。

在天然降雨和开放条件下，堆石料一般很难达到饱和的状态。因此，堆石坝在降雨条件下的湿化变形问题是堆石料的非饱和湿化变形问题。目前，堆石料湿化变形的研究工作主要针对饱和湿化进行，有关降雨条件下堆石料非饱和湿化变形的试验研究及分析工作尚不多见。堆石料孔隙大，持水能力较差，难以制作具有一定含水率的均匀非饱和试样，这对在实验室进行堆石料的非饱和湿化试验带来了极大的困难。

针对降雨条件下堆石料非饱和湿化变形问题，本章首先进行了侧限压缩条件下的非饱和湿化试验，然后研制了微孔板均匀布水控制器，开发了一套在三轴试验中模拟降雨非饱和入渗的试验装置，进行了不同应力状态和不同降雨强度的堆石料非饱和入渗三轴湿化试验，研究了堆石料的非饱和湿化变形特性。

6.1 研究成果综述

对于透水性大的堆石料，难以制作具有一定含水率的非饱和试样，所以鲜少进行堆石料的双线法非饱和湿化试验。在单线法试验过程中，受三轴仪压力室所限，目前所进行的三轴湿化试验多为从三轴仪底孔进水，使试样浸水饱和，进而研究堆石料饱和湿化特性。但是，在天然降雨条件下，堆石料很难达到饱和状态。目前，针对降雨条件下堆石料非饱和湿化的试验研究非常少见。现有的常规单线法试验方法，难以在一定的应力状态下控制试样的含水量进行定量的均匀变化。

司韦（2006）和李广信等（2008）采用在试样中加入冰屑并让其在试验中融化的方法来实现试样非饱和均匀增湿，为非饱和增湿试验提供了一条可行途径。但该试验方法在试样温度控制和冰屑融化时间方面存在一定的难度，此外，冰屑对土的强度和变形特性的影响难以确定。

张丹和李广信等（2009）选用铁丝网作为试样外边界以提供侧向压力，通过铁丝网的网眼往试样通入水蒸气，实现了堆石料不同含水量的非饱和增湿控制；根据试验结果研究了含水量对湿化变形的影响，揭示了孔隙饱和度对增湿变形的影响机理。研究认为颗粒本身的饱和是增湿变形的决定性因素，而大颗粒间的孔隙饱和度对增湿变形的影响则可以忽略。上述试验增湿方法均与降雨的实际情况有所不同。

由于难以进行粗粒料的非饱和湿化试验，杨贵和刘汉龙等（2012）利用颗粒流程序对非饱和的粗粒料开展了数值模拟研究。

Oldecop 等（2001）采用增加气态水改变颗粒孔隙湿度的方法，研究了颗粒饱和度对堆石料破碎和变形特性的影响。图 6-1 是试验装置的示意图，堆石料孔隙度的水分增加量通过盐水质量的变化计算。根据试验结果分析了水分饱和度与堆石料颗粒强度的关系，认为堆石料的含水量增加会导致堆石料的颗粒破碎，而颗粒破碎是堆石料发生湿化变形的直接原因。

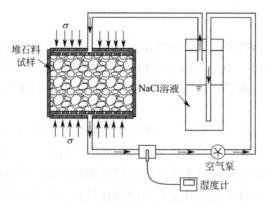

图 6-1　侧限非饱和增湿试验

在与土体湿化相关的问题中，黄土的湿陷性研究也一直得到学者的关注。不少学者利用非饱和三轴仪及其改进的装置进行特殊土的非饱和增湿研究（陈正汉，2014）。但堆石料与高塑性黏土和黄土等的性质差别很大。对于堆石料，由于其孔隙相对细粒土大很多，吸力相对较小，与高堆石坝中堆石料所受到的应力水平相比，基质吸力的作用微乎其微。堆石料非饱和湿化变形的机理与规律可能与黏土等细粒土的差别很大。因此，如何在三轴应力状态下对试样进行特定含水率的非饱和增湿是实现堆石料非饱和湿化试验的关键技术问题，也是研究复杂应力状态下堆石料非饱和湿化变形特性亟待解决的技术难题。

目前，非饱和土的本构模型一般基于基质吸力或饱和度（含水量）建立。基于饱和度（含水量）建立非饱和土的本构模型，需要进行不同饱和度（含水量）的湿化试验，然后再根据试验规律和土体特性建立经验公式。这种方法一般要求进行多个饱和度的湿化试验，并在每个饱和度的三轴试验中控制试样饱和度为常量，测量试样的变形。对于大孔隙的堆石料，如前文所述，进行非饱和湿化试验非常困难，因此，基于饱和度（含水量）建立的堆石料湿化模型多为饱和湿化模型。

基于基质吸力建立非饱和土的本构模型时，一般可将吸力处理为应力荷载项，直接建立其和土体应变之间的关系。在试验中可利用非饱和三轴仪等仪器直接控制吸力的变化，所以基于吸力建立的非饱和土本构模型相对较多。目前，常见的非饱和土的本构模型有弹性模型、弹塑性模型和亚塑性模型等。

对于弹性模型，可以认为是将传统的弹性或非线性弹性本构模型直接扩展到非饱和土领域。例如，基于广义胡克定律的模型（Fredlund 和 Morgenstern，1976；Fredlund，

1979)、基于 KG 模型的模型（Lore 等，1987）和基于邓肯-张模型的模型（陈正汉和周海清，1999）。采用弹性本构模型，其概念清晰简单，但往往难以反映土体的复杂特性。

弹塑性模型和亚塑性模型则可以更好地反映土体的性质。例如，常见的非饱和土的弹塑性模型有巴塞罗那（Barcelona）模型（Alonso 等，1990；Josa 等，1992；Wheeler 等，1995；Bonelli 等，1995；黄海等，2000）等，以及以 Gudehus-Bauer 模型为典型代表的非饱和土的亚塑性模型等（Bauer 等，2000；岑威钧等，2009；Bauer 等，2010；Bauer，2019）。虽然上述弹塑性模型或亚塑性模型对土体特性的描述相对更为精确，但一般来说，所需的模型计算参数更多，如何确定这些模型计算参数也较为复杂。

李广信等（2006，2008）在清华弹塑性模型的硬化参数表达式中加入了含水率的影响，并用改进后的模型描述非饱和土的增湿变形特性。在非饱和清华弹塑性模型中，不同含水率的屈服面形状是相同的，硬化参数被描述为含水率的函数。

除了上述一般的非饱和本构模型之外，针对一些特殊的土类和特殊的工程问题，诸多学者也建立了多种不同的本构模型。例如，针对膨胀土的弹塑性模型（Gens 等，1992）、损伤力学模型（沈珠江，1996）以及各种的热力学模型（Navarro 等，2000；Thomas 等，1995；武文华等，2002）等。

吸力一般可通过量测或计算得到。但是，对于相对大粒径、大孔隙和低吸力的堆石料，吸力的量测困难。同时，吸力的计算则需要和非饱和渗流理论相结合，目前针对堆石料进行的研究也较为少见。殷宗泽等（2006）指出，因为堆石料孔隙大，吸力低，土石坝初次蓄水时坝壳堆石料产生的湿化变形不能使用含吸力变量的本构模型进行计算分析。

6.2　侧限压缩条件下的非饱和湿化试验

6.2.1　试验仪器

试验在经专门改装的清华大学堆石料风化仪上进行（孙国亮等，2009）。该仪器原是专门为堆石料的风化特性试验研制的。堆石料风化仪的设计组合了大型压缩仪和直剪仪的功能，并增加了可控制试样干湿状态和控制试样温度的功能。该堆石料风化仪主要包括竖向压缩仪系统、水平直剪仪系统、试样干湿状态控制系统和试样温度变化控制系统等部分。图 6-2 给出了设备的组成原理示意图。

（1）竖向压缩仪系统。其主机结构为试样尺寸直径 $D=150\text{mm}$、高度 $h=150\text{mm}$ 的侧限压缩仪。竖向压力通过机械杠杆通过砝码加载，可以实现应力控制式加载，并适合进行长期的试验。仪器最大竖向荷载 10t，对应竖向应力 5.5MPa。

（2）水平向直剪系统。仪器在水平向耦合设计了直剪仪系统，最大水平剪切力 10t，通过电机驱动蜗轮蜗杆装置施加。

（3）试样干湿状态控制系统。可对试样进行通水饱和。需要时可将水从试样底部的排水孔排出，再通过压入空气对试样进行风干。

（4）试样温度变化控制系统。采用一个制冷和加热循环系统，可以控制试样的温度变化，实现试样冷热状态之间的快速变化。

堆石料孔隙系统的尺寸大、孔隙持水能力差，为了进行堆石料不同饱和度状态下的湿

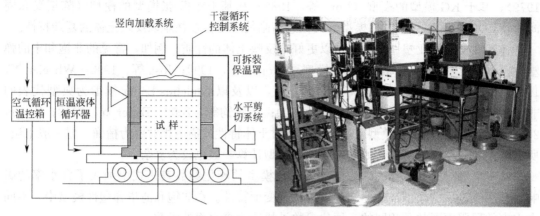

图 6-2　堆石料风化试验仪结构图

化试验，关键问题之一是必须在试验过程中控制堆石体试样达到并保持某个固定的饱和度。为此，对原干湿循环控制系统进行了改装，增加了采用模拟降雨入渗方法控制堆石体湿化饱和度的装置。

改装后的装置见图 6-3。在试样顶端加压帽和仪器底部的排水板上分别均匀布置 3 个进水和排水孔。试样上部的进水孔连接针头模拟降雨装置，可按照给定的流量 q 在试样上部进行供水。在加载板和试样间放置了背面开槽的小孔透水板，并在其上下两面铺设滤纸。经试验验证，上述方法可使入渗水流在试样断面基本均匀分布，满足试验的要求。在试样底部同样放置有小孔透水板，渗水 q_1 经排水孔流入渗水收集计量器。

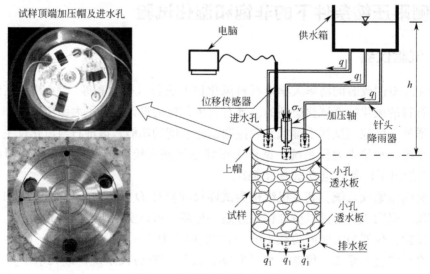

图 6-3　非饱和增湿方法示意图

上述堆石体湿化饱和度控制装置的工作原理主要利用了堆石体的非饱和稳定渗流特性。在试样上部开始供水后，渗水在堆石体内部会发生自上而下的非稳定入渗过程，堆石体试样的含水量会逐步增加。当入渗峰达到试样底部并稳定一段时间后，会进入非饱和稳定渗流阶段。此时，堆石体的渗透系数与供水强度相等，试样的含水量（饱和度）会达到一个稳定不变的数值。

当堆石体试样达到稳定渗流状态后，试样内的含水量大致呈均匀分布，其体积含水量 θ 可通过下述的两种方法确定。

方法 1：入渗、出渗水量平衡法。量测自试验开始至某个稳定渗流状态时间点之间的入渗总水量和出渗总水量，据此可计算试样的体积含水量 θ：

$$\theta = \frac{q \cdot \Delta t - \sum Q}{V} \tag{6-1}$$

式中，q 为通水流量（cm^3/min）；Δt 为通水时长（min）；ΣQ 为出水总量（cm^3）；V 为试样体积（cm^3）。

方法 2：试样瞬时含水量法。在试样达到稳定渗流状态后的某个时间点，突然关闭上部的入渗水流，同时开始测量试样下部的出渗水量 ΔQ。当试样出渗过程结束后，再测定堆石试样的残余含水量。综合考虑出渗水量 ΔQ 和试样的残余含水量，同样可确定试样达到稳定渗流状态时的体积含水量 θ。

6.2.2 试验用料

试验用料采用取自糯扎渡高心墙堆石坝的弱风化花岗岩堆石料。有关糯扎渡水电站工程的概况以及该种弱风化花岗岩堆石料的详细特性数据请参见本书第 3 章。

糯扎渡工程筑坝堆石料最大粒径为 800mm。受试样尺寸的限制，采用等量替代法对原级配进行了缩尺处理。堆石料粒径进行缩尺后，最大粒径为 30mm，是试样直径的 1/5。试验用堆石料的颗粒级配组成大小不同的 5 个粒组：30～20mm 、20～10mm、10～5mm、5～2mm 和＜2mm，混合而成。图 6-4 给出了堆石料的级配曲线，图 6-5 给出了堆石料粒径分组及形态。表 6-1 列出了试验用堆石料的级配。

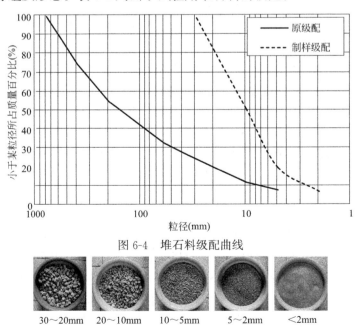

图 6-4 堆石料级配曲线

30～20mm 20～10mm 10～5mm 5～2mm ＜2mm

图 6-5 堆石料粒径分组及形态

堆石料级配   表 6-1

颗粒直径(mm)	30	20	10	5	2
小于某直径百分比(%)	100	81	51	20	7

制样堆石料初始处于天然风干状态，其初始含水量为 1.5%。为保证试样的均匀性，试样分 5 层分别击实，每层厚度为 30mm。试样的制备包括如下步骤：

(1) 对试验用堆石料进行风干和筛分；

(2) 按级配曲线分别称取不同粒组的堆石料，并分为 5 等份进行均匀混合；

(3) 先后将 5 份堆石料均匀放入试样圆筒中，并击实达到要求的干密度。

6.2.3 试验方法和试验方案

本章采用单线法进行堆石料的非饱和湿化试验，具体试验过程见图 6-6。主要包括：

(1) 制样完成后，安装试样顶帽，连接好试样顶部的针头模拟降雨装置；

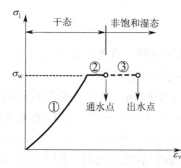

图 6-6 湿化试验过程示意图

(2) 对风干状态下的试样逐级进行轴向加压，进行干态压缩试验；

(3) 当竖向应力增加到所要求的湿化应力 σ_w 时，保持竖向应力不变，并在试样保持干态情况下等待试样完成流变变形；

(4) 待试样的流变变形稳定以后，用针头降雨器经试样加压上帽的通水孔通水，保持恒定的流量对试样进行非饱和增湿，并记录堆石料在增湿过程中的变形；

(5) 当试样底部的排水孔出水后，收集排出的水分并称重；

(6) 当试样底部的出水流量和顶部的入流流量相等时，试样达到稳定非饱和渗流状态，停止试验。

根据堆石料的非饱和入渗特性，当采用针头降雨器向试样上部通水后，在堆石体试样内会发生自上而下的非饱和入渗过程。当湿润锋到达试样底部时，会从试样底部开始出水，之后可在试样内部形成稳定的非饱和渗流状态。此后，堆石体试样内各处的含水量近似均匀且等于其入渗稳定含水量 θ_{rs}。该稳定入渗含水量 θ_{rs} 取决于试样上部模拟降雨强度。

通过安装在堆石体试样顶面的针头模拟降雨装置，可以控制不同恒定流量，使堆石体试样达到具有一定非饱和度的均匀增湿状态。通过量测试样在该过程中的湿化变形，可以研究堆石体的非饱和湿化变形特性。此外，本试验所实现的增湿过程与堆石坝在自然降雨条件下发生的增湿过程较为类似。

共进行了 5 个试验，其中包括 1 个饱和湿化试验（关闭试样下端的渗出孔）和 4 个非饱和湿化试验。两种试验均采用单线法：对风干状态的试样在侧限条件下施加轴向荷载 $\sigma_v = 1500\text{kPa}$，试样在轴向荷载的作用下会产生压缩变形和流变变形；待试样流变变形稳定后，开始对试样进行注水湿化，测量试验过程中的渗入和渗出水量以及试样发生的湿化变形，直至试样达到稳定渗流，待其变形稳定后结束试验。表 6-2 给出了 5 个试验方案的模拟降雨入渗流量。

湿化试验方案　　　　　　　　　　　　　　　　　　　　　表 6-2

试验方案	W1	W2	W3	W4	W5
入渗流量 q(mL/min)	62.5*	23.0	13.4	6.2	3.05

* 为饱和湿化试验。

在表 6-2 中，W1 方案进行的是饱和湿化试验。试验方法为关闭试样的出水口，经试样底部以恒定的水头向试样通水。当试样上部的出水孔出水后，结束通水，待变形稳定后结束试验。

试验中，通水湿化过程均在荷载引起的瞬时变形和流变变形稳定后进行，以消除上述两方面的影响。目前，尽管众多学者对堆石料的流变和湿化变形特性进行了大量的试验研究，但仍然没有建立公认的流变和湿化变形稳定标准。考虑本次试验的试样尺寸相对不大，材料为岩性较好的弱风化花岗岩，采用荷载加载 3d 为流变变形的稳定控制标准。

对湿化变形的稳定控制标准，一些试验研究成果表明湿化时间一般不会超过 60min（李广信，1990；魏松等，2007）。对于本次进行的 W1 饱和湿化试验方案，饱和湿化的通水水头为 0.5m，通水时间约为 30min。试验结果表明，30min 内试样的湿化变形已经基本达到稳定状态。对于非饱和湿化试验，试样达到稳定渗流状态需要的时间，随入渗流量的增大而减小，所需通水时间约处在 30～70min 之间。达到稳定渗流状态时，试样的湿化变形也已基本稳定。

6.2.4　非饱和入渗过程分析

在本次试验中，堆石体试样的非饱和增湿过程采用模拟降雨入渗的方法实现，该种方法实质上为重力作用下水体在堆石体中的入渗过程。根据本书第 3 章的研究成果，堆石体具有复杂和相互连通的孔隙系统。其中，堆石体的持水能力主要由细颗粒集中区、颗粒接触部位的边角等小孔隙系统决定；而水体的流动过程则主要发生在连通的大孔隙系统中。

堆石体非饱和入渗过程主要包括如下阶段：

（1）小孔隙吸附阶段。在入渗初期，由于小孔隙部位比表面积较大，具有较大的吸力，入渗到达的水体先被固定在堆石体小孔隙之中。该阶段吸附水量的大小由小孔隙系统的基质吸力所决定，可称之为堆石体在重力作用下的持水能力。

（2）大孔隙渗流阶段。当渗入堆石体的水量超过其持水能力之后，水体开始在堆石体的大孔隙系统中发生流动。进入此阶段后，随着含水量的增加，大孔隙的过水面积也相应增加，并导致堆石体的渗透能力也即渗透系数的增大。可以认为，在堆石体的非饱和渗流过程中，渗透系数是含水量的函数，当堆石料的渗透系数与降雨强度相等时，渗流进入稳定状态。

（3）脱水残余饱和度状态。当停止向试样顶面注水后，试样在重力作用下进入脱水过程。该过程中，试样中脱出的水体主要为前一阶段中存在于大孔隙系统中的水体。在堆石体小孔隙中和颗粒接触部位处的水体将被该处的基质吸力所固定，构成堆石体残余体积含水量的主要部分。此外，润湿颗粒表面以及渗入颗粒孔隙中的水体也属于堆石体的残余体积含水量。

采用本章 6.2.1 节中所介绍的两种方法，可以确定各试验在给定模拟降雨入渗流量下的稳定渗流量和残余体积含水量。表 6-3 列出了各试验方案所对应的量测结果。

图 6-7 给出了试验方案达到非饱和稳定渗流状态时模拟降雨入渗流量 q 和稳定体积含水量 θ 的关系曲线，可用如下方程进行拟合：

$$q = q_s \left(\frac{\theta - \theta_{ds}}{\theta_s - \theta_{ds}} \right)^n \quad \theta > \theta_{ds} \tag{6-2a}$$

$$q = 0 \qquad \qquad \theta \leqslant \theta_{ds} \tag{6-2b}$$

式中，q_s 为饱和试样渗水流量（cm^3/min），其物理意义为饱和试样的渗透系数；θ_{ds} 为残余体积含水量（%），其物理意义为堆石体孔隙中在重力作用下不能自由移动的水分含量；θ_s 为饱和体积含水量（%），是堆石体在饱和状态下的体积含水量；n 为经验常数。

非饱和湿化试验稳定渗流量和残余体积含水量量测结果　　　　　　　　表 6-3

试验	入渗流量 q(mL/min)	饱和度 S_w(%)	体积含水量 θ(%)	出水时间 t_1(min)	稳定渗流时间 t_2(min)
W1	62.50	100.0	28.5	12.08	—
W2	23.00	41.0	11.68	16.5	30
W3	13.40	38.8	11.06	22.0	37
W4	6.20	34.2	9.75	30.0	50
W5	3.05	25.5	7.27	48.0	70

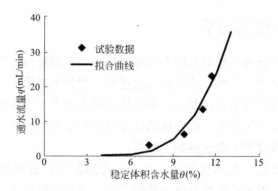

图 6-7　入渗流量和稳定体积含水量的关系

式(6-2) 中的参数 q_s、θ_{ds} 和 n 可根据试验结果采用最小二乘法进行曲线拟合得到。对于本章进行的试验：$q_s = 1000 cm^3/min$，$\theta_{ds} = 3.70\%$，$n = 3.42$。

图 6-7 中给出了相应的拟合情况，可以看出拟合效果较好。式(6-2) 的形式与本书第 4 章给出的堆石料非饱和降雨入渗渗透系数的表达式是一致的。这也说明本章试验所采用的非饱和均匀增湿方法是可行的。

6.2.5　非饱和湿化变形及特性分析

图 6-8 分别给出了 1 个堆石料饱和湿化侧限压缩试验和 4 个堆石料非饱和湿化侧限压缩试验所得试样变形过程曲线。表 6-4 给出了各试验最终所达到的稳定饱和度、试样底部出水时间以及最终湿化应变。

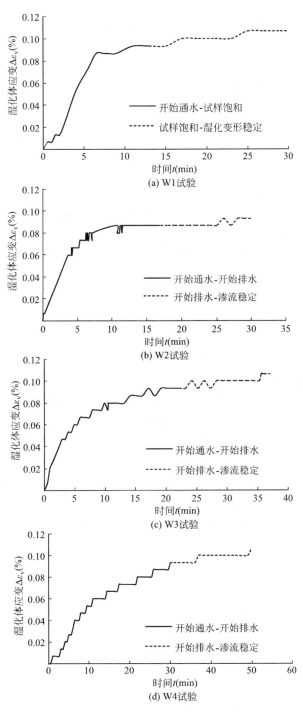

(a) W1试验

(b) W2试验

(c) W3试验

(d) W4试验

图 6-8　试样变形过程曲线（一）

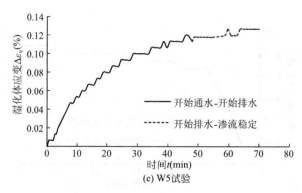

图 6-8　试样变形过程曲线（二）

饱和以及非饱和湿化变形试验结果　　　　　　　　　　　　　表 6-4

试验方案	入渗流量 q(mL/min)	饱和度 S_w(%)	出水时间 t_1(min)	湿化应变(%)
W1	62.50	100	12.08	0.107
W2	23.00	41.0	16.5	0.100
W3	13.40	38.8	22.0	0.107
W4	6.20	34.2	30.0	0.107
W5	3.05	25.5	48.0	0.127

　　由试验结果可见，对本章所进行的 5 个湿化试验，尽管其最终稳定饱和度具有较大的变化范围（$\theta=25.5\%\sim100\%$），但对于所得到的最终稳定湿化变形，除试验 W5 稍有波动之外，其余试验基本相同。考虑到试验结果的正常波动，可以认为，在本次所进行的湿化试验饱和度的范围之内，堆石体的饱和程度对湿化变形没有显著的影响。即当堆石料的饱和度达到 25.5% 之后，堆石料的湿化变形没有随着含水量的增加而增大。

　　上述试验现象是由堆石料湿化变形机理和入渗特性所决定的。一般认为，堆石料发生湿化变形的机理包括：湿化后颗粒间的润滑作用以及堆石颗粒表面和尖角浸水湿化后更易破碎等。而能够直接引起上述作用的显然只是部分孔隙水：

　　（1）堆石体小孔隙中的吸附水。主要包括堆石体颗粒表面的湿润水膜、被吸附在小孔隙中的水以及处于颗粒接触部位的毛细角边水等，会对堆石体的湿化变形起主要的作用；

　　（2）堆石体大孔隙的自由水。处于堆石体大孔隙中的水，与堆石体颗粒间的相互作用很小，对湿化变形的影响不会太大。

　　在本书的第 4 章讨论了堆石体的非饱和入渗特性，认为作为一种典型的大颗粒、大孔隙材料，堆石体的非饱和入渗特性是由其具有的孔隙系统的特点决定的。堆石料的小孔隙系统由于孔隙尺寸较小，具有相对较高的基质吸力。堆石体的大孔隙系统由于孔隙尺寸较大，其基质吸力较低甚至可以忽略不计。

　　由于存在上述的特点，堆石体的持水能力主要由堆石体小孔隙系统中的吸附水来体现；水体的流动过程则主要发生在堆石体的大孔隙系统之中。堆石体小孔隙处具有相对较大的吸力，水分会优先为其所吸附，之后才会逐步填充大孔隙系统并形成大孔隙的流动。堆石体的这种持水特点会使得其湿化变形在相对较小的饱和度情况下发生。试验结果证实了上述规律，同时也表明，糯扎渡弱风化花岗岩堆石料有效湿化饱和度小于 25.5%。

6.3　三轴条件下的非饱和湿化试验

本节研制了一种微孔板均匀布水控制器，开发了一套在三轴试验中模拟降雨非饱和入渗的试验装置，进行了不同降雨强度的堆石料非饱和入渗三轴湿化试验及降雨入渗-再通水饱和试验，研究了三轴条件下堆石料非饱和降雨入渗湿化变形特性。

6.3.1　三轴试验中模拟降雨装置的研制

研究降雨条件下堆石料非饱和湿化变形问题，首先需要进行相应条件下的室内试验研究。在堆石料的饱和湿化三轴试验中，受三轴试验仪压力室所限，目前所进行的湿化试验多为从试样底座上的底孔进水，对试样进行浸水饱和，进而研究堆石料的饱和湿化特性。显然，采用这种方法无法进行堆石料非饱和湿化变形的研究。

如前所述，堆石料孔隙大，持水能力较差。因而，进行堆石料非饱和湿化试验的难题是如何能使试样达到一个具有一定含水率的均匀非饱和状态。这种困难在三轴试验中表现得尤为突出。在三轴试验中，堆石料试样用橡皮膜密封后，被装在三轴压力室中，在试样的四周还会施加一定大小的应力的作用。因此，在三轴应力状态下，如何对试样进行特定含水率的非饱和增湿是实现堆石料非饱和湿化三轴试验的关键技术难题。

降雨的特征通常用降雨强度和降雨历时等描述。在一般的室内和野外人工模拟降雨试验中，常用的人工模拟降雨器有喷嘴和针头。在三轴试验中，由于试样处于封闭的加载状态，现有的人工模拟降雨设备和技术均无法直接应用。因此，进行降雨条件下堆石料非饱和湿化三轴试验的前提是研制三轴试验中的模拟降雨湿化装置。

由降雨试验特性可知，降雨在平面上分布的均匀性、降雨强度的可控性与稳定性是人工模拟降雨技术的关键。因此，研制三轴试验中的模拟降雨湿化装置有下列两项关键技术亟待解决：（1）能准确控制降雨强度的外置供水装置及控制系统；（2）能将来水均匀布置到试样横断面的布水控制器。针对上述的问题，研制了一套适用于三轴试验的模拟降雨湿化装置，可进行堆石料在降雨条件下的非饱和和湿化三轴试验。图 6-9 给出了研制的三轴试验中模拟降雨湿化装置的设计简图。

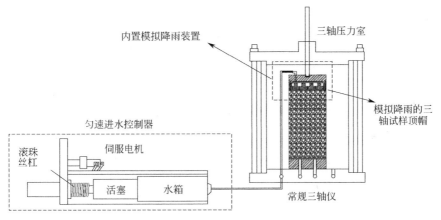

图 6-9　三轴试验中模拟降雨湿化的装置示意图

该装置由外置的匀速进水控制器和内置在三轴仪压力室中的模拟降雨装置两部分组成。

(1) 外置的匀速进水控制器

该控制器主要用于为三轴试验的降雨装置提供可控流量的进水，以模拟不同的降雨强度。控制器利用了清华大学大型真三轴仪的反压控制系统作为降雨装置的供水来源。如图6-9所示，该反压系统由水箱、伺服电机、活塞及控制系统等组成，其中，水箱可连续供水量达 10L，完全满足本研究对降雨雨量的需求。

降雨装置的雨强及过程由进水控制器的供水流量进行模拟。该过程具体是通过伺服电机驱动的滚珠丝杠进行控制的。滚珠丝杠可保证实现精确的微进给，从而实现流量的精确控制。该系统的控制分辨率可达 0.005mL。

(2) 内置在三轴仪压力室中的模拟降雨装置

该装置由模拟降雨的三轴试样顶帽与微孔均匀布水控制器等组成。如图6-9所示，外置供水装置的出水依次通过连接管路、三轴仪底座进水孔、连接管路和三轴仪上帽后，进入三轴试样上帽下部的储水空腔。储水空腔中内置土工织物，其作用是过滤水中的杂质并使来水初步分布均匀。进入储水空腔中的来水再经过设置在试样上帽下部的微孔均匀布水控制器，将来水均匀地布置到下部堆石料试样的横断面上，从而实现对试样均匀降雨的作用。

由此可见，模拟降雨装置的核心装置为设置在三轴仪试样上帽下部的微孔均匀布水控制器。图6-10、图6-11给出了三轴仪内置的模拟降雨装置。微孔均匀布水控制器通过密封螺栓连接在三轴仪试样上帽的下部。中间留有密封槽沟，并在槽沟位置放置密封圈。在三轴仪试样上帽的下侧和布水控制器的上侧开挖有储水空腔。为保证微孔均匀布水控制器可承受较高轴压力的作用，在其上部空腔内设计了支撑凸起。

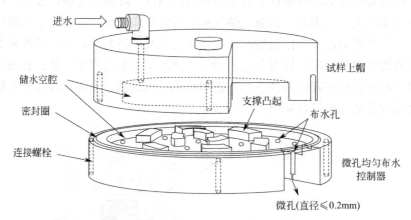

图 6-10　三轴仪内置的模拟降雨装置结构示意图

微孔均匀布水控制器的主要作用是将储水空腔内的上部来水均匀布置到试样的横断面上，以模拟降雨的均匀入渗作用。如图6-10所示，均匀布水控制器的核心结构是设置在其下部底板上均匀分布的布水孔。在布水孔的下端为孔径极小的微孔。这些微孔的直径≤0.2mm，因此具有较高的吸力作用，上部储水空腔内的来水不能单纯在重力作用下自由出流，从而使上部来水在储水空腔内发生积蓄并形成一定的水压。在这个水压作用下，储

(a) 模拟降雨的三轴试样顶帽　　　　　　　　(b) 微孔均匀布水控制器

图 6-11 三轴仪内置的模拟降雨装置

水空腔内的来水通过这些微孔被均匀分布到试样的整个横断面上，实现在三轴试样横断面上的均匀降雨入渗。

对研制的三轴仪内置模拟降雨装置进行了降雨强度及降雨均匀度等测试（图 6-12），证明该套装置可很好地满足试验要求。

6.3.2 试验仪器与试验用料

采用研制的三轴试验模拟降雨装置，对糯扎渡高心墙堆石坝弱风化花岗岩堆石料进行了系列的降雨非饱和湿化三轴试验。试验在清华大学的 GCTS STX-300 三轴仪上进行。有关试验仪器的介绍请参阅本书 5.3.2 节的介绍。试验中，采用研制的三轴试验模拟降雨装置模拟相应的降雨条件。

图 6-12 降雨均匀度测试试验

试验用料采用与第 5 章三轴饱和湿化试验完全相同的糯扎渡弱风化花岗岩堆石料。试验用料的级配、制样干密度和制样方法等也均与该三轴饱和湿化试验相同。有关细节请参阅本书 5.3.1 节。

6.3.3 试验方法与试验方案

采用糯扎渡弱风化花岗岩堆石料，分别进行了不同应力状态和雨强条件下的降雨入渗非饱和湿化三轴试验，以及降雨入渗非饱和湿化-再通水饱和三轴试验。表 6-5 给出了降雨入渗非饱和湿化三轴试验方案。表 6-6 给出了降雨入渗非饱和湿化-再通水饱和三轴试验方案。下面讨论具体试验方法。

堆石料降雨入渗非饱和湿化三轴试验方案　　　　　　　　表 6-5

围压 σ_3(kPa)	应力水平 S_l	降雨强度 R(mm/h)
200	0.39	20,100
	0.57	20,100
	0.78	20,100

围压 σ_3(kPa)	应力水平 S_l	降雨强度 R(mm/h)
600	0.36	20,100
	0.57	10,20,50,75,100
	0.79	10,20,50,75,100,150
800	0.41	20,100
	0.64	20,100
	0.85	20,100

降雨入渗非饱和湿化-再通水饱和三轴试验方案 　　表 6-6

围压 σ_3(/kPa)	应力水平 S_l	降雨强度 R(mm/h)
200	0.39	20
	0.57	20,100
600	0.36	20
	0.57	75,100
	0.79	75,100
800	0.41	20
	0.85	20

1. 降雨入渗非饱和湿化三轴试验

采用应变控制进行轴向加载和应力控制进行稳压湿化的联合控制模式进行试验。图 6-13 给出了降雨入渗非饱和湿化三轴试验步骤，主要包括：

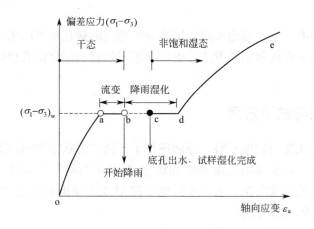

图 6-13　降雨入渗非饱和湿化三轴试验步骤

（1）干态三轴剪切，对应图 6-13 中的 oa 段。进行非饱和湿化三轴试验时，试样的初始状态是干态。该阶段的试验按常规干态三轴试验方法进行，采用应变控制式进行剪切，加载速率为 0.02%/min。加载直至试验预设应力水平 S_l 所对应的偏差应力 $(\sigma_1-\sigma_3)_w$ 为止。

（2）干态流变，对应图 6-13 中的 ab 段。将试验的控制方式切换为应力控制式，进行恒载流变，让堆石体试样在干态下发生流变变形。

进行该阶段干态流变的主要目的是为之后的湿化过程提供一个相对统一和稳定的操作条件。在试样的轴向应力保持不变的情况下，试样会发生流变变形。因此，如果此时直接进行试样的降雨湿化，试样发生的湿化变形和同时发生的流变变形会交织在一起，两者很难区分，造成对试验结果分析的困难。在文献中，一些学者称该段的干态流变变形为停机变形。对于停机变形目前尚没有统一的规定。在本章进行的试验中，统一取 30min 作为停机变形的标准。

（3）降雨非饱和湿化，对应图 6-13 中的 bcd 段。该步骤的试验又可分为两个阶段：

①试样降雨非饱和湿化阶段，对应图 6-13 中的 bc 段。在该阶段试验开始之前，试样尚处于干燥的状态。从 b 点开始，通过内置在三轴仪压力室中的模拟降雨装置，对试样开始进行自上而下的降雨非饱和湿化。

对本章的试验，每个试验控制给定的降雨强度 R 不变。根据控制降雨强度的不同，各试样完成降雨非饱和湿化所需的时间也有所不同。试验结果表明，对降雨强度 R = 10mm/h，完成试样的非饱和湿化约需要 93min；对降雨强度 R = 150mm/h，完成试样的非饱和湿化则需要约 11min。在对试样进行降雨非饱和湿化的过程中，试样发生非饱和湿化变形。

②试样湿化后变形阶段，对应图 6-13 中的 cd 段。在 c 点，设置在三轴压力室底座上的排水孔出水，表明模拟降雨入渗过程的入渗湿润锋已经达到堆石料试样的底部，降雨入渗对试样的非饱和湿化过程已经完成。根据第 3 章堆石料降雨入渗试验成果，此时试样中的非饱和渗流过程已经基本达到了稳定的状态，试样中的含水量或饱和度不再变化。试验结果表明，此后试样在应力状态和含水状态均不变的情况下，其变形还会继续增加。该阶段的变形也是由于试样的非饱和湿化过程所造成的，因此，从变形机理上讲本阶段堆石料试样的变形仍属于非饱和湿化变形的范畴。

（4）湿态三轴剪切。将三轴仪切换为应变控制的加载方法，进行轴向加载剪切，直至试验结束。该阶段的试验按常规三轴试验的方法进行，采用应变控制式进行剪切，加载速率为 0.02%/min。

2. 降雨入渗非饱和湿化-再通水饱和三轴试验方案

同样采用应变控制进行轴向加载和应力控制进行稳压湿化的联合控制模式进行试验。图 6-14 给出了具体的试验步骤。前三个步骤和降雨入渗非饱和湿化三轴试验完全相同，只是在之后新增加了一个从底部对试样进行充水饱和的过程。

充水饱和，对应图 6-14 中的 def 段。进行该段试验的目的，是为了研究不同的湿化含水量对堆石料试样湿化变形的影响。具体做法是，当试样由降雨非饱和湿化引起的变形稳定后（d 点），从底部对堆石料试样进行充水饱和，观察试样从原来的非饱和湿化状态变化为饱和湿化状态后，试样是否会产生附加的湿化变形。在 e 点，充水从试样帽上的排水孔出水，试样达到完全饱和的状态。保持试样的状态不变，在持续一定的时间后的 f 点，结束本阶段的试验。

湿态三轴剪切，对应图 6-14 中的 fg 段，和降雨入渗非饱和湿化三轴试验完全相同。

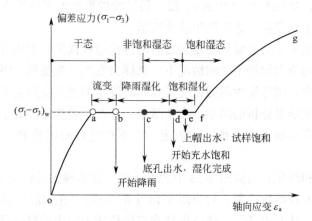

图 6-14 降雨入渗非饱和湿化-再通水饱和三轴试验步骤

6.4 非饱和三轴湿化试验结果

6.4.1 堆石料试样非饱和入渗过程分析

在本章进行的降雨入渗非饱和湿化三轴试验和降雨入渗非饱和湿化-再通水饱和三轴试验过程中，堆石体试样在开始阶段处于制样含水量的干燥状态，其体积含水量 $\theta_0 = 1.5\%$。在降雨入渗阶段，试样的含水量从试样的上部开始，会随着降雨入渗过程由上而下逐步增加。在堆石料试样中发生一个非饱和入渗过程。该入渗过程的快慢以及最终所能达到的稳定含水量和降雨强度相关。

采用相同的糯扎渡弱风化花岗岩堆石料，本书第 4 章进行了不同降雨强度的非饱和入渗试验。本节依据第 4 章的试验结果分析非饱和三轴湿化试验中的非饱和入渗过程。

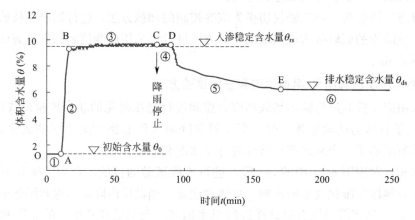

图 6-15 典型测点含水量全过程曲线

图 6-15 给出了堆石料试样中某个典型测点含水量全过程曲线。可见，降雨入渗过程主要存在如下三个阶段：

（1）入渗湿润锋未达到的阶段，对应图 6-15 中的 OA 段。在该阶段，降雨所引起的入渗湿润锋还没有到达该个测点，该点的含水量不受降雨的影响，仍为试样的初始含水量 θ_0。

（2）孔隙充水阶段，对应图 6-15 中的 AB 段。其中，A 点对应的是入渗湿润锋到达该测点的时刻。A 点之后发生对该测点附近堆石料孔隙的充水过程，引起该点的含水量快速增加。B 点代表该点达到入渗稳定含水量 θ_{rs} 的时刻。试验结果证明，入渗稳定含水量 θ_{rs} 取决于降雨强度 R。图 6-16 给出了试验测得的该堆石料入渗稳定含水量 θ_{rs} 与降雨强度 R 的关系。

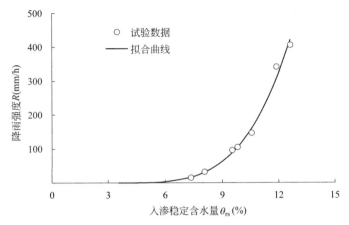

图 6-16　堆石料入渗稳定含水量 θ_{rs} 和降雨强度 R 的关系

（3）非饱和稳定渗流阶段，对应图 6-15 中的 BC 段。在该测点处降雨入渗形成了稳定渗流状态，其含水量不再变化。

图 6-17 概化了降雨入渗过程中堆石料试样试验断面上含水量变化和分布的特点。在降雨入渗过程中，堆石料试样自下而上存在如下 3 个区域：含水量为制样含水量 θ_0 的干燥区①；含水量 $\theta_0 < \theta_t < \theta_{rs}$ 的入渗湿润锋区②；含水量等于入渗稳定含水量 θ_{rs} 的入渗稳定渗流区③。

根据上述试验成果，计算了降雨非饱和湿化试验中采用的降雨强度 R 所对应的稳定含水量 θ_{rs} 与饱和度，见表 6-7。降雨入渗非饱和湿化试验的最小稳定含水量 $\theta_{rs} = 6.89\%$，对应的饱和度为 17.26%。

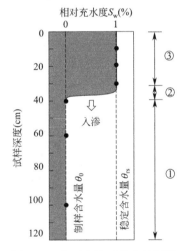

图 6-17　降雨入渗过程中堆石料试样断面上的含水量分区

堆石料非饱和湿化变形三轴试验降雨强度对应的稳定含水量与饱和度　　表 6-7

降雨强度 R(mm/h)	稳定含水量 θ_{rs}(%)	饱和度（%）
10	6.89	17.26
20	7.56	18.96
50	8.68	21.76
75	9.27	23.22
100	9.72	24.37
150	10.43	26.14

6.4.2 降雨入渗非饱和湿化试验结果

进行了 25 个不同围压 σ_3、不同应力水平 S_l 和不同降雨强度的非饱和入渗湿化三轴

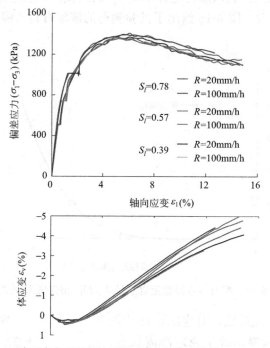

图 6-18 降雨条件下堆石料非饱和湿化试验结果 ($\sigma_3 = 200$kPa)

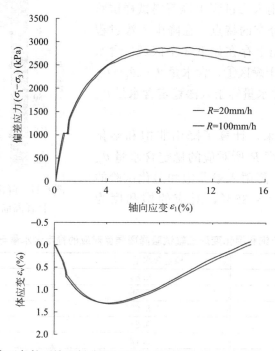

图 6-19 降雨条件下堆石料非饱和湿化试验结果 ($\sigma_3 = 600$kPa，$S_l = 0.36$)

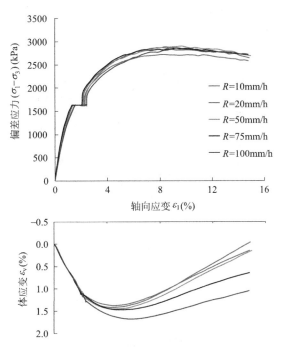

图 6-20　降雨条件下堆石料非饱和湿化试验结果（$\sigma_3 = 600\text{kPa}$，$S_l = 0.57$）

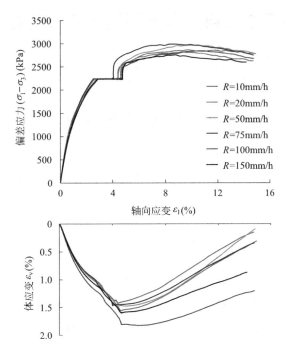

图 6-21　降雨条件下堆石料非饱和湿化试验结果（$\sigma_3 = 600\text{kPa}$，$S_l = 0.79$）

试验。图 6-18 给出了围压 $\sigma_3 = 200\text{kPa}$ 下的试验结果。图 6-19、图 6-20 和图 6-21 给出了围压 $\sigma_3 = 600\text{kPa}$ 下的试验结果。图 6-22 给出了围压 $\sigma_3 = 800\text{kPa}$ 下的试验结果。总体看，试验结果合理，呈现出了较好的规律性。

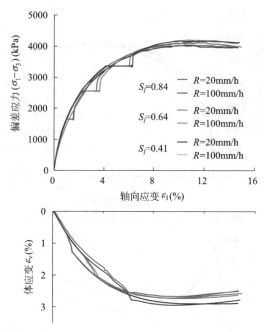

图 6-22　降雨条件下堆石料非饱和湿化试验结果（$\sigma_3 = 800\text{kPa}$）

6.5　降雨条件下堆石料的非饱和湿化变形特性

本节根据所进行的降雨入渗非饱和湿化试验和降雨入渗非饱和湿化-再通水饱和三轴试验结果，分析降雨条件下堆石料的非饱和湿化变形特性。

6.5.1　降雨入渗非饱和湿化试验中各阶段的变形特性分析

本小节重点研究降雨条件下堆石料的非饱和湿化变形特性。由图 6-18～图 6-22 所示的降雨入渗非饱和湿化试验结果可见，各组试验的结果具有相似的规律性，下面分别以（$\sigma_3 = 200\text{kPa}$，$S_l = 0.78$，$R = 100\text{mm/h}$）和（$\sigma_3 = 600\text{kPa}$，$S_l = 0.36$，$R = 100\text{mm/h}$）两个降雨入渗非饱和湿化试验结果为例进行分析。

图 6-23 给出了（$\sigma_3 = 200\text{kPa}$，$S_l = 0.78$，$R = 100\text{mm/h}$）降雨入渗非饱和湿化试验的结果。整个试验结果可划分为如下 4 个阶段。

（1）干态常规三轴加载阶段，对应图 6-23 中的 oa 和 o′a′ 段

试样在该阶段进行的是干态堆石料试样的三轴应力加载，其偏差应力-轴向应变曲线以及体应变-轴向应变曲线的特征与常规三轴试验相同。当剪切达到预设的偏差应力 $(\sigma_1 - \sigma_3)_w$（对应应力水平 $S_l = 0.78$，a 和 a′ 点）时，停止剪切。

可见，由于该试验的围压较低，当剪切至应力水平 $S_l = 0.78$ 时，堆石料试样已处于体积膨胀的阶段。

（2）干态流变阶段，对应图 6-23 中的 ab 和 a′b′ 段

在该阶段，将试验的控制方式切换为应力控制式，并保持试样的偏差应力不变，让堆

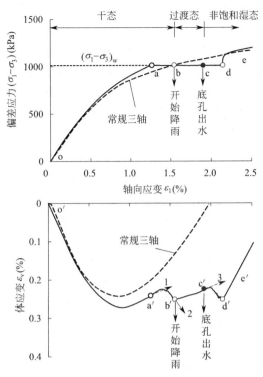

图 6-23　非饱和湿化三轴试验曲线的特性（$\sigma_3 = 200\text{kPa}$，$S_l = 0.78$，$R = 100\text{mm/h}$）

石体试样在干态下发生流变变形。由于堆石料试样在该阶段发生的是流变变形，在其体应变-轴向应变曲线上，表现出了同前阶段常规剪切段明显不同的特征。如果试样在 a′ 点继续进行剪切，其应变将会沿着箭头 1 的方向继续发展。但由于堆石料试样在该阶段发生的是流变，因此，其实际的应变为 a′b′。可以发现，和箭头 1 的方向相比，在 a′b′ 上所对应的体积应变分量相对更大，这种特征符合一般堆石料流变的特性。

（3）降雨非饱和湿化变形阶段，对应图 6-23 中的 bcd 和 b′c′d′ 段

该步骤的试验总体又可分为如下两个阶段：

①试样降雨非饱和湿化阶段，对应 bc 和 b′c′ 段。在该阶段试验开始之前，试样尚处于完全干燥的状态。从 b 点开始，通过内置在三轴仪压力室中的模拟降雨装置，对试样开始进行自上而下的降雨非饱和湿化。试样随之发生由干态到非饱和湿态的过渡。在对试样进行降雨非饱和湿化的过程中，试样发生非饱和湿化变形。在 c 点，设置在三轴压力室底座上的排水孔出水，此时降雨入渗过程的入渗湿润锋达到堆石料试样的底部，表明降雨入渗对试样的非饱和湿化过程已经基本完成，该阶段结束。

在试样的降雨入渗非饱和湿化阶段，试样的应力状态保持不变，试样发生的变形主要是堆石料试样干湿状态发生变化所导致的变形，因而是湿化变形。在体应变-轴向应变曲线中，出水点 c′ 前后应变增量的方向也发生了明显偏转。如果试样在 b′ 点继续发生流变，其应变将会沿着箭头 2 的方向继续发展。但由于堆石料试样在该阶段发生的是湿化，因此，其实际的应变为 b′c′。可以发现，和箭头 2 的方向相比，在 b′c′ 上所对应的体积应变分量相对更小。通过进一步对比可以发现，堆石料试样在该阶段所发生的应变增量的方向

和箭头 1 所示的方向大致平行。这种现象表明，在降雨入渗非饱和湿化情况下，湿化应变增量方向的平行特性仍然成立。

②试样湿化后变形阶段，对应图 6-23 中的 cd 和 c′d′段。在 c 点，三轴压力室底座上的排水孔出水，表明模拟降雨入渗过程的入渗湿润锋已经达到堆石料试样的底部，降雨入渗对试样的非饱和湿化过程基本完成。但试验结果表明，此后试样在应力状态和含水状态均不变的情况下，其变形还会继续增加。由于该阶段的变形也是试样的充水湿化过程所造成的，因此也属于湿化变形的范畴。

由图 6-23 可见，体应变-轴向应变曲线在排水底孔出水点 c′处又发生了明显的转折，表明该阶段试样发生的应变表现出了同前阶段的湿化变形明显不同的特征。如果试样在 c′点继续发生同样的湿化，其应变将会沿着箭头 3 的方向继续发展。但堆石料试样在该阶段发生的实际应变为 c′d′。可以发现，和箭头 3 的方向相比，在 c′d′上所对应的体积应变分量相对更大，表现出了某种符合堆石料流变的特性。

（4）湿态三轴剪切阶段，对应图 6-23 中的 de 和 d′e′段

在该阶段，重新将三轴仪切换为应变控制的加载方法，进行轴向加载剪切，直至试验结束。试样在该阶段进行的是湿态堆石料试样的三轴应力加载，其偏差应力-轴向应变曲线以及体应变-轴向应变曲线的特征与常规三轴试验相同。

图 6-24 给出了降雨入渗非饱和湿化三轴试验的结果（$\sigma_3=600$kPa，$S_l=0.36$，$R=100$mm/h）。该试验结果曲线和前面分析的（$\sigma_3=200$kPa，$S_l=0.78$，$R=100$mm/h）试验的结果具有类似的特性，同样可按照试验的不同阶段划分为干态常规三轴加载、干态流变、降雨非饱和湿化变形以及湿态三轴剪切 4 个阶段，且各阶段的应力-应变曲线和体积

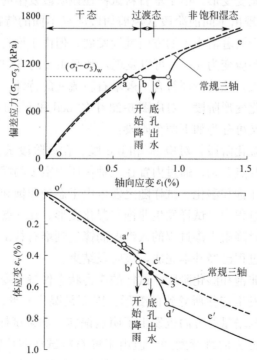

图 6-24　非饱和湿化三轴试验曲线的特性（$\sigma_3=600$kPa，$S_l=0.36$，$R=100$mm/h）

变形曲线也表现出了类似的分段特性。这里不再进行讨论。

对照图 6-23 和图 6-24 所示的试验结果，可以发现，两个试验结果存在一定的差别。

图 6-23 所示的（$\sigma_3 = 200\text{kPa}$，$S_l = 0.78$，$R = 100\text{mm/h}$）降雨入渗非饱和湿化试验，当试样剪切到 a 或 a′ 点进行降雨非饱和湿化时，应力水平已经相对较高，试样在三轴剪切情况下已经处于体积膨胀阶段。在随后的降雨非饱和湿化阶段（bc 和 b′c′ 段），堆石料试样也随之发生了体积的膨胀，且其应变增量的方向和箭头 1 所示的方向大致平行。

图 6-24 所示的（$\sigma_3 = 600\text{kPa}$，$S_l = 0.36$，$R = 100\text{mm/h}$）降雨入渗非饱和湿化三轴试验，当试样剪切到 a 或 a′ 点进行降雨非饱和湿化时，由于应力水平相对较低，试样尚处在体积收缩阶段。在随后的降雨非饱和湿化阶段（对应 bc 和 b′c′ 段），堆石料试样同样发生了体积的收缩，且其应变增量的方向和箭头 1 所示的方向大致平行。

上述现象表明，无论是体积收缩还是体积膨胀的情况，降雨入渗非饱和湿化应变增量方向的平行特性仍然成立。

6.5.2 非饱和湿化变形的两个发展阶段

在本书的第 5 章，基于堆石料饱和湿化特性提出了湿化变形的广义荷载作用模型，该模型认为，可将堆石料的湿化看作一种广义荷载，在这种广义荷载的作用下，堆石料试样会发生相应的瞬时变形和随时间的流变变形。在湿化试验中，伴随堆石料湿化过程所发生的瞬时湿化变形对应该种广义荷载作用下的瞬时变形；试样饱和后所发生的随时间的变形则对应该广义荷载作用下的流变变形。

从原理上讲，由降雨入渗引起的堆石料非饱和湿化过程也应符合堆石料湿化变形的广义荷载作用模型。下面结合图 6-24 所示的试验结果来讨论非饱和湿化变形的这两个发展阶段。

为了更清楚地表达堆石料试样非饱和湿化变形的时间发展过程，图 6-25 给出了（$\sigma_3 = 600\text{kPa}$，$S_l = 0.36$，$R = 100\text{mm/h}$）降雨入渗非饱和湿化三轴试验湿化轴向应变和体应变随时间变化的过程线，以开始降雨 b 点为坐标原点（时间起点）。b、c 和 d 点的位置和图 6-24 中 b、c 和 d 点的位置是完全对应的。

可以看出，以从试样底座排水孔出水 c 点为界，湿化轴向应变和体应变变化的时间过程可划分为直线段和曲线段两个阶段。从开始降雨 b 点开始，到试样底座排水孔出水 c 点，试样由干态逐渐变为非饱和湿态。因为每个降雨入渗湿化试验中，降雨强度保持不变，即匀速进行降雨入渗，因此该阶段湿化应变随时间基本呈直线增加。该阶段湿化应变随降雨入渗的过程瞬时发生，即是瞬时湿化应变。

在出水点 c 点之后，试样达到了稳定非饱和湿态。之后，试样干湿状态和应力状态均不变，发生的湿化应变符合流变的定义。从该阶段湿化应变的时间过程曲线的形式上看，开始阶段湿化应变发展较快，之后其应变变化的速率逐渐减小，这也符合流变变形的基本特征。因此，该阶段发生的湿化应变实际上就是湿态流变应变。

上述以试样底座排水孔出水点 c 点为界，将整体湿化应变划分为瞬时湿化应变和湿态流变应变的做法也符合图 6-24 和图 6-25 中所示的湿化变形的分段特性。

综上所述，本书提出的堆石料湿化变形的广义荷载作用模型，同样适用于降雨入渗所

导致的非饱和湿化的情况，可认为伴随堆石料湿化过程所发生的湿化变形是瞬时湿化变形，试样湿化后所发生的变形是堆石料的湿态流变变形。

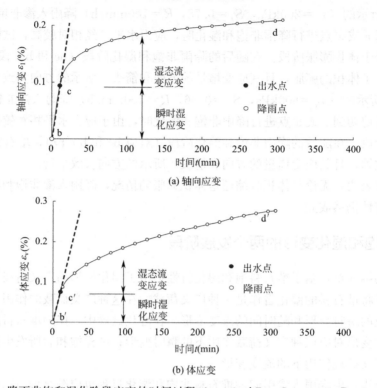

(a) 轴向应变

(b) 体应变

图 6-25　降雨非饱和湿化阶段应变的时间过程（$\sigma_3 = 600\text{kPa}$，$S_l = 0.36$，$R = 100\text{mm/h}$）

需要进一步说明的是，在降雨入渗非饱和湿化三轴试验中，由降雨入渗所导致的堆石料的湿化过程是以一个相对较慢的速度进行的，通常会持续一定时间。这对降雨强度小的试验尤其如此。因此，在这个堆石料试样的降雨入渗非饱和湿化的过程中，堆石料试样也会发生一定大小的湿化湿态流变。对于这个问题，也需要采用 5.8 节针对堆石料饱和湿化试验所建立的过程迭代方法进行分析计算。

6.5.3　不同湿化含水量的影响分析

为研究不同降雨强度对湿化变形的影响，以开始降雨的时间为坐标原点（时间起点）整理了不同降雨强度的非饱和湿化试验所得到的湿化轴向应变和体应变的时间过程曲线。

图 6-26 分别给出了围压 $\sigma_3 = 600\text{kPa}$、应力水平 $S_l = 0.57$ 的不同降雨强度的非饱和湿化试验结果。对于该围压和应力水平，共进行了 $R = 10\text{mm/h}$、20mm/h、50mm/h、75mm/h 和 100mm/h 共 5 个降雨强度的试验。为了对比这些降雨非饱和湿化试验和饱和湿化试验结果的差别，图中还给出了根据 5.8 节确定的饱和湿化模型参数计算的饱和湿化应变的时间过程曲线。计算的条件是：$\sigma_3 = 600\text{kPa}$，$S_l = 0.57$，且完成充水饱和的时间为 27.93min。

图 6-27 分别给出了围压 $\sigma_3 = 600\text{kPa}$、应力水平 $S_l = 0.79$ 的不同降雨强度的非饱和湿化试验结果。对于该围压和应力水平，共进行了 $R = 10\text{mm/h}$、20mm/h、50mm/h、

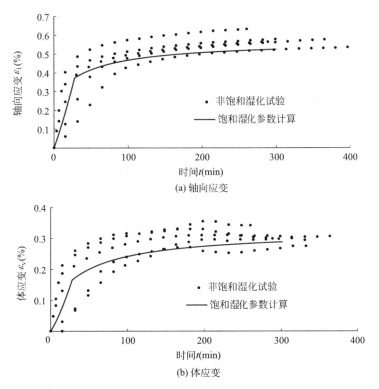

(a) 轴向应变

(b) 体应变

图 6-26　降雨非饱和湿化试验湿化应变时间过程（$\sigma_3 = 600\text{kPa}$，$S_l = 0.57$）

75mm/h、100mm/h 和 150mm/h 共 6 个降雨强度的试验。图中同样给出了根据 5.8 节确定的饱和湿化模型参数计算的饱和湿化应变的时间过程曲线。计算的条件是：$\sigma_3 = 600\text{kPa}$，$S_l = 0.79$，且完成充水饱和的时间为 21.97min。

在图 6-26 和图 6-27 中，每条曲线的开始段主要发生由于降雨入渗所产生的非饱和瞬时湿化变形，其湿化轴向应变和体应变的时间过程线均近似为直线。由于在不同的降雨强度下，非饱和入渗的速度不同，造成这些直线的斜率也不同。当降雨强度较大时，入渗速率较快，初始直线段的斜率较陡；反之，当降雨强度较小时，入渗速率较慢，初始直线段的斜率较缓。当降雨湿化过程完成后，堆石料试样发生湿态流变，湿化轴向应变和体应变的时间过程线均为曲线。

对比图 6-26 和图 6-27 中各降雨强度的非饱和湿化试验结果曲线和饱和湿化参数计算曲线，可以发现，两种试验所得堆石料试样湿化变形总体相差不大。不同降雨强度的非饱和湿化试验结果总体落在饱和湿化参数计算曲线附近的一定范围之内。

为了对两种试验的结果进行定量的对比，取各条曲线上湿化时间 $t = 250\text{min}$ 所对应的湿化应变进行比较。表 6-8 统计了（$\sigma_3 = 600\text{kPa}$，$S_l = 0.57$）各降雨强度试验所得非饱和湿化应变与饱和湿化应变。表中还给出了各降雨强度所对应的稳定入渗体积含水率以及饱和状态体积含水率。图 6-28 给出了该组试验的对比。同样，表 6-9 统计了（$\sigma_3 = 600\text{kPa}$，$S_l = 0.79$）各降雨强度试验所得非饱和湿化应变与饱和湿化应变。图 6-29 给出了该组试验的对比。

由表 6-8 和表 6-9 中的数据可以发现，在降雨强度 $R = 10\text{mm/h}$、20mm/h、50mm/h、

191

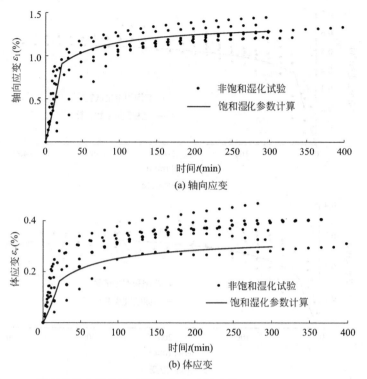

图 6-27 降雨非饱和湿化试验湿化应变时间过程 ($\sigma_3 = 600\text{kPa}$, $S_l = 0.79$)

75mm/h、100mm/h 和 150mm/h 的条件下，堆石料试样能够达到的最大稳定入渗体积含水率分别为 6.89%、7.57%、8.68%、9.27%、9.72% 和 10.43%，均远小于该种堆石料的饱和体积含水量 28.50%。但是，各降雨强度下得到的堆石料试样的非饱和湿化应变却均与饱和湿化得到的湿化应变基本相同。

非饱和湿化与饱和湿化应变 ($\sigma_3 = 600\text{kPa}$, $S_l = 0.57$)　　　　表 6-8

降雨强度 R(mm/h)	稳定体积含水量 θ_{rs}(%)	湿化轴向应变 ε_1^c(%)	湿化体应变 ε_v^c(%)
10	6.89	0.51	0.30
20	7.57	0.55	0.26
50	8.68	0.56	0.31
75	9.27	0.57	0.31
100	9.72	0.63	0.34
饱和湿化计算	28.50	0.52	0.28

非饱和湿化与饱和湿化应变 ($\sigma_3 = 600\text{kPa}$, $S_l = 0.79$)　　　　表 6-9

降雨强度 R(mm/h)	稳定体积含水量 θ_{rs}(%)	湿化轴向应变 ε_1^c(%)	湿化体应变 ε_v^c(%)
10	6.89	1.24	0.27
20	7.57	1.26	0.38

续表

降雨强度 R(mm/h)	稳定体积含水量 θ_{rs}(%)	湿化轴向应变 ε_1^c(%)	湿化体应变 ε_v^c(%)
50	8.68	1.19	0.34
75	9.27	1.19	0.40
100	9.72	1.34	0.46
150	10.43	1.42	0.37
饱和湿化计算	28.50	1.27	0.29

以表 6-8 和图 6-28 给出的应力状态（$\sigma_3 = 600$kPa，$S_l = 0.57$）下的试验结果为例进行说明。当降雨强度 $R = 10$mm/h 时，堆石料试样中的最大稳定入渗体积含水率仅为 6.89%。在湿化时间 $t = 250$min 时，试样的湿化轴向应变 $\varepsilon_1^c = 0.51\%$，湿化体应变 $\varepsilon_v^c = 0.30\%$；而对于该应力状态下的饱和湿化，其饱和体积含水量为 28.50%。同样在湿化时间 $t = 250$min 时，试样的湿化轴向应变 $\varepsilon_1^c = 0.52\%$，湿化体应变 $\varepsilon_v^c = 0.28\%$。两种试验的湿化含水量相差达 4.1 倍，但堆石料的湿化应变基本相同，因此可以认为，体积含水率 6.89% 和 28.50% 之间的水并未对堆石料的湿化发生显著的作用。

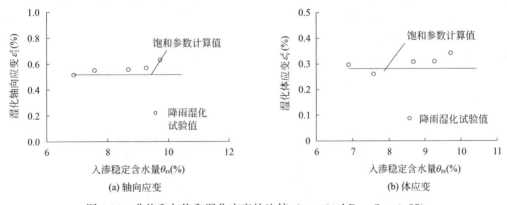

(a) 轴向应变　　　　　　　　　　(b) 体应变

图 6-28　非饱和与饱和湿化应变的比较（$\sigma_3 = 600$kPa，$S_l = 0.57$）

再以表 6-9 和图 6-29 的应力状态（$\sigma_3 = 600$kPa，$S_l = 0.79$）下的试验结果为例进行说明。当降雨强度 $R = 50$mm/h 时，堆石料试样中的最大稳定入渗体积含水率仅为 8.68%。在湿化时间 $t = 250$min 时，试样的湿化轴向应变 $\varepsilon_1^c = 1.19\%$，湿化体应变 $\varepsilon_v^c = 0.34\%$；而对于该应力状态下的饱和湿化，其饱和体积含水量为 28.50%。同样在湿化时间 $t = 250$min 时，试样的湿化轴向应变 $\varepsilon_1^c = 1.27\%$，湿化体应变 $\varepsilon_v^c = 0.29\%$。两种试验的湿化含水量同样相差了 3.3 倍，但所引起的堆石料的湿化应变基本相同，因此可以认为，体积含水率 8.68%～28.50% 之间的水同样并未对堆石料的湿化发生显著的作用。

上述结果表明，当堆石料的湿化含水量大于一定的数值后，湿化含水量对湿化应变基本没有影响，可以认为，堆石料试样的湿化变形主要在小湿化含水量的情况下发生。

这个结果也与本章 6.2 小节侧限压缩条件下的非饱和湿化试验结果类似。可见，在湿

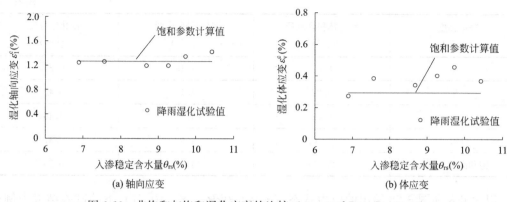

(a) 轴向应变　　　　　　　　　　　　　　(b) 体应变

图 6-29　非饱和与饱和湿化应变的比较（$\sigma_3 = 600\text{kPa}$，$S_l = 0.79$）

化饱和度大于一定数值的情况下，堆石料的湿化变形和湿化饱和度（或含水量）无关。据此，作者认为，存在于堆石料小孔隙或颗粒接触部位的水，才是有效引起堆石料湿化变形的湿化含水量，而存在于大孔隙中的水多是湿化无效含水量，对堆石料的湿化变形没有影响。

图 6-30 给出了堆石料湿化有效和无效孔隙水的概念。根据非饱和土力学基质吸力的理论，在堆石颗粒接触的部位，孔隙相对较小，吸力较大。在小饱和度状态下，孔隙水主要存在于这些部位。而根据堆石料的湿化变形机理，当堆石料试样由天然风干状态浸水湿化，逐渐发展到饱和状态时，堆石颗粒由于浸水软化或发生破碎，叠加水的润滑作用，引起颗粒重排列，从而导致堆石料发生湿化变形。在堆石颗粒接触部位存在的孔隙水正是能使堆石颗粒发生这些现象的有效孔隙水。

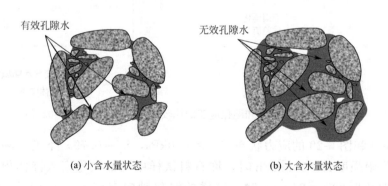

(a) 小含水量状态　　　　　　　　　　　　(b) 大含水量状态

图 6-30　堆石料湿化有效和无效孔隙水的概念

当堆石料的含水量增大，饱和度增加时，堆石料中的大孔隙也会逐渐被水所充满。显然，在这些大孔隙中的水，绝大部分并不和堆石料颗粒或接触点有直接的接触，当然也就不会使堆石颗粒本身发生软化或破碎，也不会使堆石颗粒间发生润滑。因此，这些大孔隙中存在的孔隙水对堆石料的湿化变形几乎没有作用，为湿化无效孔隙水。

在本书进行的降雨入渗非饱和湿化试验中，所采用的最小降雨强度 $R = 10\text{mm/h}$，所对应的稳定体积含水量 $\theta_{\text{rs}} = 6.89\%$，饱和度 $S_w = 17.26\%$。根据上述讨论可知，糯扎渡弱风化花岗岩堆石料湿化有效含水量 $< 6.89\%$，对应的有效湿化饱和度 $< 17.26\%$。

6.5.4　降雨非饱和湿化-再通水饱和试验

在上一小节，通过将不同降雨强度非饱和湿化试验结果与相应饱和湿化参数计算曲线进行对比，分析了湿化含水量对湿化变形的影响。结果表明，当堆石料的湿化含水量大于一定的数值后，湿化含水量对湿化应变基本没有影响，即可以认为，堆石料试样的湿化变形主要在小湿化含水量的情况下发生，只有小含水量状态对应的堆石料孔隙水才是湿化的有效含水量。

但是，不同的堆石料试样存在一定的变异性，不同的试验方法之间也存在差异，造成不同试样的堆石料湿化试验很难得到完全一致的结果。从图 6-26～图 6-29 所示的试验结果中，就可以看到这种试验结果的波动性。这种不同试验之间的波动性会造成试验规律的可信度下降。

为进一步证明上述所得堆石料湿化变形和湿化含水量之间规律的正确性，本节特别设计并进行了降雨入渗非饱和湿化-再通水饱和试验（简称为再通水饱和试验）。图 6-31 给出了该种试验的具体步骤。可见，该种试验的前 3 个步骤（到 d 点为止）和降雨入渗非饱和湿化三轴试验完全相同，只是在该种试验之后增加了一个从底部对试样进行充水饱和的过程。

图 6-31 对再通水饱和试验和一般的降雨入渗非饱和湿化三轴试验的关系进行了进一步的说明。由 o 到 d 是一般的降雨入渗非饱和湿化三轴试验的步骤。在 d 点，堆石料试样处于降雨入渗引起的非饱和状态，试样的含水量等于相应降雨强度所对应的稳定入渗含水量，且试样的湿化变形已基本处于稳定的状态。对一般的降雨入渗非饱和湿化三轴试验，在 d 点将直接进行湿态的三轴剪切，之后将结束试验。

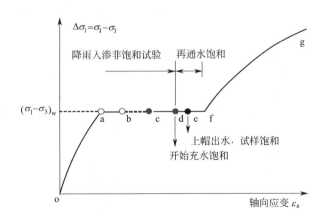

图 6-31　降雨入渗非饱和湿化-再通水饱和三轴试验

对于再通水饱和三轴试验，在 d 点将对堆石料试样附加一个通水饱和的过程。具体做法是，当试样由降雨非饱和湿化引起的变形稳定后（d 点），从底部对试样进行充水饱和，观察试样从非饱和湿化状态变化为饱和湿化状态后，是否会产生新的附加湿化变形。在 e 点，充水从试样顶帽上的排水孔出水，此时试样达到完全饱和的状态。之后，保持状态不变，持续一定的时间后（f 点），再进行三轴剪切并结束试验。

再通水饱和三轴试验的饱和充水量 表 6-10

降雨强度 R(mm/h)	稳定体积含水量 θ_{rs}(%)	饱和充水体积含水量 $\Delta\theta$(%)	饱和充水水量 V(cm^3)
20	7.56	20.95	1110
75	9.27	19.23	1019
100	9.72	18.78	995
150	10.43	18.07	957
饱和状态	28.50	0	0

如表 6-6 所示，共进行了 10 个不同应力状态和降雨强度的再通水饱和试验。表 6-10 给出了不同降雨强度情况下，堆石料的稳定入渗体积含水量 θ_{rs}、使试样达到饱和状态所需的充水体积含水量 $\Delta\theta$ 和充水总体积 V。可见，在不同的降雨条件下，将堆石体试样由 d 点的非饱和稳定入渗含水量状态，充水至饱和状态，所需的充水量均远远大于试样处于稳定入渗非饱和状态时试样中的水量。对于小降雨强度时尤其如此。

根据前述的降雨入渗非饱和湿化三轴试验结果可知，堆石料试样由干态变化为降雨非饱和湿态时，发生了显著的湿化变形。该湿化变形就是由降雨产生的入渗含水量引起的。可以预见，如果堆石料孔隙中的水对堆石料的湿化发挥基本相同的作用，则在这种后续的再通水饱和过程中，也必将会使堆石料试样发生显著的湿化变形。

10 个不同应力状态和降雨强度的再通水饱和试验结果的规律完全相同，下面仅给出 4 个典型的试验结果并进行相应的讨论。

图 6-32 给出了湿化应力状态为 $\sigma_3=600$kPa，$S_l=0.57$，降雨强度 $R=100$mm/h 的再通水饱和试验结果。

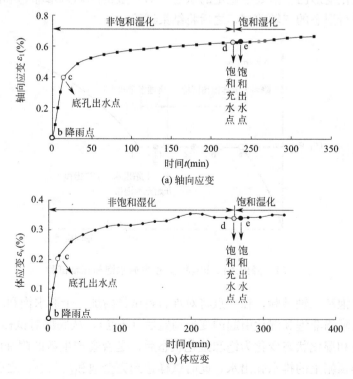

图 6-32 降雨非饱和湿化-再通水饱和试验（$\sigma_3=600$kPa，$S_l=0.57$，$R=100$mm/h）

图 6-33 给出了湿化应力状态为 $\sigma_3 = 600\text{kPa}$，$S_l = 0.79$，降雨强度 $R = 100\text{mm/h}$ 的再通水饱和试验结果。

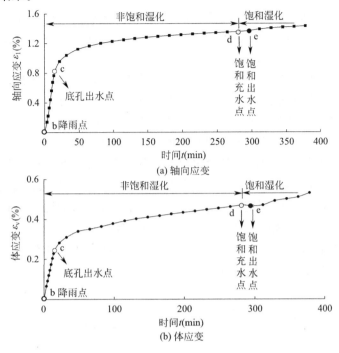

(a) 轴向应变

(b) 体应变

图 6-33　降雨非饱和湿化-再通水饱和试验（$\sigma_3 = 600\text{kPa}$，$S_l = 0.79$，$R = 100\text{mm/h}$）

图 6-34 给出了湿化应力状态为 $\sigma_3 = 800\text{kPa}$，$S_l = 0.41$，降雨强度 $R = 20\text{mm/h}$ 的再通水饱和试验结果。

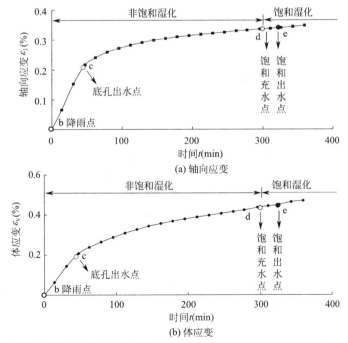

(a) 轴向应变

(b) 体应变

图 6-34　降雨非饱和湿化-再通水饱和试验（$\sigma_3 = 800\text{kPa}$，$S_l = 0.41$，$R = 20\text{mm/h}$）

图 6-35 给出了湿化应力状态为 $\sigma_3 = 800\text{kPa}$，$S_l = 0.85$，降雨强度 $R = 20\text{mm/h}$ 的再通水饱和试验结果。

可见，各试验结果的规律完全相同。下面仅以图 6-35 所示的湿化应力状态为 $\sigma_3 = 800\text{kPa}$，$S_l = 0.85$，降雨强度 $R = 20\text{mm/h}$ 的再通水饱和试验结果进行详细的说明。

在 b 点开始从试样顶帽进行降雨，降雨强度为 $R = 20\text{mm/h}$，试样开始自上而下的非饱和入渗过程，并且发生非饱和湿化变形。在 c 点从试样的排水底孔出水，试样完成非饱和湿化的过程。之后，试样在保持应力状态和含水状态不变的情况下进行非饱和湿态流变过程，到达 d 点。此时，试样的非饱和湿态流变过程已经大体完成。

试样在 d 点处于非饱和湿态，其含水量等于降雨强度 $R = 20\text{mm/h}$ 所对应的入渗稳定体积含水量 $\theta_{rs} = 7.56\%$（表 6-10）。在 d 点对试样开始从下部的底孔进行充水饱和，至 e 点从试样顶帽出水，试样达到饱和状态。此时，试样的含水量达到饱和体积含水量 $\theta = 28.50\%$。因此，从 d 点开始至 e 点，共对堆石料试样充水约 1110cm^3。充入的水量约为在 d 点时试样中含水总量的 2.8 倍。但是，在 de 之间堆石体试样充入的这些水量，对堆石料试样的湿化变形过程基本没有影响。

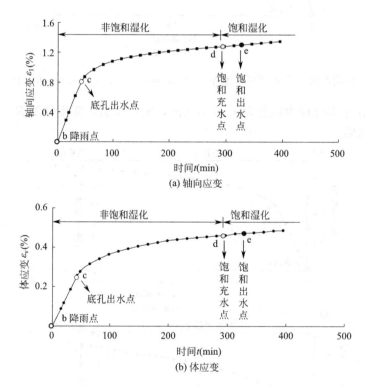

图 6-35　降雨非饱和湿化-再通水饱和试验（$\sigma_3 = 800\text{kPa}$，$S_l = 0.85$，$R = 20\text{mm/h}$）

这种现象直接证明了前述的堆石料湿化有效和无效孔隙水概念的正确性。在上述的试验中，堆石料试样在前面的降雨入渗过程中，渗入堆石料中的水会先占据堆石颗粒接触部位等小孔隙处。这部分水是能使堆石颗粒发生湿化变形的有效孔隙水。在之后的饱和过程中，充入堆石料中的水基本进入了堆石料中的大孔隙部分。显然，这些水不会使堆石颗粒间发生润滑或堆石颗粒发生软化或破碎等，因此，对堆石料的湿化变形几乎没有作用，为湿化无效孔隙水。

6.6 堆石料非饱和湿化本构模型及其验证

根据糯扎渡堆石料降雨入渗非饱和湿化三轴试验以及非饱和湿化-再通水饱和三轴试验结果等，研究分析了堆石料的非饱和湿化变形特性，可将研究分析的要点总结如下。

（1）由降雨入渗引起的堆石料非饱和湿化变形同样符合本书提出的广义荷载作用模型，即可将堆石料非饱和湿化变形划分为伴随湿化过程发生的瞬时湿化变形，以及湿化后发生的湿态流变变形两部分。

（2）在降雨入渗非饱和湿化情况下，瞬时湿化应变增量方向的平行特性仍然成立。试样湿化后的湿态流变变形也同样符合一般堆石料流变的基本特征。

（3）当堆石料的湿化含水量大于一定的数值后，湿化含水量对湿化应变基本没有影响，可以认为，堆石料试样的湿化变形主要在小湿化含水量的情况下发生。根据非饱和湿化试验结果，糯扎渡弱风化花岗岩堆石料湿化有效含水量$<6.89\%$，对应的有效湿化饱和度$<17.26\%$。

根据上述研究结果可以进一步推论，对于堆石料的非饱和湿化，当湿化含水量大于该种堆石料的最小有效湿化含水量后，湿化应变和湿化含水量无关。此时，堆石料非饱和湿化的变形规律和饱和湿化的情况完全相同，可用饱和湿化的本构模型和参数进行描述。下面将通过具体的模型计算对该推论进行验证。

本书所进行的降雨入渗非饱和湿化试验均满足湿化含水量大于该种堆石料的最小有效湿化含水量的条件，因此，都可以通过本书第4章的饱和湿化模型和参数进行模拟。该饱和湿化模型主要包括如下部分：

1. 瞬时湿化应变计算模型及参数

（1）瞬时湿化剪应变：

$$\Delta\gamma_s = d_w \frac{S_l}{1-S_l}\left(\frac{\sigma_3}{p_a}\right) \tag{6-3}$$

（2）瞬时湿化体应变：

$$\Delta\varepsilon_{vs} = 3d_w \frac{\left[1-\left(\dfrac{R}{R_u}\right)^{\alpha}\right]}{2+\left(\dfrac{R}{R_u}\right)^{\alpha}} \frac{S_l}{1-S_l}\left(\frac{\sigma_3}{p_a}\right) \tag{6-4}$$

（3）瞬时湿化应变计算参数：$R_u=5.41$，$\alpha=1.26$ 和 $d_w=0.034$。

2. 湿态流变计算模型及参数

（1）湿态流变的时间过程：

$$\varepsilon^c(t) = \frac{t}{\hat{c}+t}\varepsilon_f^c \tag{6-5}$$

（2）湿态流变最终流变量：

$$\varepsilon_{\mathrm{vf}}^{\mathrm{c}} = b\left(\frac{\sigma_3}{p_{\mathrm{a}}}\right) \tag{6-6}$$

$$\gamma_{\mathrm{f}}^{\mathrm{c}} = d\left(\frac{S_l}{1-S_l}\right) \tag{6-7}$$

（3）流变模型计算参数：$\hat{c} = 0.81$、$b = 0.042$ 和 $d = 0.166$。

采用上述堆石料湿化模型，以及由糯扎渡弱风化花岗岩堆石料饱和湿化三轴试验确定的模型计算参数，对该种堆石料的降雨入渗非饱和三轴湿化试验进行了计算，并与试验结果进行了比较。计算中，考虑了堆石料试样在降雨入渗湿化过程中的湿态流变变形。

图 6-36 给出了围压 $\sigma_3 = 200\mathrm{kPa}$，降雨强度 $R = 20\mathrm{mm/h}$，应力水平 $S_l = 0.39$、0.57 和 0.78 的降雨入渗非饱和湿化试验和模型计算结果。可以看出，用饱和湿化模型和试验参数计算的结果与试验结果吻合情况良好。

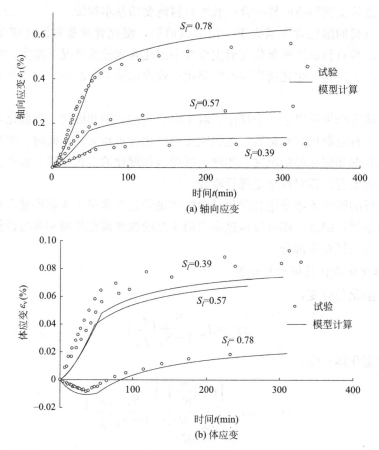

图 6-36　降雨非饱和湿化试验和模型计算结果（$\sigma_3 = 200\mathrm{kPa}$，$R = 20\mathrm{mm/h}$）

从轴向应变时间过程曲线可见，模型计算不仅较好地模拟了在非饱和湿化过程中的瞬时湿化应变特性，也很好地模拟了之后的湿态流变过程。在体应变时间过程曲线上，采用了修正的 Rowe 剪胀方程既较好地模拟了低应力水平时的湿化体缩，又较好地模拟了高应力水平时发生的湿化体胀现象。

图 6-37 给出了围压 $\sigma_3 = 600\mathrm{kPa}$，降雨强度 $R = 100\mathrm{mm/h}$，应力水平 $S_l = 0.36$、

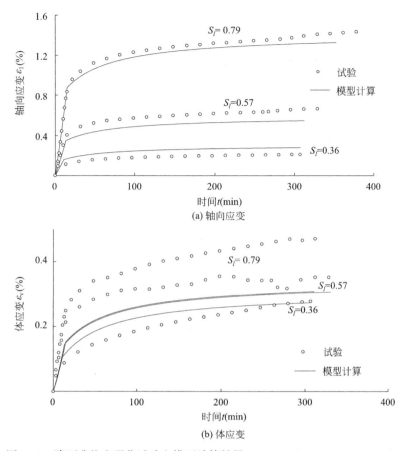

图 6-37　降雨非饱和湿化试验和模型计算结果（$\sigma_3 = 600\text{kPa}$，$R = 100\text{mm/h}$）

0.57 和 0.79 的降雨入渗非饱和湿化试验和模型计算结果。可以看出，除了计算所得体积应变偏小之外，用饱和湿化模型和试验参数计算的结果与试验结果吻合情况良好。

图 6-38 给出了应力状态 $\sigma_3 = 600\text{kPa}$，$S_l = 0.57$ 下进行的 $R = 10\text{mm/h}$，20mm/h，50mm/h，75mm/h，100mm/h 共 5 个不同降雨强度的非饱和湿化试验和模型计算结果。图 6-39 给出了应力状态 $\sigma_3 = 600\text{kPa}$，$S_l = 0.79$ 下进行的 $R = 10\text{mm/h}$，20mm/h，50mm/h，75mm/h，100mm/h，150mm/h 共 6 个不同降雨强度的非饱和湿化试验和模型计算结果。

可以看出，除了计算所得体积应变有些偏差之外，用饱和湿化模型和试验参数计算的结果与试验结果吻合情况良好。

另外，从计算结果可以发现，对 5 个不同降雨强度的试验，尽管采用的模型计算参数完全一致，但计算所得的轴向应变以及体积应变的时间过程曲线并不完全相同。这是由于在不同的降雨强度情况下，堆石料的入渗湿化过程有所不同所致。对大降雨强度试验，入渗湿化过程发生较快，瞬时湿化应变发生快，湿态流变也发生得相对较早，使计算所得的湿化应变曲线位于左上侧。随着降雨强度的降低，计算所得的湿化应变曲线逐步向右下方移动。这也符合试验结果的规律。

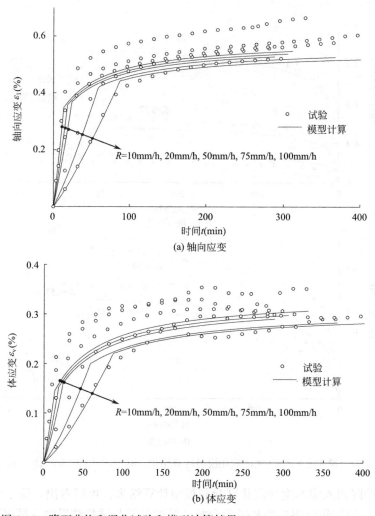

图 6-38　降雨非饱和湿化试验和模型计算结果（$\sigma_3 = 600\text{kPa}$，$S_l = 0.57$）

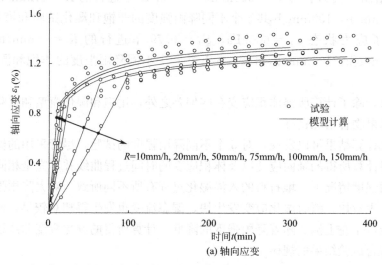

图 6-39　降雨非饱和湿化试验模型计算结果（$\sigma_3 = 600\text{kPa}$，$S_l = 0.79$）（一）

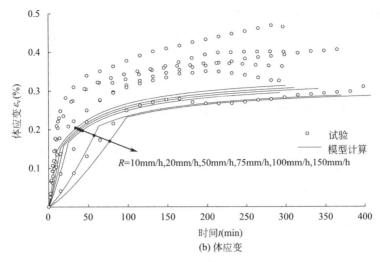

图 6-39　降雨非饱和湿化试验模型计算结果（$\sigma_3=600\text{kPa}$，$S_l=0.79$）（二）

通过上述对比分析发现，采用饱和湿化模型和试验参数可以很好地模拟非饱和降雨入渗湿化试验，这也表明，本书进行的堆石料饱和湿化试验和非饱和湿化试验所得的湿化变形特性在试验误差范围内基本一致。

参考文献

［1］ 张宗亮. 200m 级以上高心墙堆石坝关键技术研究及工程应用 ［M］. 北京：中国水利水电出版社，2011.

［2］ 丁艳辉. 堆石体降雨入渗及湿化变形特性试验研究 ［D］. 北京：清华大学，2012.

［3］ 殷殷. 堆石料饱和非饱和湿化变形特性研究 ［D］. 北京：清华大学，2019.

［4］ 殷殷，吴永康，丁艳辉，等. 堆石料非饱和湿化变形特性研究 ［J］. 岩石力学与工程学报，2021，40（S2）：3455-3463.

［5］ 丁艳辉，张丙印，钱晓翔，等. 堆石料湿化变形特性试验研究 ［J］. 岩土力学，2019，40（08）：2975-2981，2988.

［6］ Nobari E S, Duncan J M. A closed-form equation for predicting the hydraulic：Performance of Earth and Earth-supported structures ［J］. New York：ASCE，1972：797-815.

［7］ 司韦. 非饱和土的增湿试验及模型研究 ［D］. 北京：清华大学，2006.

［8］ 李广信，司韦，张其光. 非饱和土的清华弹塑性模型 ［J］. 岩土力学，2008（08）：2033-2036，2062.

［9］ 张丹，李广信，张其光. 软岩粗粒土增湿变形特性研究 ［J］. 水力发电学报，2009，28（2）：52-55.

［10］ 丁艳辉，袁会娜，张丙印. 堆石料非饱和湿化变形特性试验研究 ［J］. 工程力学，2013，30（09）：139-143.

［11］ 杨贵，刘汉龙，朱俊高. 粗粒料湿化变形数值模拟研究 ［J］. 防灾减灾工程学报，2012，32（05）：535-538.

［12］ Oldecop L A，Alonso E E. A Model for Rockfill Compressibility ［J］. Geotechnique. 2001，51（2）：127-139.

［13］ 陈正汉. 非饱和土与特殊土力学的基本理论研究 ［J］. 岩土工程学报，2014，36（2）：201-272.

［14］ Fredlund D G，Morgenstern N R. Constitutive relations for volume change in unsaturated soils ［J］.

Canadian Geotechnical Journal，1976，13（3）：261-276.

[15] Fredlund D G. Second Canadian Geotechnical Colloquium：Appropriate concepts and technology for unsaturated soils [J]. Canadian Geotechnical Journal，1979，16（1）：121-139.

[16] Loret A，Gens A，Batlle F，Alonso E E. Flow and deformation analysis of partially saturated soils [J]. Proc 9th Eur Conf Soil Mech. Dublin，1987，2：565-568.

[17] 陈正汉，周海清，Fredlund D G. 非饱和土的非线性模型及其应用 [J]. 岩土工程学报，1999，21（5）：603-608.

[18] Alonso E E，Gens A，Josa A. Constitutive model for partially saturated soil [J]. Géotechnique，1990，40（3）：405-430.

[19] Josa A，Balmaceda A，Gens A，et al. An elasto-plastic model for partially saturated soils exhibiting a maximum of collapse [C]. Proc 3rd Int Conf Computational Plasticity. Barcelona，1992，1：815-826.

[20] Wheeler S J，Sivakumar V. An elasto-plastic critical state framework for unsaturated soil [J]. Géotechnique，1995，45（1）：35-53.

[21] Bonelli S，Poulain D. Unsaturated elastoplastic model applied to homogeneous earth dam behavior [C]. Proc 1st Int Conf Unsaturated Soils. Paris，1995，1：265-271.

[22] 黄海，陈正汉，李刚. 非饱和土在 p-s 平面上屈服轨迹及土-水特征曲线的探讨 [J]. 岩土力学，2000，21（4）：316-321.

[23] Bauer E，Herle I. Stationary states in hypoplasticity [M]. Germany：Springer，2000. 167-192.

[24] 岑威钧，Erich Bauer，Sendy F. Tantono. 考虑湿化效应的堆石料 Gudehus-Bauer 亚塑性模型应用研究 [J]. 岩土力学，2009，30（12）：3808-3812.

[25] Bauer E，Fu Z，Liu S. Hypoplastic constitutive modeling of wetting deformation of weathered rockfill materials [J]. Frontiers of Architecture and Civil Engineering in China，2010，4（1）：78-91.

[26] Bauer E. Constitutive Modelling of Wetting Deformation of Rockfill Materials [J]. International Journal of Civil Engineering，2019，17（4）：481-486.

[27] 李广信. 土的清华弹塑性模型及其发展 [J]. 岩土工程学报，2006，28（1）：1-10.

[28] Gens A，Alonso E E. A framework for the behavior of unsaturated expansive clays [J]. Can Geotech J，1992，29：1013-1032.

[29] 沈珠江. 广义吸力和非饱和土的统一变形理论 [J]. 岩土工程学报，1996，18（2）：1-9.

[30] Navarro V，Alonso E E. Modeling swelling soils for disposal barriers [J]. Computers & Geotechnics，2000，27：19-43.

[31] Thomas H R，He Y. Analysis of coupled heat，moisture and air transfer in a deformable unsaturated soil [J]. Géotechnique，1995，45（4）：677-689.

[32] 武文华，李锡夔. 非饱和土的热-水力-力学本构模型及数值模拟 [J]. 岩土工程学报，2002，24（4）：411-416.

[33] 殷宗泽，周建，赵仲辉，等. 非饱和土本构关系及变形计算 [J]. 岩土工程学报，2006，28（2）：137-146.

[34] 孙国亮，孙逊. 张丙印. 堆石料风化试验仪的研制及应用 [J]. 岩土工程学报，2009，31（9）：1462-1466.

[35] 孙国亮，张丙印，张其光，孙逊. 不同环境条件下堆石料变形特性的试验研究 [J]. 岩土力学，2010，31（05）：1413-1419.

第 7 章
堆石体饱和-非饱和湿化变形数值计算方法

坝料遇水发生的湿化变形是土石坝变形的主要组成部分之一。水库蓄水导致的上游水位抬升、大坝下游尾水的抬高、降雨时雨水渗入坝体等，都可使坝体土石料发生浸水从而导致发生湿化变形。其中，由坝体上下游水位升高导致的湿化变形为饱和湿化变形，而降雨时雨水渗入坝体造成的变形为非饱和湿化变形。

堆石坝初次蓄水会发生显著变形，甚至导致坝顶和坝坡发生裂缝等。堆石料的饱和湿化变形得到了学者广泛关注，也有丰硕的研究成果。

土石坝工程监测结果表明，降雨也是引起坝体后期变形的重要外因之一。对于面板堆石坝，坝体堆石料在一般条件下会处于干燥状态。心墙堆石坝在水库蓄水后，尽管水位下的上游堆石区处于浸水饱和状态，但下游尾水位通常较低，下游堆石区普遍处于含水量较小的干燥状态。因此，降雨会引起堆石坝下游堆石区的含水量显著变化，在计算分析高土石坝后期变形时这是一个需要重视的因素。

在堆石坝湿化变形数值模拟计算中，通常仅考虑由水库蓄水所引起的饱和湿化的工况，已发展出了相对比较成熟的计算方法。但是，有关降雨条件下堆石坝非饱和湿化变形计算的研究工作尚不多见。进行降雨条件下堆石坝湿化变形的数值计算，需解决两方面问题：一是降雨在坝体堆石料中非饱和入渗过程计算分析；二是降雨所导致的坝体堆石料的非饱和湿化变形计算。

本书第 3 章和第 4 章研究了降雨在坝体堆石料中非饱和入渗过程的规律和计算方法。本章将所建立的堆石料饱和非饱和湿化计算模型，嵌入作者团队的土石坝应力变形有限元计算程序中，发展了土石坝饱和非饱和湿化变形计算方法。应用所发展的计算方法和计算程序，对糯扎渡高心墙堆石坝工程进行了蓄水期饱和湿化变形与运行期降雨非饱和湿化变形计算分析，研究了湿化变形对坝体应力和变形的影响。

7.1 研究成果综述

有限单元法是当前用来进行堆石坝湿化变形计算的主要数值方法。在目前的堆石坝湿化变形数值计算中，对湿化变形的处理有两种方法：一种是将湿化变形作为额外的变形或荷载进行考虑；另一种是将湿化变形作为坝料本构模型的一部分加以考虑。

第一种处理方法，目前主要有初应力法和初应变法（图7-1）。

初应力法由 Nobari 和 Ducan（1972）提出，并最早应用于土石坝湿化变形的有限元计算。如图7-1(a) 所示，初应力法的计算思路是：（1）采用双线法得到土料在干湿两种状态下的力学参数；（2）计算当前应力 σ_d 下，干料状态对应的应变 ε_d；（3）在由干变湿的过程中，计算试样应变为 ε_d 时，湿态材料对应的应力 σ_s，$\sigma_d - \sigma_s$ 即为初应力；（4）由于初应力造成应力的不平衡，将初应力作为荷载，对湿料进行应力平衡，得到对应的应变 ε_s，$\varepsilon_d - \varepsilon_s$，即为计算得到的湿化应变。在上述 Nobari 和 Duncan 提出的初应力法中，应力和应变都采用的是全量的形式，存在无法应用于增量形式的本构模型等问题。此后，殷宗泽等（1990）和李广信（1990）等学者在此基础上提出了改进的计算方法。

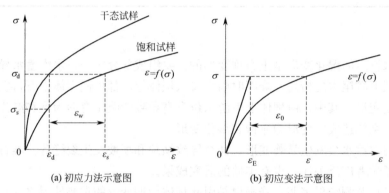

(a) 初应力法示意图   (b) 初应变法示意图

图 7-1 湿化变形计算方法

由于初应力法是基于双线法试验提出的计算方法，没有考虑应力路径的影响，往往难以反映实际工程的真实工况。左元明和沈珠江（1989）、沈珠江和王剑平（1988）、沈珠江等（1990）根据单线法试验提出了初应变法的计算方法。其基本思想是将湿化公式计算所得的湿化应变，作为初应变引入有限元方程中，进行迭代求解出相应的湿化变形。

如图7-1(b) 所示，初应变法的基本计算过程是：（1）根据由单线法试验得到的湿化应变公式，计算当前应力状态下相应的湿化体应变和剪应变，并根据湿化应变与当前应力的同轴假设，求出湿化应变的分量；（2）根据湿化应变，计算出相应的等效湿化应力，并将其积分到有限元网格的节点上作为节点的额外荷载；（3）求解有限元计算方程，得到相应的湿化变形；（4）由于湿化变形产生的等效应力是虚拟的，需要在计算出湿化变形后再扣除该部分虚拟的湿化应力。

现有的初应变方法，存在湿化段概念不清等问题，介玉新等（2019）将湿化变形分为土料遇水软化引起的变形和湿化引起的附加变形两部分来考虑，提出了一种基于广义位势理论的方法。该种方法将湿化变形转化为等效湿化应力来处理，可更好地反映湿化变形的特点。

第二种处理湿化变形的方法，是将湿化变形作为土体本构关系的一部分加以考虑。通过在本构关系中，加入土中吸力的影响，建立应力、吸力（饱和度或含水率）和应变之间的联系（殷宗泽，2006）。在该类本构模型中，除了传统的应力变化之外，吸力的变化也会引起土体的变形。目前，常见的非饱和土的本构模型有弹性模型、弹塑性模型和亚塑性模型等。

虽然基于非饱和土本构模型的湿化计算，仍然可以采用传统本构模型的计算框架进行处理，无需添加额外的湿化计算层。但是，由于非饱和土的本构模型一般会将吸力作为重要的变量参与计算，因此，在实际计算中如何计算非饱和土的吸力是需要考虑的重要问题。而这又往往涉及非饱和土吸力的量测、非饱和土的渗流计算、非饱和土的土水特征曲线以及与应力变形的耦合问题等，计算复杂程度反而会高于前一类的初应力或初应变方法。

目前，基于吸力理论建立的非饱和土的本构模型多用于细粒土和特殊土的计算。由于缺乏堆石料非饱和湿化三轴试验、堆石料土水特征曲线及堆石料非饱和渗流理论等方面的研究成果，在有关堆石坝降雨条件下非饱和湿化变形计算方面还未见到有相关文献的报道。当前堆石坝的湿化变形计算，主要考虑的是水库蓄水对堆石坝附加变形的影响。在该工况下，上游水位以下的堆石处于饱和浸水状态，堆石料发生的是饱和湿化变形。降雨条件下堆石坝非饱和湿化变形的计算是一个有待进一步开展研究的课题。

7.2　堆石坝湿化变形计算方法及有限元程序

7.2.1　堆石料饱和-非饱和统一的湿化模型

根据本书第 6 章的研究成果，对于堆石料的非饱和湿化，当湿化含水量大于该种堆石料的最小有效湿化含水量以后，湿化应变和湿化含水量无关。此时，堆石料非饱和湿化变形可用饱和湿化的本构模型和参数进行计算。因此，本书第 5 章所建立的堆石料广义荷载模型就是饱和及非饱和统一的湿化本构模型。该饱和湿化模型主要包括如下部分。

1. 瞬时湿化应变计算模型及参数

瞬时湿化剪应变：

$$\Delta\gamma_s = d_w \frac{S_l}{1-S_l}\left(\frac{\sigma_3}{p_a}\right) \tag{7-1}$$

瞬时湿化体应变：

$$\Delta\varepsilon_{vs} = 3d_w \cdot \frac{1-(R_s/R_u)^\alpha}{2+(R_s/R_u)^\alpha} \cdot \frac{S_l}{1-S_l} \cdot \left(\frac{\sigma_3}{p_a}\right) \tag{7-2}$$

2. 湿态流变计算模型及参数

湿态流变的时间过程：

$$\varepsilon^c(t) = \frac{t}{\hat{c}+t}\varepsilon_f^c \tag{7-3}$$

湿态流变最终流变量：

$$\varepsilon_{vf}^c = b\left(\frac{\sigma_3}{p_a}\right) \tag{7-4}$$

$$\gamma_f^c = d\left(\frac{S_l}{1-S_l}\right) \tag{7-5}$$

对于堆石料的非饱和湿化，可能存在小含水量部分湿化的问题。为此，采用引入湿化

折减系数 ζ 的方法进行处理。如果堆石料初始干燥状态的体积含水率为 θ_0，最小有效湿化体积含水量为 θ_m。则假定，当堆石料的体积含水量为 θ 时，湿化折减系数 ζ 可按下式进行计算：

$$\zeta = \begin{cases} 0 & (\theta \leqslant \theta_0) \\ \dfrac{\theta - \theta_0}{\theta_m - \theta_0} & (\theta_0 < \theta < \theta_m) \\ 1 & (\theta \geqslant \theta_m) \end{cases} \tag{7-6}$$

对于堆石料发生小含水量部分湿化问题时，首先需根据式(7-6)计算湿化折减系数 ζ。然后，将计算所得的瞬时湿化应变和湿态流变乘以 ζ 进行折减。

对于堆石料非饱和湿化，最小有效湿化体积含水量 θ_m 的确定是复杂和困难的。在第 5 章进行的降雨条件下堆石料非饱和湿化试验中，采用的最小降雨强度 $R=10\mathrm{mm/h}$，对应的入渗稳定状态体积含水量为 6.89%。由试验结果可知，此时的湿化含水量对堆石料湿化变形已经没有影响。这说明糯扎渡弱风化花岗岩堆石料，对应的湿化有效含水量小于 6.89%。但是，由于该含水量已经接近于堆石料的脱水残余含水量，因此，通过进一步减小降雨强度的方法已经很难再显著地降低相应的入渗稳定体积含水量。

7.2.2　堆石坝湿化变形计算方法及有限元程序

将由式(7-1)~式(7-6)组成的堆石料饱和及非饱和统一湿化模型嵌入作者团队编写的土石坝应力变形有限元计算程序 PERD，发展了土石坝饱和及非饱和湿化变形计算方法。

对于湿态流变变形，ε_f^c 为湿态流变变形的最终变形量，$\varepsilon^c(t)$ 表示湿态流变的时间过程。对式(7-3)求导可得湿态流变的应变速率为：

$$\dot{\varepsilon}^c(t) = \frac{\hat{c}}{(\hat{c}+t)^2} \varepsilon_f^c \tag{7-7}$$

将其进一步表示为最终流变量与当前累计流变量的形式：

$$\dot{\varepsilon}^c(t) = \frac{[\varepsilon_f^c - \varepsilon^c(t)]^2}{\hat{c} \cdot \varepsilon_f^c} \tag{7-8}$$

则在程序计算中，$t+\Delta t$ 时刻的积累流变体应变和剪切应变，可分别通过下列公式得到：

$$\varepsilon_v^c(t) = \sum \dot{\varepsilon}_v^c \Delta t \tag{7-9}$$

$$\gamma^c(t) = \sum \dot{\gamma}^c \Delta t \tag{7-10}$$

在实际堆石坝工程中，坝体会经历水库区蓄水及运行期降雨等工况，进而引发坝体堆石料的饱和或非饱和湿化变形。图 7-2 给出了这两种常见的湿化变形的情况。

对于由水库蓄水引起的饱和湿化变形，一般集中发生在心墙堆石坝的上游坝壳区。由于堆石料的渗透系数较大，通常简化处理为库水位以下堆石区发生湿化变形，蓄水位以上堆石区无湿化变形发生。因而，该情况无需进行渗流分析。

在降雨条件下，雨水会由坝体表面向坝体内部入渗，可在下游堆石料一定的区域造成含水量的增加，从而引起堆石料发生湿化变形。由于堆石料的渗透系数较大，一般情况

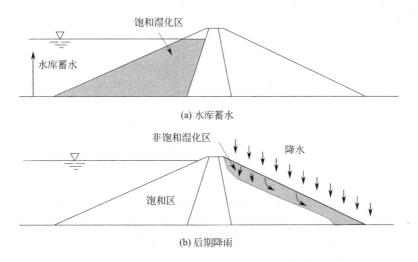

图 7-2　土石坝堆石料的饱和以及非饱和湿化变形

下，降雨入渗为非饱和渗流。在该种情况下，一般很难通过简单的方法确定入渗的影响范围和湿化含水量的分布。因此，为了准确地计算降雨入渗所导致的非饱和湿化变形，通常需要先进行降雨入渗非饱和渗流有限元计算，再将计算得到的降雨入渗结果输入湿化变形的有限元计算程序进行湿化变形的计算分析。

7.3　黄河公伯峡面板堆石坝三维湿化变形分析

7.3.1　工程概况

　　黄河公伯峡水电站位于青海省循化撒拉族自治县和化隆回族自治县交界处，是黄河上游龙羊峡至青铜峡河段中的第四个大型梯级电站，总库容 6.2 亿 m^3，总装机容量 1500MW，是一个以发电为主，兼顾灌溉及供水的一等大（I）型水电枢纽工程。大坝为混凝土面板堆石坝，标准剖面和材料分区如图 7-3 所示，沿坝轴线的纵剖面和材料分区如图 7-4 所示。

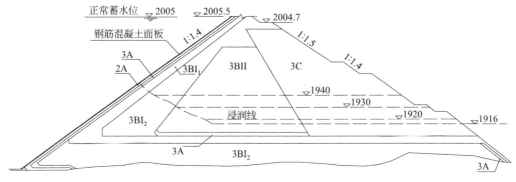

图 7-3　坝体标准剖面和材料分区

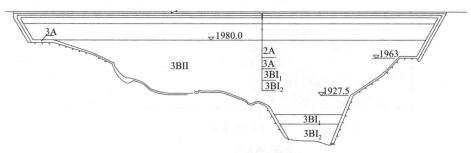

图 7-4　坝体纵剖面和材料分区

混凝土面板堆石坝坝顶高程 2010.00m，最大坝高 139m，坝顶全长 424m，坝顶宽 10m，上游坝坡 1∶1.4。按照以下原则进行坝体材料分区：（1）坝体中应有畅通的排水通道且坝料之间应满足水力过渡的要求；（2）坝轴线上游侧坝料应具有较大的变形模量且从上游到下游坝料变形模量可递减，以保证蓄水后坝体变形协调，尽可能地减小对面板变形的影响；（3）充分利用开挖料，以达到经济的目的。根据分区原则，坝体从上游向下游依次分为：面板上游面下部土质斜铺盖（1A）及其盖重区（1B）、混凝土面板、垫层区（2A）、垫层小区（2B）、过渡区（3A）、主堆石区（3BI、3BII）及下游次堆石区（3C）（图 7-3 和图 7-4）。

7.3.2　计算方法与计算参数

基于湿化试验成果，对沈珠江 C_w-D_w 湿化模型湿化体变的计算公式进行了改进，以考虑周围压力 σ_3 对湿化体变的影响。改进后湿化模型的计算公式为（李全明等，2005）：

$$\Delta\gamma_s = d_w \frac{S_l}{1-S_l} \tag{7-11}$$

$$\Delta\varepsilon_{vs} = \frac{\sigma_3}{a+b\sigma_3} \tag{7-12}$$

式中，S_l 为应力水平；d_w、a 和 b 为试验参数。

在有限元计算中，湿化变形在堆石料浸水时按初应变法进行计算。假定应变主轴与应力主轴重合，采用 Prandtl-Reuss 流动法则，应变矩阵可以写为：

$$[\varepsilon] = \varepsilon_v I/3 + \gamma/\sigma_s [s] \tag{7-13}$$

计算中对堆石体采用沈珠江双屈服面模型（沈珠江，1990；张丙印等，2003），计算参数由相应坝料的三轴压缩试验成果求取，具体参数取值见表 7-1。

沈珠江双屈服面模型参数　　　　　　　　　　表 7-1

坝料	$\varphi_0(°)$	$\Delta\varphi(°)$	R_f	k	n	C_d	d	R_d
2A	49.4	8.7	0.826	1450	0.36	0.00083	1.320	0.82
3A	50.4	9.3	0.891	1390	0.34	0.00185	1.090	0.88
3BI$_1$	54.0	13.4	0.906	1422	0.26	0.00149	1.290	0.84
3BI$_2$	49.9	8.2	0.893	760	0.65	0.00948	0.387	0.80
3BII	47.4	6.0	0.842	690	0.31	0.00770	0.600	0.76
3C	49.5	9.4	0.810	550	0.47	0.00779	0.638	0.78

基于公伯峡坝料 $3BI_2$ 料的三轴湿化试验以及 2A、3A、$3BI_1$、$3BI_2$ 料的压缩湿化试验结果，分别利用式(7-11) 和式(7-12) 进行拟合求取了湿化模型参数。为了研究堆石料湿化变形对湿化剪应变参数和湿化体变参数的敏感性，对压缩湿化试验结果进行拟合的过程中选取了两种方案，即湿化体变中值方案和湿化体变低值方案；同样，在体变参数不变（基本组合一）的基础上分别扩大参数 d_w 到原来的 2 倍和 3 倍，以研究湿化变形对于湿化剪应变参数的敏感性。表 7-2 给出了由湿化试验所确定的各种方案下相关坝料的湿化变形参数。

湿化变形参数　　　　　　　　　　　　　　　　表 7-2

坝料	组合一(体变中值)			组合二(体变低值)			组合三(轴变扩大 2 倍)			组合四(轴变扩大 3 倍)		
	b	a	d_w	b	a	d_w	b	a	d_w	b	a	d_w
2A	14.6	1.9	0.3	17.0	1.9	0.3	17.0	1.9	0.6	17.0	1.9	0.9
3A	2.4	0.8	1.7	2.6	0.8	1.7	2.6	0.8	3.4	2.6	0.8	5.1
$3BI_1$	1.0	1.2	0.9	1.5	1.2	0.9	1.5	1.2	1.7	1.5	1.2	2.6
$3BI_2$	5.2	1.5	0.9	5.5	1.5	0.9	5.5	1.5	1.8	5.5	1.5	2.7

7.3.3　浸润线及计算概况

计算中浸润线根据由国家电力公司西北勘测设计研究院提供的浸润线资料确定，图 7-3 中给出了最大剖面上的浸润线。在进行湿化变形分析中考虑了沿坝轴线方向浸润线的变化和三维效应。稳定渗流条件下尾水位 1916m，考虑尾水位上升时，分别将高程为 1920m、1930m 和 1940m 的水平线与原浸润线的交线定为尾水位上升条件下的浸润线。不同尾水位的浸润线见图 7-3。

大坝施工顺序为：坝体按水平成层填筑上升，坝体全部填筑完毕后，一次性铺设面板，施工完毕后蓄水至正常蓄水位。在蓄水至正常蓄水位后考虑湿化变形。按照坝体材料分区及施工方案进行网格划分，单元以六面体单元为主，辅以少量退化单元，单元总数 7314，结点总数 8555，坝体填筑分 16 期完成，蓄水分 18 期完成。得到的三维计算网格如图 7-5 所示。

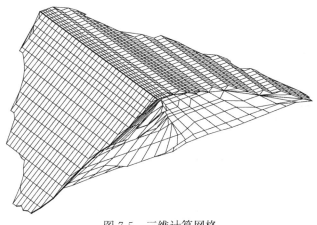

图 7-5　三维计算网格

7.3.4 计算结果及分析

表 7-3 汇总了稳定渗流和尾水位抬升条件下各种计算方案的计算结果（最大值显示）。湿化变形可导致坝体的沉降和向下游水平位移增加，使得面板水平向压应力和拉应力增加，面板的顺坡向应力出现压应力增量从而面板的拉应力峰值及范围有所减小。

坝体和面板变形应力计算极值　　　　　　　表 7-3

计算方案	尾水位高程(m)	水平位移(cm)		沉降(cm)	面板挠度(cm)	面板水平向应力(MPa)		面板顺坡向应力(MPa)	
		下游	上游			压	拉	压	拉
湿化变形前	—	13.6	8.7	55.4	14.8	5.3	2.6	2.4	3.5
组合一:稳定渗流	1916	14.8	8.0	60.6	19.9	9.3	4.2	6.5	0.7
组合二:体变低值	1916	14.8	8.0	60.2	19.5	9.0	4.0	5.8	0.8
组合三:轴变2倍	1916	16.5	8.1	62.5	21.0	10.3	4.1	6.4	3.6
组合四:轴变3倍	1916	18.4	8.2	65.2	22.5	11.6	4.6	7.8	3.7
不同下游水位	1920	17.3	8.0	61.8	19.9	9.3	4.3	6.3	0.8
	1930	19.9	8.1	63.5	21.0	9.5	4.3	7.3	0.7
	1940	21.9	8.3	65.2	22.3	9.5	4.1	7.5	0.6

图 7-6 给出了参数组合一稳定渗流条件下计算得到的最大剖面堆石料湿化变形引起的坝体位移的增量分布。可见，由于浸润线以下堆石料的湿化变形，使得坝体整体沉降增加并发生向下游的水平位移，其中，水平向下游位移最大值从 13.6cm 增加到 14.8cm；水平向上游位移最大值从 8.7cm 降低到 8.0cm；垂直沉降最大值也从 55.4cm 增加到 60.6cm。

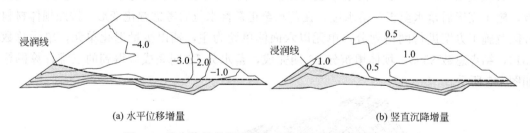

(a) 水平位移增量　　　　　　　　　　　　(b) 竖直沉降增量

图 7-6　稳定渗流条件下湿化变形引起的位移增量（cm）

由于湿化变形，坝体发生整体沉降和向下游的水平位移，使得面板挠度增加。例如对参数组合一在稳定渗流条件下，面板挠度最大值从 14.8cm 增加到 19.9cm；当尾水位抬升至1940m 时，面板挠度最大值从 14.8cm 增加到 22.3cm（图 7-7）。此外，湿化变形引起面板出现较大的顺坡向压应力增量，其压应力峰值增加，拉应力峰值减小；而对面板的水平向应力，其压应力峰值和拉应力峰值则均有所增加（图 7-8b 中负值代表面板水平向拉应力增加）。如对参数组合一在稳定渗流条件下，面板水平向压应力峰值从 5.3MPa 增加到 9.3MPa，拉应力峰值从 2.6MPa 增加到 4.2MPa；顺坡向压应力峰值从 2.4MPa 增加到 6.5MPa，拉应力峰值从 3.5MPa 降低到 0.7MPa（图 7-8）。可见面板压应力的增

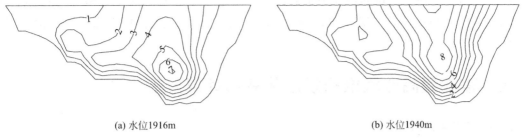

(a) 水位1916m　　　　　　　　　　　　(b) 水位1940m

图 7-7　稳定渗流条件下湿化变形引起的面板挠度增量（cm）

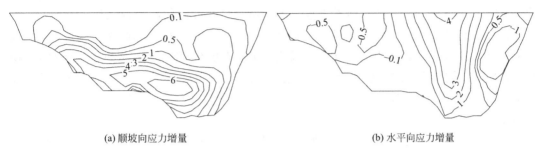

(a) 顺坡向应力增量　　　　　　　　　　(b) 水平向应力增量

图 7-8　稳定渗流条件下湿化变形引起的面板应力增量（MPa）

量较大，这主要是由于湿化变形发生在蓄水期末，而此时面板在水压作用下与垫层摩阻力较大。因此，为了减小湿化变形对面板应力的影响，可考虑对坝体先期进行浸水的工程措施，以使主要的坝体湿化变形在面板浇筑之前发生，从而减小湿化变形对面板变形和应力状态的不利影响。

7.3.5　湿化参数和尾水位的影响

为了研究湿化体变参数和轴向应变参数对坝体湿化变形和面板工作形状的影响，对湿化参数进行敏感性分析。从表 7-3 可知，减小湿化体变参数，对于水平位移几乎没有影响，水平向下游的位移最大值均为 14.8cm，水平向上游的位移最大值均为 8.0cm；垂直位移有所减小，最大值从 60.6cm 降低到 60.2cm，面板挠度峰值也从 19.9cm 降低到 19.5cm；面板水平向压应力峰值从 9.3MPa 降低到 9.0MPa，拉应力峰值从 4.2MPa 降低到 4.0MPa；面板顺坡向压应力峰值从 6.5MPa 降低到 5.8MPa，拉应力峰值从 0.7MPa 增加到 0.8MPa。分别将湿化轴向应变参数增加 2 倍和 3 倍时，计算结果具有较好的规律性，反映了湿化轴向应变对于坝体变形和面板应力及变形的影响。可以看出，随着湿化轴向应变参数的增加，坝体水平位移、垂直位移和面板挠度都增加，其中面板挠度最大值从 19.5cm 分别增加到 21.0cm 和 22.5cm；随着湿化轴向应变的增加，面板的水平向应力和顺坡向应力都增加，面板顺坡向应力受压区应力增加较大，峰值从 5.8MPa 分别增加到 6.4MPa 和 7.8MPa，受拉区的拉应力峰值从 0.8MPa 分别增加到 3.6MPa 和 3.7MPa。

在不同尾水位条件下，计算所得坝体水平位移、垂直位移和面板挠度的分布规律均较为相似，但随着尾水位的抬升，它们的峰值却相应增加。如面板挠度在尾水位 1920m 时为 19.9cm，尾水位抬升至 1930m 时面板挠度增加到 21.0cm，继续抬升至 1940m 时挠度增加到 22.3cm。尾水位对面板应力也有影响，当尾水位从 1920m 抬升至 1940m 时，面板顺坡向压应力峰值从 6.3MPa 增加到 7.5MPa，面板的顺坡向拉应力峰值从 0.8MPa 降低到 0.6MPa。

7.4 糯扎渡高心墙堆石坝湿化变形计算分析

7.4.1 工程概况

糯扎渡水电站工程位于云南省澜沧江下游的干流上，是澜沧江中下游河段梯级电站中的第五座。1989 年，糯扎渡水电站工程开始预可行性研究阶段的设计工作。1995 年完成预可行性研究报告。2003 年完成可行性研究报告。2007 年工程顺利截流。2012 年第一批机组发电。2014 年工程竣工。糯扎渡心墙堆石坝最大坝高 261.5m，属世界级超高心墙堆石坝，坝高在同类坝型之中居世界第四，在我国居于首位（张宗亮，2011）。水库正常蓄水位 812m，正常蓄水位以下库容为 217.49 亿 m^3，装机容量 5850MW，工程地震基本烈度为Ⅶ度，设计地震烈度为Ⅷ度。

图 7-9 给出了糯扎渡高心墙堆石坝的坝体材料分区情况。该坝共包含六个不同的材料分区，分别为心墙掺砾料、粗堆石料Ⅰ、粗堆石料Ⅱ、细堆石料、反滤料Ⅰ和反滤料Ⅱ。

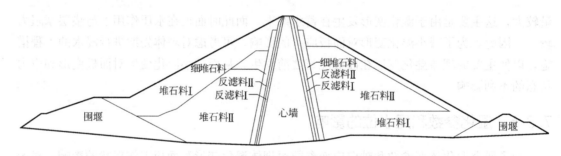

图 7-9 糯扎渡坝体材料分区示意图

图 7-10 给出了糯扎渡高心墙堆石坝的填筑过程以及水库的蓄水过程。可以看出，糯扎渡大坝于 2008 年底开始施工，并于 2012 年底主体施工结束，坝体填筑至 821.5m 高程。水库自 2011 年 11 月份开始蓄水，在 2013 年 10 月份蓄水位达到正常蓄水位 812m。

图 7-10 糯扎渡高心墙堆石坝填筑及蓄水过程

澜沧江流域总体属于西部型季风气候，干、湿两季分明。一般 5 月～10 月为雨季，11 月～翌年 4 月为干季。糯扎渡水电站位于低热河谷区，长夏无冬，气温高，降水量充沛，根据糯扎渡工程安全监测报告，糯扎渡水电站多年平均年降水量为 1077.6mm，月降雨量柱状图见图 7-11。

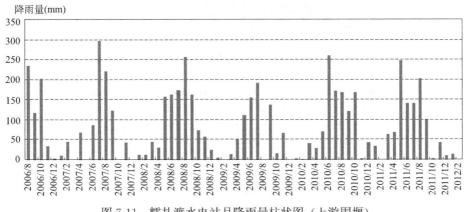

图 7-11　糯扎渡水电站月降雨量柱状图（上游围堰）

7.4.2　计算模型及计算条件

根据糯扎渡高心墙堆石坝的坝料分区和施工填筑分级等，划分了心墙堆石坝坝体的三维有限元计算网格。图 7-12 为划分的三维有限元计算网格，其最大横断面和最大纵断面分别见图 7-13 和图 7-14。该三维模型共包含 23283 个单元和 23713 个结点。

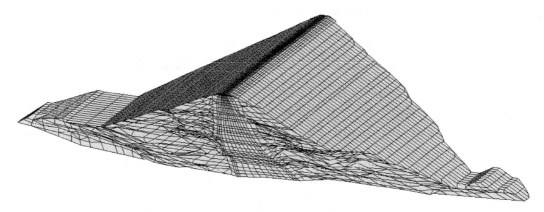

图 7-12　糯扎渡高心墙堆石坝三维有限元计算网格

使用该计算模型分别进行了如表 7-4 所示的 5 种计算工况的有限元计算分析。其中，X1 和 X2 两个计算工况是坝体的应力变形分析，均模拟了坝体的实际填筑过程和水库的蓄水过程。X2 计算工况考虑了水库蓄水过程中上游堆石体的饱和湿化变形。后期降雨的计算方案，主要用来模拟计算在糯扎渡大坝施工完成后，发生降雨的工况，分别模拟了降雨条件下雨水入渗的过程以及非饱和湿化变形的发生过程。由于我国西南地区极端天气频发，因此在本算例中，选取了特大暴雨为例进行计算分析，降雨强度为 $R = 442\text{mm/d}$，降雨历时为 3d。

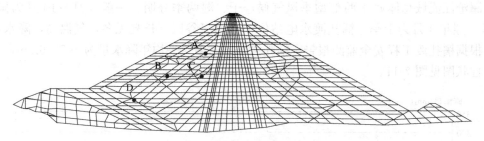

图 7-13 最大横断面及典型位置

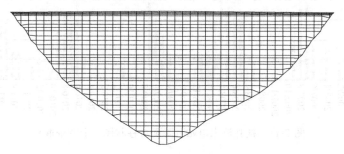

图 7-14 最大纵断面

计算工况 表 7-4

计算时期	编号	计算工况
蓄水期	X1	应力变形计算，不考虑湿化变形
	X2	应力变形计算，考虑蓄水期饱和湿化变形
后期降雨	W1	干坝降雨入渗非饱和渗流计算
	W2	正常蓄水位下降雨入渗计算
	W3	应力变形计算，考虑运行期降雨入渗非饱和湿化变形

　　在本次计算中，各坝料的应力-应变关系均采用邓肯-张 EB 非线弹性模型。坝体堆石料的湿化变形采用本书在 7.2.1 节建立的堆石料饱和非饱和统一的湿化模型，具体表达式参见式(7-1)～式(7-6)。表 7-5 和表 7-6 分别给出了各种坝料的邓肯-张 EB 模型参数和堆石料的湿化模型计算参数。其中，邓肯-张 EB 模型参数根据坝体监测变形反演分析得到。堆石料的湿化模型参数通过堆石料湿化变形三轴试验确定。

坝料邓肯-张 EB 模型参数 表 7-5

材料分区	k	n	k_b	m	$\varphi_0(°)$	$\Delta\varphi(°)$	R_f
粗堆石Ⅰ	1486	0.20	665	0.1	54.20	10.1	0.73
粗堆石Ⅱ	1642	0.20	717	0.1	51.31	10.2	0.74
细堆石料	1100	0.28	530	0.12	50.54	6.7	0.69
反滤料Ⅰ	1067	0.25	327	0.19	52.60	10.1	0.76
反滤料Ⅱ	1115	0.24	481	0.21	50.96	8.0	0.67
心墙掺砾料	510	0.25	340	0.15	39.34	9.8	0.76

堆石料湿化模型参数　　　　　　　　　　　　　表 7-6

材料分区	d_w	R_u	α	d	b	$\hat{c}$
所有堆石料	0.038	5.41	1.26	0.149	0.036	0.81

表 7-7 为坝料范-格努赫滕模型参数。其中，由于未进行心墙掺砾料的非饱和渗透试验，因此其相应参数参考文献（张宗亮，2011）及典型黏土的参数确定。堆石料相应参数取自 4.9 节的拟合值。

坝料范-格努赫滕模型参数　　　　　　　　　　表 7-7

材料分区	k_0(cm/s)	n	u_0(kPa)	θ_s(%)	θ_r(%)
堆石料	1.53	2.08	0.71	28.5	0.8
心墙掺砾料	6.35×10^{-7}	1.20	100.0	46.2	7.8

此外，如 7.2 节所述，对于堆石料发生小含水量部分湿化时，需根据式(7-6) 计算湿化折减系数 ζ。在本算例中，根据糯扎渡心墙堆石坝堆石料的实际工程特性，分别取 $\theta_0 = 2.0\%$，$\theta_m = 4.0\%$。

7.4.3　蓄水期饱和湿化变形计算结果及分析

使用上述计算模型，模拟糯扎渡高心墙堆石坝坝体的实际填筑过程和水库的蓄水过程，分别进行了不考虑和考虑水库蓄水饱和湿化变形的有限元应力变形分析。其中，在工况 X1 中，没有考虑水库蓄水所产生的饱和湿化变形计算；在工况 X2 中，利用堆石料饱和非饱和统一湿化模型，进行了水库蓄水饱和湿化变形的计算。

图 7-15 给出了计算工况 X2 中坝体完工后上游蓄水位至 812m 高程（正常蓄水位）时，坝体最大横断面竖向沉降和顺河向水平位移的分布。可以看出，蓄水完成后坝体沉降

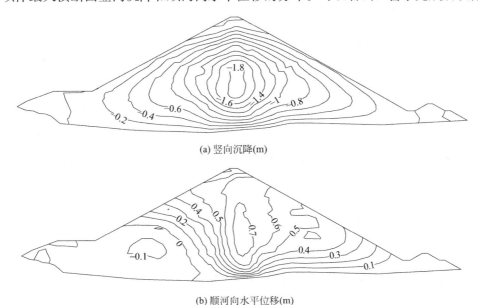

(a) 竖向沉降(m)

(b) 顺河向水平位移(m)

图 7-15　蓄水期坝体最大横断面变形分布（计算工况 X2）

最大值约为 1.8m，位于坝体心墙中部；由于受到上游蓄水位的作用，坝体的顺河向水平位移最大值约为 0.7m，指向下游。计算所得坝体位移的分布符合心墙堆石坝变形的一般规律。

工况 X2 和工况 X1 的差别是前者利用堆石料饱和非饱和统一湿化模型，进行了水库蓄水饱和湿化变形的计算。因此，两个工况计算所得坝体变形的差值就是水库蓄水所产生的饱和湿化变形的分布。

图 7-16 分别给出了坝体最大横断面上的湿化变形所引起的竖向沉降和顺河向水平位移增量的分布，该图显示了坝体是否考虑堆石料蓄水湿化变形的位移分布差异。可以看出，湿化变形在坝体上游堆石区中上部位达到最大值，坝体沉降增量的最大值为 28cm，顺河向水平位移增量的最大值为 8cm。当不考虑堆石料的湿化变形时，由于蓄水浮力的作用，计算所得坝体蓄水期的竖向位移是上抬的，这一般不符合坝体现场监测的结果。

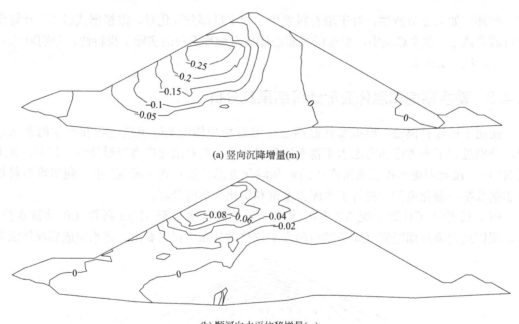

(a) 竖向沉降增量(m)

(b) 顺河向水平位移增量(m)

图 7-16　坝体最大横断面湿化变形增量分布

图 7-17 给出了上游典型位置（具体位置如图 7-13 所示）竖直沉降变形过程。图中的实线为工况 X2 考虑湿化变形的计算结果；虚线为工况 X1 不考虑湿化变形的计算结果。可见，因增加了湿化变形的计算，随水库蓄水位的升高，工况 X2 计算所得上游测点的竖直沉降较工况 X1 的计算值普遍明显增加。两者的差异主要发生在水库蓄水初期较短的时段内，此时的水库蓄水位位于测点之下。当水库蓄水位超过测点的高程时，新的蓄水过程导致的湿化变形不会对测点的位移发生影响。此时，二者的差异相对平稳，不再增加。

7.4.4　后期降雨非饱和入渗计算结果及分析

高心墙堆石坝在蓄水完成后，后期可能发生由于降雨入渗所引起的坝体发生非饱和湿化变形的情况。对于高心墙堆石坝，蓄水后下游堆石区的含水量通常依然较小，当发生降

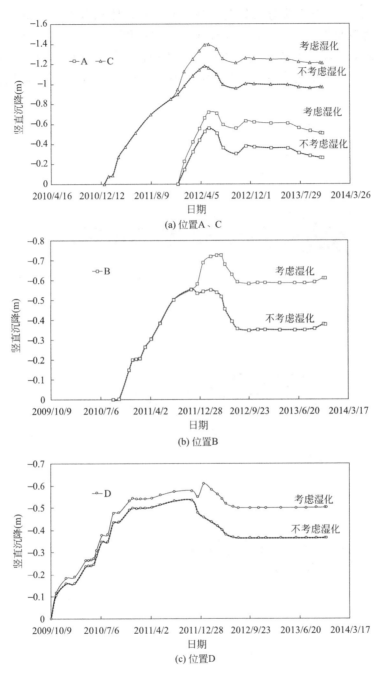

图 7-17　上游典型位置竖直沉降变形过程

雨入渗时，也可产生较大的湿化变形。如前所述，降雨入渗为非饱和渗流，为了准确地计算降雨入渗所导致的非饱和湿化变形，需要首先进行降雨入渗非饱和渗流的有限元计算。

针对糯扎渡心墙堆石坝，进行了 W1 和 W2 两个工况下的后期降雨非饱和入渗三维有限元计算，研究了降雨渗入心墙堆石坝坝体内部的影响区域与范围。在本算例中，模拟极端天气，选取了特大暴雨进行计算分析，假设降雨强度为 $R=442\mathrm{mm/d}$，降雨历时为 3d。

在 W1 工况中，假设下游堆石区初始状态完全处于天然风干状态，初始干燥状态的体

积含水量 $\theta_0 = 1.5\%$，总水头分布如图 7-18(a) 所示，体积含水量分布如图 7-19(a) 所示。在计算降雨强度条件下，图 7-18(b)、(c)、(d) 和图 7-19(b)、(c)、(d) 分别为降雨 1d、2d 和 3d 后，坝体下游堆石区总水头与体积含水量分布的情况。可见，在初始干燥状态下，坝体内压力水头为负，使得总水头小于位置水头。降雨后，降雨在堆石坝下游

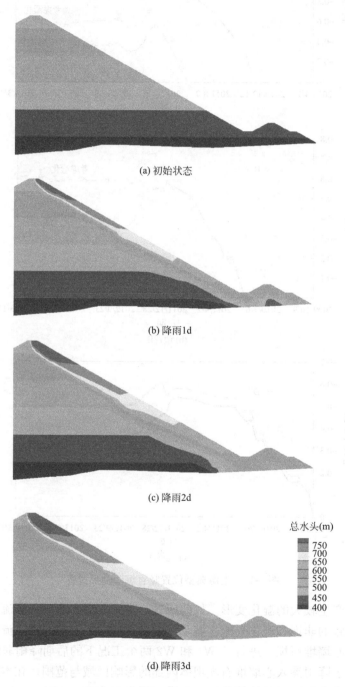

(a) 初始状态

(b) 降雨1d

(c) 降雨2d

总水头(m)

750
700
650
600
550
500
450
400

(d) 降雨3d

图 7-18　糯扎渡工程后期降雨入渗计算结果（总水头，W1 工况）

由坝坡逐渐渗入坝体。雨水渗入区含水量增大，造成吸力减小，总水头升高。随时间的增加，受降雨影响的范围逐渐增大，下游堆石区含水量增大的区域也逐渐增加。

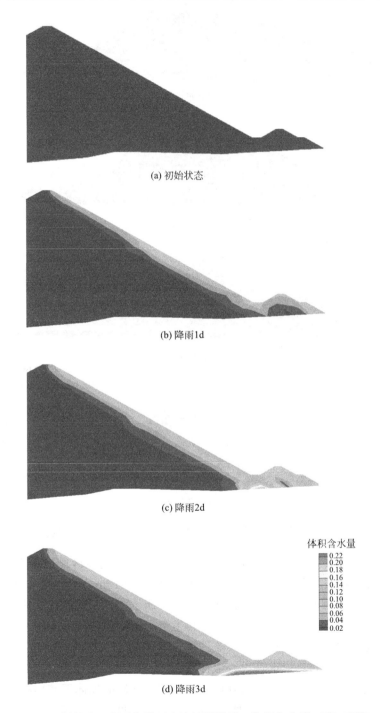

(a) 初始状态

(b) 降雨1d

(c) 降雨2d

体积含水量

0.22
0.20
0.18
0.16
0.14
0.12
0.10
0.08
0.06
0.04
0.02

(d) 降雨3d

图 7-19　糯扎渡工程后期降雨入渗计算结果（体积含水量，W1 工况）

此外，除了发生垂直坝坡向的渗入过程之外，还发生了明显的沿坡面向的渗流，造成坝坡下部渗水的区域明显大于坝坡的上部，且相应含水量也相对较大。降雨 2d 时，雨水

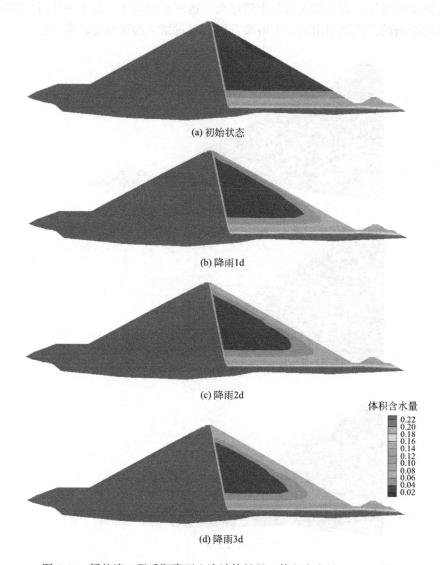

(a) 初始状态

(b) 降雨1d

(c) 降雨2d

体积含水量
	0.22
	0.20
	0.18
	0.16
	0.14
	0.12
	0.10
	0.08
	0.06
	0.04
	0.02

(d) 降雨3d

图 7-20　糯扎渡工程后期降雨入渗计算结果（体积含水量，W2 工况）

在下游坝坡坡脚部位发生集聚，出现了高含水量区域，3d 时该区域进一步扩大。

在 W2 工况中，假定上游水库蓄水位于正常蓄水位 812m，下游尾水位位于 516m。尾水位以下的下游堆石处于饱和状态，如图 7-20(a) 所示。该工况的计算假设在上述库水位的情况下，坝体渗流已达稳定渗流的状态，再发生给定降雨强度的降雨。计算时，先进行上述库水位情况下的饱和非饱和稳定渗流计算，将该稳定渗流计算的结果作为初始条件，再进行给定降雨情况下的非稳定降雨入渗计算。

图 7-20(b)、(c) 和 (d) 分别为降雨 1d、2d 和 3d 后的坝体下游堆石区体积含水量分布的情况。对照如图 7-18 和图 7-19 所示的两种工况可见，计算结果分布规律总体类似。主要的差别是计算工况 W2 下游尾水对下部堆石区域造成了较大的影响。

7.4.5　降雨入渗非饱和湿化变形计算结果及分析

进行了考虑运行期降雨入渗非饱和湿化变形的计算分析，该方案对应表 4.3 中的 W3 方案。该方案假定，在糯扎渡高心墙堆石坝蓄水完成后（对应工况 X2），又经历了一场特大暴雨（工况 W1）。

图 7-21 给出了 W3 工况发生降雨 3d 时坝体最大横断面竖向沉降和顺河向水平位移的分布。对照图 7-15 所示 X2 工况计算结果，两者仅在下游坝坡附近有所差别。

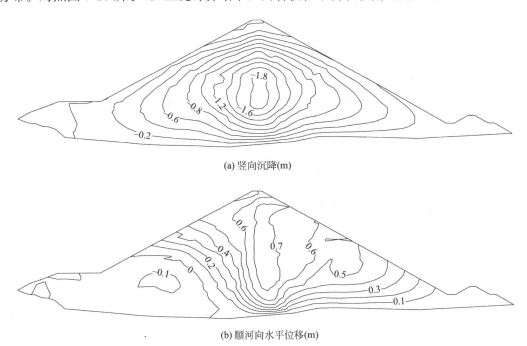

(a) 竖向沉降(m)

(b) 顺河向水平位移(m)

图 7-21　降雨后坝体最大横断面变形分布

图 7-22 给出了 W3 工况计算所得发生降雨 3d 时坝体最大横断面竖向沉降和顺河向水平位移增量的分布。可见，降雨所导致的雨水入渗过程，在下游坝坡及坝顶附近产生了一定数量的非饱和湿化变形。竖向沉降增量主要发生在下游坝坡的中下部。最大湿化沉降增量约 5.4cm，位于下游坝坡的中部 A 点。顺河向水平位移增量则主要影响坝体的中上部，

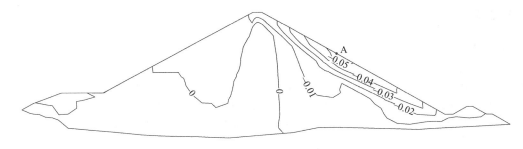

(a) 竖向沉降增量(m)

图 7-22　坝体最大横断面降雨湿化变形增量分布（一）

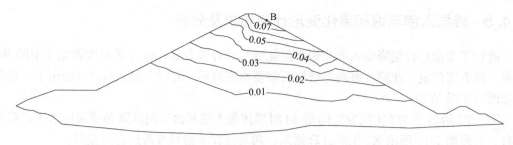

(b) 顺河向水平位移增量(m)

图 7-22　坝体最大横断面降雨湿化变形增量分布（二）

尤其是坝顶。顺河向水平湿化位移增量的最大值位于坝顶下游侧的 B 点，最大值约为 8cm。这种变形的趋势会增大坝顶发生纵向裂缝的风险。

图 7-23 给出了坝体堆石料最大沉降变形点 A 与最大顺河向水平变形点 B，在降雨期湿化沉降和顺河向水平位移的时间发展过程。该两点的具体位置见图 7-22。可见，在降雨的初始阶段（时间 $t<12h$），入渗仅发生在坝坡表面，坝体含水量变化较小，湿化变形增加不明显。随着降雨逐渐向坝体内部入渗（$t>12h$），堆石区含水量逐渐增加，湿化变形显著增加。由数值结果可知，经历一场历时 3d 的特大暴雨，高心墙堆石坝下游坝坡上的最大沉降量可陡增约 5.4cm，坝顶下游侧的顺河向位移可陡增约 8cm。

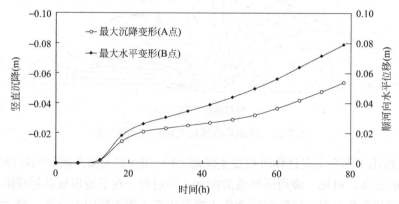

图 7-23　最大降雨湿化典型点的变形增量时程曲线

参考文献

[1]　张宗亮. 200m 级以上高心墙堆石坝关键技术研究及工程应用［M］. 北京：中国水利水电出版社，2011.

[2]　殷殷. 堆石料饱和非饱和湿化变形特性研究［D］. 北京：清华大学，2019.

[3]　丁艳辉. 堆石体降雨入渗及湿化变形特性试验研究［D］. 北京：清华大学，2012.

[4]　殷殷，吴永康，丁艳辉，等. 堆石料非饱和湿化变形特性研究［J］. 岩石力学与工程学报，2021，40（S2）：3455-3463.

[5]　Nobari E S, Duncan J M. A closed-form equation for predicting the hydraulic：Performance of Earth and Earth-supported structures［J］. New York：ASCE, 1972：797-815.

[6]　殷宗泽，赵航. 土坝浸水变形分析［J］. 岩土工程学报，1990，12（2）：1-8.

[7]　李广信. 堆石料的湿化试验和数学模型 [J]. 岩土工程学报，1990，12 (5)：58-64.

[8]　左元明，沈珠江. 坝料土的浸水变形特性研究 [R]. 南京：南京水利科学研究院，1989.

[9]　沈珠江，王剑平. 土质心墙坝填筑及蓄水变形的数值模拟 [J]. 水利水运科学研究，1988 (4)：47-64.

[10]　沈珠江，左元明，张文茜. 小浪底坝石料浸水变形特性分析 [C]. 华东岩土工程学术大会论文集. 无锡：1990，363-370.

[11]　介玉新，张延亿，杨光华. 土石料湿化变形计算方法探讨 [J]. 岩土力学，2019，40 (S1)：1-10.

[12]　殷宗泽，周建，赵仲辉，等. 非饱和土本构关系及变形计算 [J]. 岩土工程学报，2006，28 (2)：137-146.

[13]　李全明，于玉贞，张丙印，等. 黄河公伯峡面板堆石坝三维湿化变形分析 [J]. 水力发电学报，2005，24 (3)：24-29.

[14]　沈珠江. 土体应力应变分析中的一种新模型 [C]. 第五届土力学及基础工程学术讨论会论文集. 北京：中国建筑工业出版社，1990.

[15]　张丙印，于玉贞，张建民. 高土石坝的若干关键技术问题 [C]. 中国土木工程学会第九届土力学及岩土工程学术会议论文集. 北京：清华大学出版社，2003：163-186.

[16]　Duncan J M，Chang C. Nonlinear analysis of stress and strain in soils [J]. Journal of the soil mechanics and foundations division，1970，96 (5)：1629-1653.